제3판

R을 이용한 통계 프로그래밍 기초

김재희 지음

자유아카데미

개정판 책을 내며

R은 강력한 통계 처리 기능과 다양한 그래프 표현 방법을 제공하는 통계 프로그래밍 언어이자 소프트웨어 환경으로, 통계학을 포함한 여러 분야에서 널리 활용되고 있습니다. 이 책은 통계 전공자뿐만 아니라 자연과학 및 사회과학 분야의 연구자들이 R의 기초적인 사용법을 익히고, 이를 활용하여 기본적인 통계 분석 및 그래프를 구현하고 해석할 수 있도록 돕는 길잡이로 제작되었습니다.

1장에서는 R 시스템의 설치 및 기본 환경 설정을 설명하고, 2장에서는 데이터 객체를 다루는 방법을 소개합니다. 3장에서는 다양한 그래프 표현 방법을, 4장에서는 여러 확률분포에서 난수를 생성하는 방법을 설명합니다. 5장과 6장에서는 각각 일변량 및 이변량 데이터의 기본적인 표현 방법을 다룹니다. 7장에서는 여러 가지 통계적 유의성 검정, 8장에서는 범주형 데이터에 대한 카이제곱 검정을 설명합니다. 9장에서는 관계식을 찾기 위한 회귀분석, 10장에서는 세 집단 이상의 평균 비교를 위한 일원배치 분산분석법을 소개합니다. 11장에서는 사용자 정의 함수 작성법을 다룹니다.

이번 개정판에서는 7장에 통계적 가정에 따른 유의성 검정법 정리 및 비모수적 검정 방법을 추가하였으며, 12장에서는 데이터 전처리를 보다 효율적으로 수행할 수 있도록 도와주는 패키지와 함수 활용법을 새롭게 포함하였습니다.

어려운 통계 이론이나 복잡한 프로그래밍 지식이 없어도 쉽게 이해할 수 있도록 구성하였으며, 이를 통해 독자들이 간단한 통계 분석뿐만 아니라 다양한 응용 분야에서 R을 보다 쉽게 활용할 수 있기를 기대합니다. 추후 나올 수 있는 수정사항 등은 자유아카데미 홈페이지(www.freeaca.com) 자료실에 제공할 예정이니 참고하기를 바랍니다. 마지막으로, 사랑하는 가족과 덕성여대 학생들에게 깊은 감사를 전합니다.

2025년 2월

아름다운 덕성여대 캠퍼스

김재희

jaehee@duksung.ac.kr

차례

CHAPTER 1 통계 소프트웨어 R에 대하여

1.1 소프트웨어 R 소개 2
1.2 R 시작하기 3
1.3 R 패키지 인스톨 4
1.4 R에서 도움 이용 7
1.5 스크립트 파일 작성 및 수행 7
1.6 RStudio 9
1.7 R 패키지 11

CHAPTER 2 데이터와 R의 기초

2.1 데이터란 무엇인가? 14
2.2 소프트웨어 R 소개 17
2.3 할당 20
2.4 c( )를 이용하여 데이터 벡터 만들기 21
2.5 데이터 벡터에 함수적용하기 24
2.6 구조적인 데이터 만들기 29
2.7 데이터 벡터 다루기 31
2.8 벡터와 행렬 표현과 연산 32
2.9 배열 38
2.10 반복문 39
2.11 조건문 41
2.12 결측값 42
2.13 데이터 프레임 43
2.14 내장된 데이터셋 읽기 44
2.15 데이터 파일 읽기와 결과 파일 만들기 44
2.16 데이터셋 합치기 48
2.17 객체 관리 50
2.18 프로그램 작업 결과 작업공간 저장하기 53

연습문제 / 54

CHAPTER 3 R 그래프

3.1 간단한 그래프 60
3.2 그래프 조절 변수 62
3.3 그래프 좌표축에 수식 쓰기 69
3.4 다차원 데이터에 대한 다양한 표현 70
3.5 lattice 패키지를 이용한 다양한 그래프 72
3.6 3차원 그래프 80
3.7 도형 그리기 83
3.8 그래프 축 표시와 여러 가지 색 활용 85
3.9 모형적합선 그리기 86
3.10 지도 그리기 87

연습문제 / 88

CHAPTER 4 난수 발생과 모의실험

4.1 연속분포 93
4.2 이산분포 99
4.3 정규성 검정 103
4.4 모의실험 106

연습문제 / 110

CHAPTER 5 일변량 데이터와 기술통계량

5.1 범주형 데이터 114
5.2 숫자형 데이터 117

연습문제 / 125

CHAPTER 6 이변량 데이터

6.1 범주형 데이터의 이원분할표 130
6.2 상관계수 133
6.3 상관계수에 대한 해석 139

연습문제 / 140

CHAPTER 7 유의성 검정

7.1 통계적 가설검정 146
7.2 일집단 t-검정 147
7.3 이집단 t-검정 151
7.4 이집단 분산비 F-검정 157
7.5 짝지어진 표본에 대한 t-검정 158
7.6 일집단 비율에 대한 검정 160
7.7 이집단 비율에 대한 검정 162
7.8 유의성 검정법에 대한 정리 164
7.9 위치모수에 대한 비모수적 방법 172

연습문제 / 185

CHAPTER 8 카이제곱 검정

8.1 카이제곱 독립성 검정 192
8.2 카이제곱 적합도 검정 197

연습문제 / 201

CHAPTER 9 회귀분석

9.1 단순 선형회귀모형 206
9.2 다중 선형회귀모형 215
9.3 비모수적 회귀모형 220

연습문제 / 222

CHAPTER 10 분산분석법

10.1 일원배치 분산분석 230
10.2 이원배치 분산분석 236

연습문제 / 244

CHAPTER 11 사용자 정의 함수 만들기 249

연습문제 / 257

CHAPTER 12 데이터 핸들링

12.1 Tidyverse 패키지 262
12.2 dplyr 패키지 262

연습문제 / 271

참고문헌 273

CHAPTER

01

통계 소프트웨어 R에 대하여

1.1 소프트웨어 R 소개
1.2 R 시작하기
1.3 R 패키지 인스톨
1.4 R에서 도움 이용
1.5 스크립트 파일 작성 및 수행
1.6 RStudio
1.7 R 패키지

1.1 소프트웨어 R 소개

R 시스템은 통계적 계산(statistical computing)을 하는데 매우 유용한 컴퓨터 언어(computer language)이다. R 시스템은 1990년 중반 Ross Ihaka와 Robert Gentleman에 의해 처음 만들어졌으며 Bell 연구소에서 개발한 S language와 비슷한 언어이다. 1997년 이후로는 R development Core Team에 의해 R project가 진행되고 있다. R은 공개된 소프트웨어 (open-source software)이며 GNU project의 일부로 Unix, Macintosh와 Windows operating system에서 구동될 수 있다.

관련한 다양한 정보와 R 시스템을 다운로드할 수 있는 방법은 R 홈페이지 http://www.r-project.org/ 에서 얻을 수 있다.

그림 1.1 R system 홈페이지

R 시스템을 다운로드 하기 위해서는 우선 CRAN mirror (Comprehensive R Archive Network)를 선택한다. 예를 들어, Korea에서의 사이트를 선택한다.

CRAN mirror를 정한 후 R 홈페이지에 나와 있는 install 방법을 따라하면 된다.

Download and Install R

- Download R for Linux
- Download R for MacOS X
- Download R for Windows

Microsoft Windows인 경우 Windows를 선택한 후

Subdirectories:

base	Binaries for base distribution (managed by Duncan Murdoch). This is what you want to install R for the first time.

contrib	Binaries of contributed packages (managed by Uwe Ligges)
Rtools	Tools to build R and R packages (managed by Duncan Murdoch). This is what you want to build your own packages on Windows, or to build R itself.

base를 클릭하고, Download를 클릭하여 실행 파일을 다운로드 받아 사용자 PC에서 실행하여 R 시스템을 설치(install)한다.

R은 무료 소프트웨어이며 국제적인 노력과 자발적 협력의 결과물이다. R 시스템에서는 다양한 통계 분석 방법을 담고 있는 패키지를 제공받을 수 있다. 패키지들의 모음을 library라고 한다. 공헌자(contributor)가 만든 패키지 또한 무료로 제공받을 수 있으며 사용자(user) 또한 새로운 방법을 패키지로 만들어 공헌자로서 제공할 수 있다. 그러므로 계속 새로운 통계 방법을 담은 패키지가 등장하고 있으며 이러한 패키지는 통계 연구자 간에 상호 교류와 협력을 활발하게 하는 매개체 역할을 한다고 볼 수 있다.

1.2 R 시작하기

바탕화면에서 R 아이콘을 더블 클릭하면 R 콘솔(console) 창이 나타난다. 또는 컴퓨터 메뉴바에서 [start]를 눌러 경로를 찾아 R 프로그램을 시작하면 <그림 1.2>와 같이 R 콘솔(console) 창이 열린다.

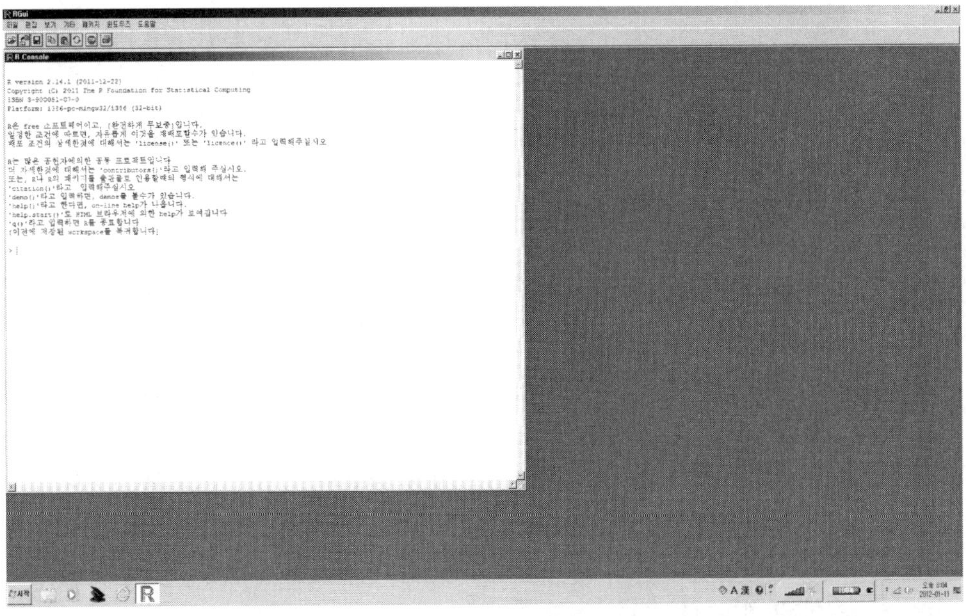

그림 1.2 R 프로그램 초기 화면 및 R 콘솔

R 콘솔에서 명령프롬프트(command prompt)인 “>” 다음에 명령어를 쓰고 [Enter] 키(key)를 누르면 프로그램 명령이 수행된다. 명령어가 아닌 참고할 사항(comment)은 “#” 다음에 쓰면 명령문 수행에는 전혀 영향을 주지 않는다.

1.3 R 패키지 인스톨

1.3.1 패키지 인스톨 및 선택

메뉴바에서 [패키지] → [CRAN mirror 사이트의 설정]을 클릭하면 <그림 1.3>의 CRAN mirror 리스트가 나타나며 그 중 한 개를 선택한다.

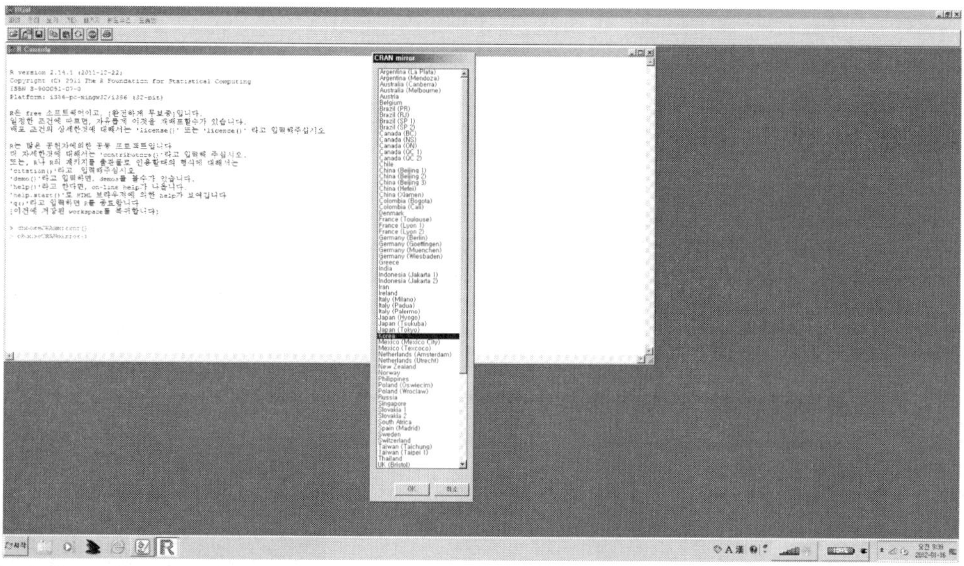

그림 1.3 R 시스템의 Cran mirror 리스트

[패키지 인스톨]을 클릭하면 <그림 1.4>와 같은 패키지 리스트가 나타나며 필요한 패키지를 선택하여 클릭한다.

인스톨 후에는 [패키지 불러오기] 또는 library(ada)와 같이 library() 함수를 이용하여 필요한 패키지를 불러온다. R 시스템에 자동적으로 내장된 패키지가 아닌 경우에는 원하는 패키지를 load 한 후 그 패키지에 내장된 함수를 사용해야 한다.

R 시스템은 1년에 2번 새롭게 업데이트된 버전을 출시한다. 버그문제가 해결되고 편리한 기능이 추가되는 경우이므로 사용자는 새로운 버전을 다운로드 받아 R의 변화와 진화를 따라가는 것을 권장한다.

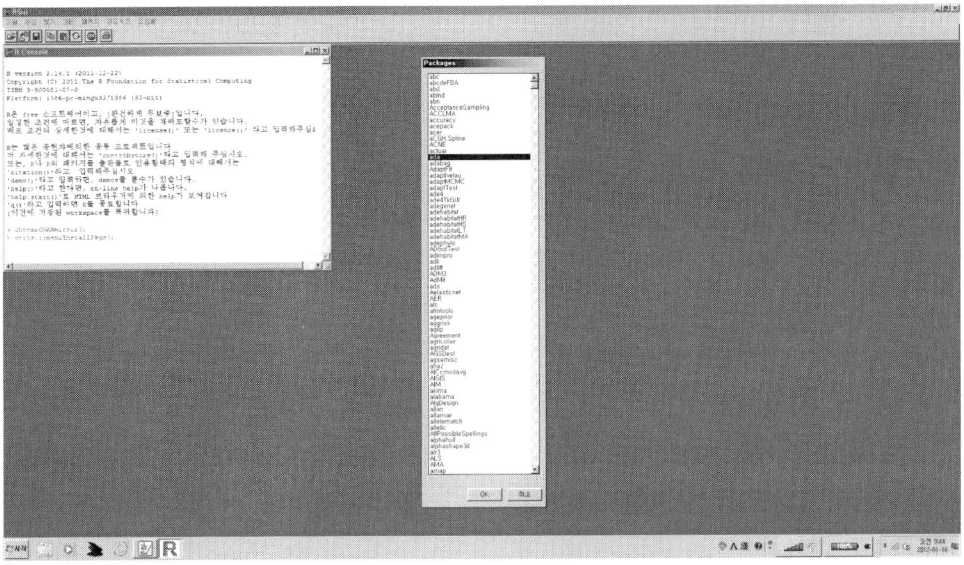

그림 1.4 R 시스템의 패키지 리스트

1.3.2 패키지 목록

CRAN mirror를 정해서 클릭한 후 <u>packages</u> 부분을 클릭하면 <그림 1.5>와 같은 contributed package 목록이 나타난다. 원하는 패키지 이름 부분을 클릭하면 프로그램과 매뉴얼 등의 목록이 나타나는 화면으로 이동한다.

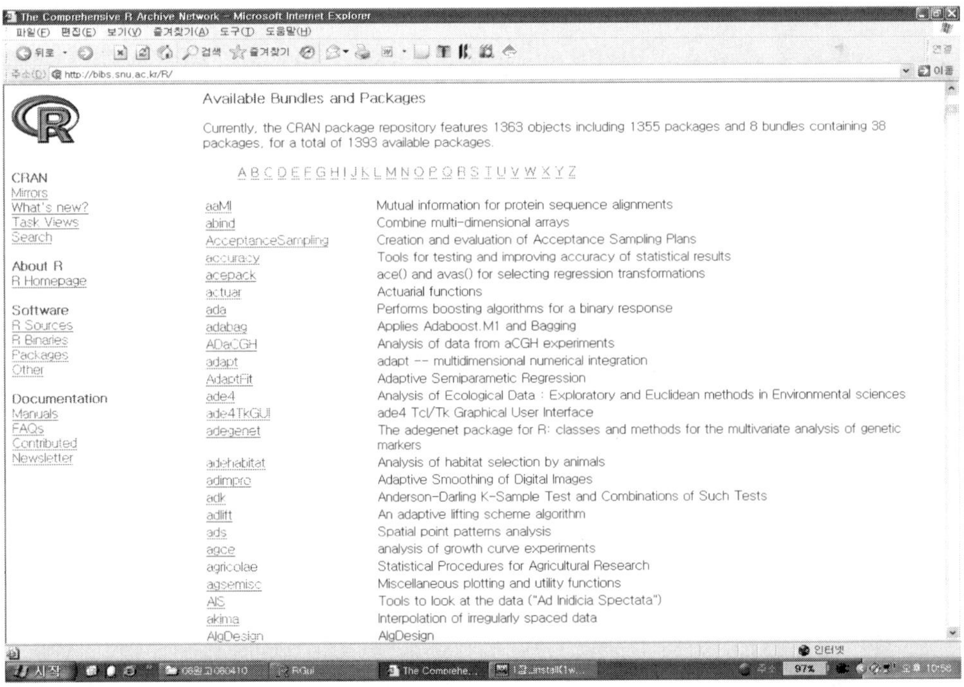

그림 1.5 contributed package

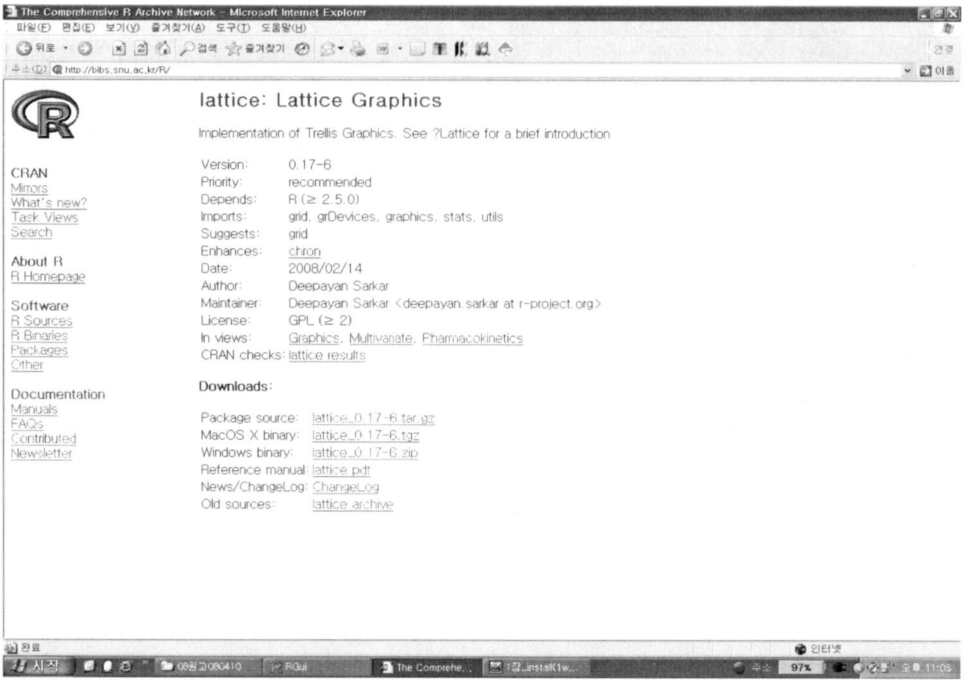

그림 1.6 lattice 패키지 프로그램과 참고 매뉴얼

예를 들어, <그림 1.5> 화면에서 lattice 패키지를 클릭하면 <그림 1.6>이 나타나며 windows용 프로그램은 *.zip 파일로 저장되어 있고 참고 매뉴얼은 *.pdf 파일로 저장되어 있으므로 다운로드(download) 한 후 참고할 수 있다. 다운로드받은 *.zip 파일은 R 디렉토리 내의 library 디렉토리에 저장하면 R 콘솔의 메뉴바에서 [패키지] → [local에 있는 zip파일부터 패키지 인스톨]을 클릭하면 해당 패키지를 부를 수도 있다.

Windows binary:	lattice_0.17-6.zip
Reference manual:	lattice.pdf

각 패키지마다 저장하고 있는 데이터셋들이 있다. 기초 통계 연습 등을 위해서는 UsingR, DAAG 패키지를 load 한 후 이용하기를 권장한다.

```
> library(UsingR)
> Library(DAAG)
```

1.4 R에서 도움 이용

<그림 1.7>과 같이 메뉴바에서 [도움]을 클릭한 후 [R의 함수]를 선택하면 함수를 쓸 직사각형 빈 칸이 나타난다. 그 칸에 도움받고자 하는 R의 함수 이름을 쓰면 설명이 있는 창이 열리므로 필요한 부분을 참고하면 된다. 이때 함수 이름을 정확히 써야 한다. 또는 R 콘솔의 명령프롬프트에서

```
>help(mean)
```

와 같이 help()를 이용할 수도 있다. 함수 이름을 정확히 모를 경우에는 <그림 1.7>에서 [검색 도움]을 클릭하여 이용한다.

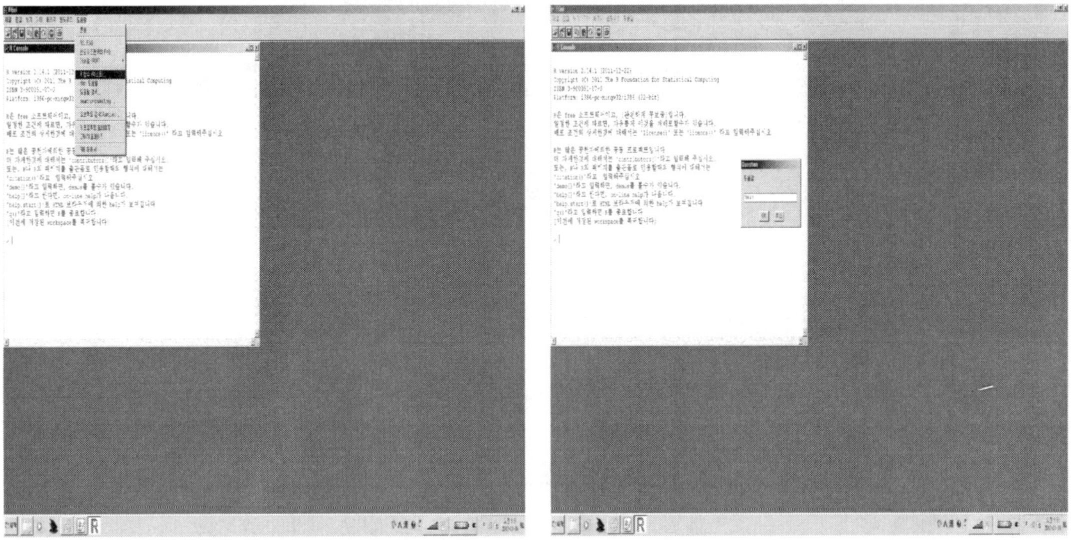

그림 1.7 R 시스템의 도움 메뉴

1.5 스크립트 파일 작성 및 수행

1.5.1 메뉴바에서 이용하기

R 코드를 포함한 프로그램을 스크립트 파일로 저장한 후 프로그램을 수행시킬 수 있다. [파일]=>[새로운 스크립트]를 클릭하여 R 프로그램을 작성하여 test.R에 저장한 후 [파일]=>[R 코드의 source]를 클릭하여 test.R을 선택하면 프로그램이 수행된다.

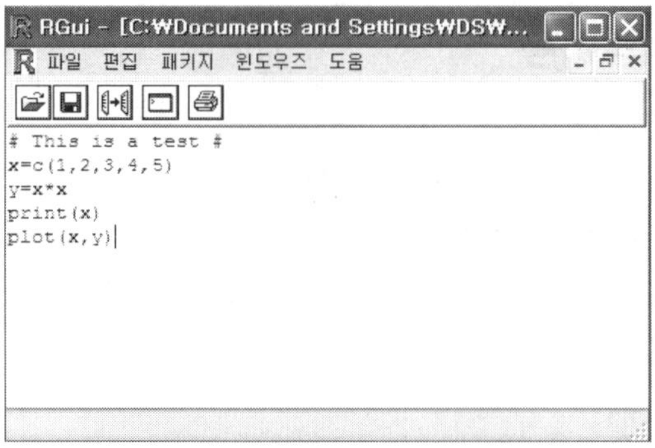

그림 1.8 스크립트 파일 예 test.R

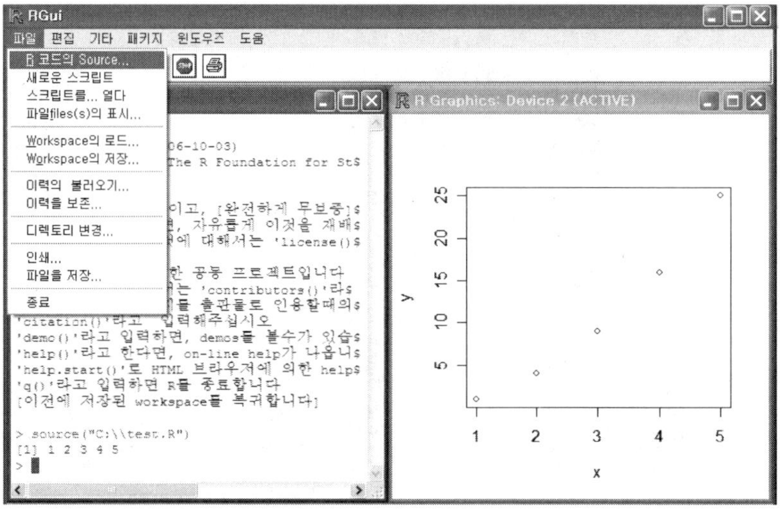

그림 1.9 test.R 수행 결과

1.5.2 명령어 source() 이용하기

프로그램 내용을 파일로 저장하여 수행할 수 있다. 프로그램이 쓰여 있는 txt 파일 또는 스크립트 파일을 source() 명령어를 이용해 프로그램을 수행한다.

```
> source(file="filename")
```

예를 들어, C의 RR 디렉토리 안에 파일 my.sim.txt에 다음의 프로그램이 있다.

```
## my.sim ##
  dist.graph<-function(x){
    par(mfrow=c(2,2))
    hist(x)
    stem(x)
    boxplot(x)
    plot(x)
 }
 n=30
 x=rnorm(n, 0,1)
 dist.graph(x)
```

```
> source(file="C:/RR/my.sim.txt")
```

또는

```
> source("C:/RR/my.sim.txt")
> source("C:\\RR\\my.sim.txt")
```

와 같이 source() 명령어와 프로그램 파일 이름을 사용하면 프로그램이 수행되어 결과를 출력한다.

1.6 RStudio

RStudio는 통계 컴퓨팅과 그래픽스를 위한 프로그래밍 언어인 R을 위한 자유-공개 소스 통합 개발 환경(IDE)이다.

1. 인터넷에 RStudio 사이트 방문(https://posit.co/download/rstudio-desktop/) 후, [Install RStudio]를 클릭한다.
2. 스크롤을 아래로 내려 인스톨러를 OS에 적절한 버전을 찾아 *.exe를 수행하여 설치한다.

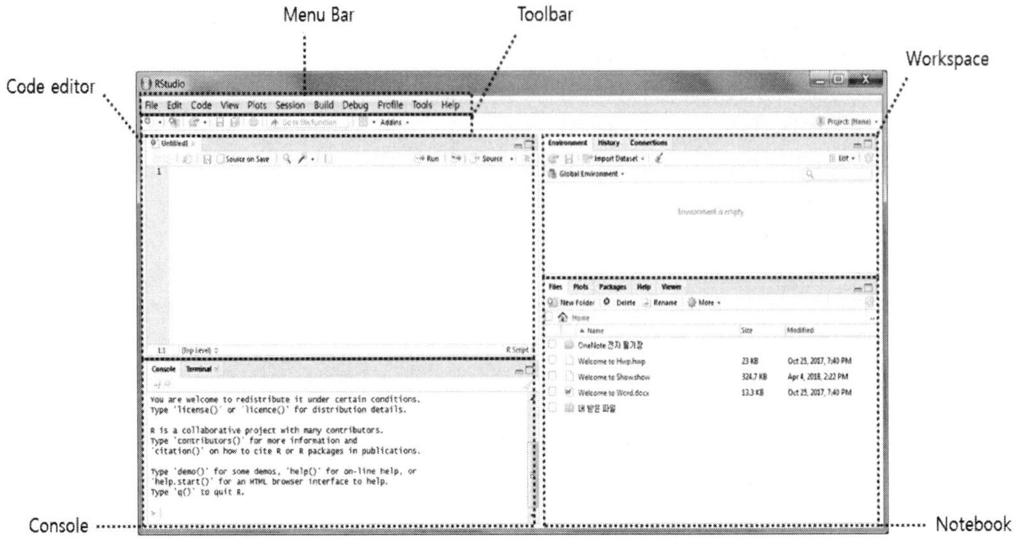

그림 1.10 R 스튜디오 콘솔 화면 설명

RStudio 화면의 구성요소는 다음과 같다:

(1) 코드 편집기(Code Editor pane)

R 스크립트 창에서 코드를 쓰거나 수정할 수 있다. 해당 창에서는 스크립트 문법 검사가 가능하여 오탈자 확인 및 방지가 편하다.

→Run 을 클릭하여 해당 명령어를 수행하거나 Ctrl+Enter를 입력하여 수행한다.

(2) 콘솔(Console pane)

▶ Console tab

R 코드를 입력하여 바로 수행할 수 있는 R 인터프리터(명령어를 한 줄씩 수행하는 도구)이다.

▶ Terminal tab

OS(operating system) 터미널을 이용하여 시스템 명령을 수행할 수 있다.

(3) 웍스페이스(Workspace pane)

▶ Environment tab

사용 가능한 모든 객체(object)를 확인할 수 있다. (예) 변수, 데이터셋, 리스트

▶ History tab

이전에 콘솔 부분에서 수행했던 명령어 리스트를 확인할 수 있다.

▶ Connection tab

데이터베이스 안에 객체나 데이터를 탐색할 수 있도록 데이터베이스와 연결을 설정할 수 있다.

(4) 노트북(Notebook pane)

▶ Files tab

작업공간의 파일들을 탐색하도록 검색할 수 있다.

▶ Plots tab

Rscript를 통해 그린 그래프, 도표, 차트 결과물이 해당 탭에서 보여준다.

▶ Packages tab

RStudio의 기능을 확장 시켜주는 패키지의 리스트들을 보여준다.

▶ Help tab

R 언어나 RStudio에 대한 설명을 찾아볼 수 있는 탭이다.

▶ View tab

세션의 임시 디렉터리(directory)에서 쓰인 local HTML 파일을 볼 수 있는 탭이다.

1.7 R 패키지

R 패키지(package)는 관심 분석의 공동체에서 개발한 함수와 데이터셋들의 집합이다. 이러한 R 패키지는 함수적 기능을 향상하고 강력한 분석 도구로 만드는 데 큰 역할을 하고 있다. 1만 개 이상의 패키지들이 CRAN 사이트에서 내려받아 사용 가능하며 유용한 패키지가 계속 제공되고 있다. 각 패키지는 각 분석에 대한 사용 가능한 함수들을 포함한다. 예를 들어, survival 패키지는 생존분석(survival analysis) 기법을 구현할 수 있는 함수를 포함한 패키지이고 ggplot2 패키지는 그래프적 기법(Grammar of Graphics) 분석을 포함한다.

이제 사용하고자 하는 패키지를 인스톨하는 방법을 살펴보자.

```
> install.packages("ggplot2")
```

CRAN mirror 선택 후 내려받아 설치된다.

```
> library(ggplot2)
```

ggplot2 패키지 내 함수를 사용하기 위해서는 `library()` 함수를 사용하여 해당 패키지를 `load`한다.

R 패키지는 한번 설치되면 `library()` 또는 `require()` 명령어로 불러 사용하면 된다. 설치한 패키지를 `unload`하려면 `detach()` 명령어를 쓴다.

```
> detach("package:ggplot2")
```

CHAPTER

02

데이터와 R의 기초

2.1 데이터란 무엇인가?
2.2 소프트웨어 R 소개
2.3 할당
2.4 c( )를 이용하여 데이터 벡터 만들기
2.5 데이터 벡터에 함수적용하기
2.6 구조적인 데이터 만들기
2.7 데이터 벡터 다루기
2.8 벡터와 행렬 표현과 연산
2.9 배열
2.10 반복문
2.11 조건문
2.12 결측값
2.13 데이터 프레임
2.14 내장된 데이터셋 읽기
2.15 데이터 파일 읽기와 결과 파일 만들기
2.16 데이터셋 합치기
2.17 객체 관리
2.18 프로그램 작업 결과 작업공간 저장하기

2.1 데이터란 무엇인가?

신문이나 TV 뉴스 또는 온라인상에서의 기사 등을 보면 우리들은 데이터와 데이터에 근거한 분석 또는 해석이 넘쳐나는 세상에 살고 있음을 알 수 있다. 대부분 데이터가 정리된 형태로 제시되지만 어떻게 추론해야 하는지 해석하는 방법에 대해서는 생략되는 경우가 대부분이다. 본 장에서는 다양한 분야의 실제 데이터 예를 살펴보고 데이터 준비 및 분석의 필요성을 인식하고자 한다.

예 2.1 여론조사 데이터

대통령 선거, 국회의원 선거 등에서는 지지 비율에 대한 관심뿐만 아니라 지지자의 나이, 성별, 거주지, 성향 등을 같이 조사하여 관련성에 대한 정보를 얻어 선거 대책 수립에 반영한다.

표 2.1 대통령 선거 관련 여론조사 결과 빈도 데이터

		투표 대상		
		이회창	노무현	합
이념 성향	진보	115	395	510
	중도	169	221	390
	보수	225	125	350
	합	509	741	1250

예 2.2 임상시험 데이터

임상시험센터에서는 동물실험이 끝나 식약청에서 승인을 받은 약을 대상으로 임상실험을 한다.

1상에서는 사람에게 극소량을 투여해 관찰을 하고, 차차 약의 양을 늘려가며 4상까지 임상실험을 하게 된다. 1상에서 3상까지는 지원한 사람들을 대상으로 피검사, 혈압검사, 혈액검사, 요검사, 심전도 등 모든 검사에서 정상치가 나온 사람(정상군)들을 추려 각 신약에 맞는 임상시험을 하게 된다.

신청서를 낸 신청자 중 나이 성별 몸무게 흡연여부, 음주량 등 제약회사 요구조건에 맞춰 적절한 사람들을 선정 후 3그룹 정도로 나누어 임상시험을 한다. 보통 3박4일에서 길게는 보름까지 입원시켜, 어떤 군에는 위약(가짜약)을 주기도 한다.

대상자가 확정되면 신약 개발자, 연구원, 임상병리사, 약사, 간호사, 영양사 등이 모두 모여서 약을 얼마나 투여할 것인지, 몇 시간에 한 번씩 검사를 할 것인지, 어떤 식단을 제공할 것인지에 대한 임상시험 계획을 수립한다. 그리고 투약량과 그에 따른 시간별 검사수치 등을 종합해 정리하고 통계를 낸다. 보통 임상실험은 신약개발을 위한 검사

데이터를 내어야 하므로, 철저한 정도관리를 통해 일반 병원보다 한 단계 신뢰성 높은 데이터를 얻는 것이 요구된다.

표 2.2 아스피린과 심근경색 데이터

	심근경색 발병 유	심근경색 발병 무
아스피린	139	10898
위약	239	10795

예 2.3 경제 관련 데이터

미국 달러와 일본 엔화에 대한 원화 환율 데이터를 통해 일별, 월별, 연도별 변화 등에 대한 정보를 얻을 수 있다. 과거 정보를 이용해 미래에 대한 예측도 가능하다.

표 2.3 2025년 1월 미국 달러와 일본 엔화에 대한 환율 데이터

일자	미국 달러에 대한 원화	일본 엔화에 대한 원화
2025-01-02	1466.6	934.77
2025-01-03	1468.4	933.74
2025-01-06	1469.7	931.69
2025-01-07	1453.5	921.16
2025-01-08	1455	920.48
2025-01-09	1460.5	923.52
2025-01-10	1465	925.08
2025-01-13	1470.8	933.78
2025-01-14	1463.2	928.16
2025-01-15	1461.2	928.25
2025-01-16	1456.7	932.71
2025-01-17	1458.3	936.94
2025-01-20	1451.7	930.13
2025-01-21	1439.5	926.17
2025-01-22	1437.6	922.28
2025-01-23	1437.3	918.05
2025-01-24	1431.3	922.02
2025-01-31	1452.7	938.98

예 2.4 기상 관련 데이터

기상 데이터 분석을 통해 기상 관측 및 예보에 중요한 정보를 얻을 수 있다.

표 2.4 A 지점 오전 동안 기상 관련 데이터

일시	현재기온 (1.5m)	현재습도 (%)	일사량 (W/㎡㎡)	현재풍속 (㎧㎧)	최고기온 (1.5m)	최저기온 (1.5m)
01:00	15.4	69.2	0	0.5	16.3	15.3
02:00	15.5	69.4	0	0.6	15.9	15
03:00	15.1	69.4	0	0.5	15.9	15.1
04:00	14.4	70.2	0	0.5	15.1	14.1
05:00	14	70.6	0	0.6	14.6	13.9
06:00	15.3	71.1	67	0.8	15.3	13.8
07:00	16.4	70.4	119.9	0.8	16.5	15.4
08:00	17.3	70.2	262	0.3	17.5	16.4
09:00	19	69.7	670.2	0.9	19.1	17.4
10:00	20.9	69.5	1019	1.2	20.9	19.1
11:00	22.6	69.1	830	1	22.6	21
12:00	23.2	67.8	739	1	23.8	22.6

예 2.5 범죄 관련 데이터

각 도시의 범죄 관련 데이터 분석을 통해 도시의 특성과 안전성을 살펴보고 치안대책마련에 근거 자료로 활용할 수 있다.

표 2.5 2004년 미국 20개 도시의 범죄 관련 데이터 (100,000명당 범죄건수)

번호	city	state	murder	forcible rape	robbery	aggravated assault	burglary	larceny –theft	motor vehicle theft	arson
1	AKRON	OH	7	86	288	230	1,462	3,764	681	40
2	ALBIQUERQUE	NM	14	121	567	1,581	2,407	10,042	1,941	28
3	ALEXANDRIA	VA	0	14	74	102	155	1,195	260	7
4	AMARILLO	TX	2	46	195	490	1,089	4,120	469	25
5	ANAHEIM	CA	7	41	245	444	891	3,415	990	12
6	ARLINGTON	TX	8	105	307	460	1,619	7,059	756	28
7	ATLANTA	GA	52	127	1,546	2,224	3,094	10,408	2,909	116
8	AURORA	CO	5	97	250	420	1,205	4,947	1,178	53
9	BATON ROUGE	LA	20	50	398	679	1,874	5,026	769	76
10	BEAUMONT	TX	6	25	139	294	803	3,348	244	15
11	BELLEVUE	WA	0	18	40	34	321	1,801	277	16
12	BIRMINGHAM	AL	24	138	557	773	2,362	5,871	1,175	72
13	BOISE	ID	0	68	35	240	595	2,652	255	26
14	BROWNSVILLE	TX	0	31	69	331	593	3,339	193	6
15	BURBANK	CA	1	6	38	81	244	968	250	7
16	CAPE CORAL	FL	1	8	20	132	431	1,152	99	25
17	CARROLLTON	TX	2	2	44	74	374	1,306	234	19
18	CHATTANOOGA	TN	8	74	219	603	1,325	4,617	757	32
19	CHULA VISTA	CA	4	23	131	244	594	1,894	945	20
20	CLARKSVILLE	TN	2	28	65	258	524	2,394	99	14

2.2 소프트웨어 R 소개

2.2.1 단순 계산

R에서 산술연산자(arithmetic operator)인 + , - , *, / , ^ 을 이용하여 덧셈, 뺄셈, 곱셈, 나눗셈, 제곱셈 등 간단한 수학 계산기(calculator)로 사용하는 방법에 대해 알아본다. 명령 프롬프트에서 명령어를 쓴 후 [Enter] 키를 눌러 수행시켜 한 줄(line)에 여러 개의 명령문을 쓰고자 하는 경우에는 각 명령문 끝에 세미콜론(;)을 사용하여 나열할 수 있다.

다음과 같이 간단한 연산을 해 보자.

```
> 2+3
[1] 5
> 2^3
[1] 8
> 1/2
[1] 0.5
> 3-2*1+4
[1] 5
```

비교연산자(comparison operator)로는 다음과 같이 나타낸다.

```
<     lesser than
>     greater than
<=    lesser than or equal to
>=    greater than or equal to
==    equal
!=    different (not equal)
```

논리연산자(logical operator)로는 다음과 같이 나타낸다.

```
!x        logical NOT
x & y     logical AND
x | y     logical OR
xor(x,y)  exclusive OR
```

```
> x <- 1:5
>  x[x >= 3] <- 20
> x
[1]  1  2 20 20 20
```

부등식 $0 < x < 1$ 를 표현하고자 할 때

```
0 < x & x < 1
```

와 같이 두 개의 부등식과 & 로 표현해야 한다.

2.2.2 함수를 이용한 계산

R에서는 다양한 수학적 또는 통계적 함수(function)를 사용할 수 있다. 내장 상수(built-in constant)로서 π 값이 할당되어 있기 때문에 명령어 pi를 사용하면 된다. R의 내장함수의 일부가 <표 2.6>에 나열되어 있다.

표 2.6 R에 내장된 주요 수학 함수

R 내장 수학 함수	내용
sqrt(x)	x의 제곱근
sin(x)	sin x
cos(x)	cos x
tan(x)	tan x
abs(x)	x의 절댓값(absolute value)
log(x) log(x, base=a)	$\log_e x$ $\log_a x$
factorial(n)	$n! = n \times (n-1) \times (n-2) \times \cdots \times 2 \times 1$
choose(n,k)	n개 중 k개를 뽑는 조합의 수, $\binom{n}{k} = {}_nC_k = \frac{n!}{k!(n-k)!}$

$\sqrt{2}$, $\sin(\pi)$, e^1, $\log_{10}10$, $\log_2 10$, $\log_e 10$, $|-3|$, $5!$, ${}_5C_2$의 값을 R에서 계산해 보자.

```
> sqrt(2)
[1] 1.414214
> sin(pi)
[1] 1.224606e-16
> exp(1)
[1] 2.718282
> log(10,base=10)
```

```
[1] 1
> log(10, base=2)
[1] 3.321928
> log(10, base=3)
[1] 2.095903
> log(10)
[1] 2.302585
> abs(-3)
[1] 3
> abs(3)
[1] 3
> factorial(5)
[1] 120
> choose(5,2)
[1] 10
```

2.2.3 경고와 오류

R이 이해할 수 없는 명령어를 만났을 때 다음과 같은 경고(warning)나 오류메시지(error message)가 나타난다.

(1) 함수자체가 틀렸을 경우

```
> squareroot(3)
에러: 함수 "squareroot"를 검색해낼 수가 없었습니다
```

(2) 명령어 표현에서의 오류(syntax error)

```
> sqrt{3}
에러: syntax error in "sqrt{"
```

(3) 계산할 수 없는 경우

```
> sqrt(-3)
[1] NaN
Warning message:
NANs가 작성되었습니다 in: sqrt(−3)
```

여기서 NaN는 “not a number”의 약자이다.

(4) 값이 없는 경우

```
> a=c()
> a
NULL
```

여기서 NULL은 값이 없음을 나타낸다.

(5) 명령문이 끝나지 않은 상태에서 [Enter] 키를 친 경우

```
> sqrt(3
+ )
[1] 1.732051
```

연속된 명령어가 필요하다는 의미로 "+"가 나타나며 "+" 다음에 연속해서 필요한 명령어를 써서 명령문을 완성하면 제대로 수행된다.

2.3 할당

나중에 다시 사용할 값에는 이름을 붙이는 것이 편리하며 이렇게 하는 것을 할당(assignment)이라고 한다. 등호 왼쪽에 붙이고자 하는 이름을 주고 등호 오른쪽에는 주고자 하는 값을 쓴다. 객체 이름을 지을 때 알파벳, 숫자, " · ", "_" 을 함께 사용할 수 있으나 수학 연산자 +, -, *, /, ^ 는 사용할 수 없다. 첫 문자로 숫자와 "_" 은 사용할 수 없다.

할당은 할당된 결과를 R 콘솔에 보여 주지 않는다. 할당연산자(assignment operator)로 =, <- , <<- 를 사용할 수 있으며 이 책에서는 편의상 "=" 을 주로 사용하기로 한다. print()를 사용하여 할당된 결과를 볼 수 있다.

```
> x.const_1 = 3
> x.const_1
[1] 3
> x=3
> x+4
[1] 7
> e=exp(1)
> e^2
[1] 7.389056
> x=3
```

```
> x
[1] 3
> y=5
> print(y)
[1] 5
```

할당된 객체들이 많아지면 R 시스템 메모리를 많이 차지하므로 프로그램 수행시 메모리 활용면에서 영향을 받을 수 있다. rm() 함수를 사용하여 불필요한 변수를 지울(remove) 수 있다. 객체 x와 y를 지우고자 하면

```
> rm(x) ; rm(y)
```

또는

```
> rm(x,y)
```

메모리에서 생성된 모든 객체들을 지우고자 할 경우에는

```
> rm(list=ls())
```

메모리를 최대한 활용하고자 할 경우에는 다음과 같은 명령어를 쓴다.

```
> memory.size(max = TRUE)
```

2.4 c( )를 이용하여 데이터 벡터 만들기

데이터셋은 보통 여러 개의 관측값을 가지며 서로 다른 관측값에는 다른 첨자를 사용하여 $x_1, x_2, ..., x_n$과 같이 표현한다. 예를 들어, 10명 학생들의 국어 시험 점수가 다음과 같았다:

96, 80, 76, 96, 88, 75, 78, 89, 92, 70

위의 데이터를 data vector로 저장하고자 할 때 c( )를 이용하여 만들 수 있다.

```
> k_score=c(96, 80, 76, 96, 88, 75, 78, 89, 92, 70)
> k_score
 [1] 96 80 76 96 88 75 78 89 92 70
```

또 다른 학생 10명의 국어 시험 점수가 다음과 같다고 하자.

67, 83, 96, 90, 85, 75, 82, 89, 92, 75

```
> k_score_2=c( 67, 83, 96, 90, 85, 75, 82, 89, 92, 75)
> k_score_2
 [1] 67 83 96 90 85 75 82 89 92 75
```

20명 학생들 모두의 국어 시험 점수를 score 라는 벡터로 저장하고자 한다.

```
> score=c(k_score , k_score_2)
> score
 [1] 96 80 76 96 88 75 78 89 92 70 67 83 96 90 85 75 82 89 92 75
```

2.4.1 데이터의 형태

숫자형(numeric), 문자형(character), 논리값(logical value: TRUE, FALSE) 등의 데이터 형태가 있으며 데이터 벡터를 만들 때 한 가지 제한점은 같은 형태의 데이터 값을 가져야 한다는 것이다. 문자형 데이터는 “ ” 또는 ‘ ’ 부호를 사용하여 입력한다.

(1) 숫자형 데이터 벡터 y를 만들고자 한다.

```
> y= c(1,5,7)
> y
[1] 1 5 7
```

(2) 문자형 데이터 벡터 family를 만들고자 한다.

```
> family=c("kim", "lee", "chulsu", "sunhee")
> names(family)=c("father", "mother", "son", "daughter")
> family
  father   mother      son daughter
   "kim"    "lee" "chulsu" "sunhee"
```

데이터 벡터 생성시 문자와 숫자를 섞어 저장하면 숫자도 문자형 데이터로 인식한다.

```
> x=c("kim", 2, 3)
> x
[1] "kim" "2"   "3"
```

kim이 문자형 데이터이기 때문에 2, 3도 문자형 데이터로 생성된다.

(3) T(true)와 F(false) 값을 갖는 논리형 데이터 벡터를 만들고자 한다.

```
> c(T,F,F,F,T,T,F)
[1]  TRUE FALSE FALSE FALSE  TRUE  TRUE FALSE
> x=-3:3       # -3부터 3 까지 일련 정수 생성
> x
[1] -3 -2 -1  0  1  2  3
> w= x<2
> w
[1]  TRUE  TRUE  TRUE  TRUE  TRUE FALSE FALSE
```

논리형 데이터의 경우 TRUE인 경우는 1, FALSE인 경우는 0으로 주어져 계산된다.

```
> sum(w)       # w 벡터에서  TRUE인 경우의 수
[1] 5
```

2.4.2 데이터의 형태 변환

필요에 따라 데이터 또는 데이터 객체의 형태(type)를 변환시킬 수 있다.

표 2.7 데이터 형태 변환 함수

으로 변환	변환 함수	변환규칙
numeric	as.numeric	FALSE → 0 TRUE → 1 "1", "2", …→1,2,... "A" → NA
logical	as.logical	0 → FALSE 그 외 다른 수 → TRUE "FALSE", "F" → FALSE "TRUE", "T" → TRUE 그 외 다른 문자→ NA
character	as.character	→1,2,... "1", "2", ... FALSE → "FALSE" TRUE → "TRUE"
factor	as.factor	범주형 factor 형식으로
vector	as.vector	벡터 형식으로
matrix	as.matrix	행렬 형식으로
dataframe	as.data.frame	데이터 프레임 형식으로

```
> fact=c(1,2,3)                    # 데이터
> fact
[1] 1 2 3
> fact1=as.factor(fact)            # 범주형 factor로 변환
> fact1
[1] 1 2 3
Levels: 1 2 3

> f.log=as.logical(fact)           # 논리형 데이터 객체로 변환
> f.log
[1] TRUE TRUE TRUE
> exp.fact=factor(c("exp1", "exp2"))
> fact2=as.numeric(exp.fact)       # 숫자형 데이터 객체로 변환
> fact2
[1] 1 2
```

2.5 데이터 벡터에 함수적용하기

2.5.1 반올림

숫자 데이터 값의 올림, 내림, 버림, 반올림을 하기위해 ceiling(), floor(), trunc(), round() 함수를 이용한다.

```
> a=c(-2.456, 3.6789, 5.23445676)
> ceiling(a)
[1] -2  4  6
> floor(a)
[1] -3  3  5
> trunc(a)
[1] -2  3  5
> round(a)
[1] -2  4  5
> aa=round(a, digits=2)
> aa
[1] -2.46  3.68  5.23
```

2.5.2 기초 통계량

데이터 객체에 기초 통계량을 구하기위한 함수로 sum(합계), mean(평균), max(최댓값), min(최솟값), range(범위), var(분산), sd(표준편차), rank(순위) 등을 이용한다.

다음의 국어 점수 데이터에 대해 기초통계량을 구해보자.

```
> k_score=c(96, 80, 76, 96, 88, 75, 78, 89, 92, 70)
> sum(k_score)            # 국어 점수 총합
[1] 840
> mean(k_score)           # 국어 점수 평균
[1] 84
> max(k_score)            # 국어 점수 최댓값
[1] 96
> min(k_score)            # 국어 점수 평균 최솟값
[1] 70
> range(k_score)          # 국어 점수 범위
[1] 70 96
> var(k_score)            # 국어 점수 분산
[1] 87.33333
> sd(k_score)             # 국어 점수 표준편차
[1] 9.34523
> median(k_score)         # 국어 점수 중앙값
[1] 84
> rank(k_score)           # 국어 점수 순위
 [1] 9.5 5.0 3.0 9.5 6.0 2.0 4.0 7.0 8.0 1.0
> length(k_score)         # 국어 점수 벡터의 길이
[1] 10
```

2.5.3 행 열별 함수적용

apply() 함수는 행렬의 행과 열에 대해 원하는 함수를 적용하는 편리한 기능을 가진다. apply(data, dim, function) 형태로 사용하며 dim 위치에 1을 쓰면 각 행(row)에 function이 적용되고, 2를 쓰면 각 열(column)에 function이 적용된다.

숫자 벡터 x1, x2로 구성된 행렬 x를 다음과 같이 생성하자.

```
> x = cbind(x1 = 3, x2 = c(4:1, 2:8))
```

```
> dimnames(x)[[1]] = letters[1:11]
> x
  x1 x2
a  3  4
b  3  3
c  3  2
d  3  1
e  3  2
f  3  3
g  3  4
h  3  5
i  3  6
j  3  7
k  3  8
```

열별로 평균을 구하기 위해서 다음과 같이 apply() 함수를 이용한다.

```
> apply(x, 2, mean)
      x1       x2
3.000000 4.090909
```

행별로 합을 구하기 위해서 다음과 같이 이용한다.

```
> row.sums = apply(x, 1, sum)
```

열별로 합을 구하기 위해서 apply() 함수에 sum 함수를 이용한다.

```
> col.sums = apply(x, 2, sum)

> col.sums
x1 x2
33 45
> row.sums
 a  b  c  d  e  f  g  h  i  j  k
 7  6  5  4  5  6  7  8  9 10 11
```

2.5.4 요인별 함수적용

그룹별 또는 요인별 함수를 이용한 통계량을 구하고자 할 때 이용할 수 있는 함수로 aggregate()를 이용한다.

MASS 패키지에 포함되어 있는 cabbages 데이터에 대해 요인별 평균을 구하고자 한다.

```
> library(MASS)
> data(cabbages)
> attach(cabbages)
> cabbages
  Cult Date HeadWt VitC
1   c39  d16    2.5   51
2   c39  d16    2.2   55
.
```

각 요인 Cult, Date별 HeadWt의 평균을 구하고자 할 때 list() 옵션을 이용한다.

```
> cabbages.mean=aggregate(HeadWt, list(Cult, Date), FUN="mean")
> names(cabbages.mean)=c("Cult", "Date", "Mean of HeadWt")
> cabbages.mean
  Cult Date Mean of HeadWt
1  c39  d16          3.18
2  c52  d16          2.26
3  c39  d20          2.80
4  c52  d20          3.11
5  c39  d21          2.74
6  c52  d21          1.47
```

2.5.5 필요한 데이터만 선택하기

cabbages 데이터 셋에서 Date=d16인 경우의 표본만 선택하여 cabbages1 데이터를 만들고자 할 때 간편한 방법을 알아보자.

```
> cabbages1=cabbages[(cabbages$Date=="d16"), ]
> cabbages1
  Cult Date HeadWt VitC
1   c39  d16    2.5   51
2   c39  d16    2.2   55
3   c39  d16    3.1   45
```

Vitamin C 함량이 50 이상인 경우만 선택하고자 할 때

```
> cabbages2=cabbages[(cabbages$VitC >=50), ]
> cabbages2
  Cult Date HeadWt VitC
```

```
1  c39 d16   2.5  51
2  c39 d16   2.2  55
5  c39 d16   2.5  53
6  c39 d16   4.3  50
```

Date=d16 에 속하며 Vitamin C 함량이 60 이상인 경우 표본만 선택하고자 할 때

```
> cabbages3=cabbages[(cabbages$Date=="d16")&(cabbages$VitC >= 60 ),  ]
> cabbages3
   Cult Date HeadWt VitC
33  c52 d16    1.9   67
34  c52 d16    2.8   61
35  c52 d16    1.7   67
36  c52 d16    3.2   68
38  c52 d16    2.2   63
40  c52 d16    2.2   72
```

2.5.6 순서 함수

데이터에 대해 특정 변수를 기준으로 순서대로 정렬하고자 한다.
다음의 간단한 데이터에 대해 순서 함수를 적용해 보자.

```
> id=c(1,2,3,4,5)
> a=c(4,9,7,2,8)
> da=cbind(id,a)
> da
     id a
[1,]  1 4
[2,]  2 9
[3,]  3 7
[4,]  4 2
[5,]  5 8
```

벡터 a의 성분값을 순서대로 배열하려면 sort() 함수를 사용한다.

```
> a_s =sort(a)
> a_s
[1] 2 4 7 8 9
```

a 값 순서대로 개체별 데이터를 재배열하려면 order() 함수를 사용한다.

```
> da_s=da[order(a),]
> da_s
     id a
[1,]  4 2
[2,]  1 4
[3,]  3 7
[4,]  5 8
[5,]  2 9
```

벡터 x 성분값에 순위값을 주고자 할 경우에는 rank() 함수를 사용한다.

```
> x=c(11,24,24,30,30,30)
> rank(x)
[1] 1.0  2.5  2.5  5.0  5.0  5.0
```

x 값에 순서를 주고자 할 경우에는 order() 함수를 사용한다.

```
> order(x)
[1] 1 2 3 4 5 6
```

2.6 구조적인 데이터 만들기

구조(structure) 또는 패턴(pattern)이 있는 데이터를 생성할 때 seq( ), rep( ) 함수를 이용한다.

(1) 1부터 10까지 일련 번호를 생성하고자 할 경우

```
> 1:10
 [1]  1  2  3  4  5  6  7  8  9 10
```

또는

```
> seq(1,10)
 [1]  1  2  3  4  5  6  7  8  9 10
```

(2) 1부터 10까지 역으로 번호를 생성하고자 할 경우

```
> rev(1:10)
 [1] 10  9  8  7  6  5  4  3  2  1
```

또는

```
> 10:1
 [1] 10  9  8  7  6  5  4  3  2  1
```

(3) 1부터 10까지 2씩 증가한 번호를 생성하고자 할 경우

```
> seq(1,10, by=2)
[1] 1 3 5 7 9
```

(4) 5부터 22까지 2씩 증가한 번호를 생성하고자 할 경우

```
> seq(from=5, to=22, by=2)
[1]  5  7  9 11 13 15 17 19 21
```

(5)1을 10번 반복해서 생성할 경우

```
> rep(1,10)
 [1] 1 1 1 1 1 1 1 1 1 1
```

(6) 1부터 3까지 3번 반복해서 생성할 경우

```
> rep(1:3,3)
[1] 1 2 3 1 2 3 1 2 3
```

(7) (2,3,5)를 4번 반복해서 생성할 경우

```
> rep(c(2,3,5), 4)
 [1] 2 3 5 2 3 5 2 3 5 2 3 5
```

(8) 벡터나 행렬 값의 초기화

0을 12번 반복해서 생성할 경우 다음과 같이 a 벡터를 생성할 수 있다. 벡터나 행렬 값을 초기화할 때 유용하다.

```
> a=rep(0,12)
> a
 [1] 0 0 0 0 0 0 0 0 0 0 0 0
```

2.7 데이터 벡터 다루기

각 관측값 $x_1, x_2, ..., x_n$은 R에서는 x[1], x[2],..., x[n]과 같이 사용한다. 즉 배열의 첨자는 [ ] 안에 표현하여 인식하게 된다.

A 회사의 2007년 월별매출액이 다음과 같을 때

100, 120, 130, 124, 150, 167, 170, 163, 160, 155, 145, 157

지수(index)를 사용해 데이터 벡터를 다루어 보기로 한다. 지수값에 "-"를 붙여 불필요한 값을 제거한 벡터를 만들 수 있다.

```
> x=c(100, 120, 130, 124, 150, 167, 170, 163, 160, 155, 145, 157)
> x[1]              # 데이터벡터 x에서 첫 번째 값
[1] 100
> x[9]              # 벡터 x에서 9번째 값
[1] 160
> x[1:3]            # 벡터 x에서 첫 번째부터 세 번째까지의 데이터 값
[1] 100 120 130
> x[c(6,7,9)]       # 6, 7, 9번째 데이터 값만
[1] 167 170 160
> names(x)=seq(1,12) # 벡터 x의 이름으로 일련번호를 준다.
> x
  1   2   3   4   5   6   7   8   9  10  11  12
100 120 130 124 150 167 170 163 160 155 145 157
> xm1=x[-1]         # 벡터 x에서 첫 번째 값만 제거한 벡터
> xm1
  2   3   4   5   6   7   8   9  10  11  12
120 130 124 150 167 170 163 160 155 145 157
> xm2=x[-c(1,12)]   # 첫 번째와 열두 번째 데이터 값을 제외한 벡터
> xm2
  2   3   4   5   6   7   8   9  10  11
120 130 124 150 167 170 163 160 155 145
> xx=x[x!=150]      # 데이터 값이 150이 아닌 경우만
> xx
  1   2   3   4   6   7   8   9  10  11  12
100 120 130 124 167 170 163 160 155 145 157
```

```
> xp=x[x>=150]          # 데이터 값이 150 이상인 경우만
> xp
  5   6   7   8   9  10  12
150 167 170 163 160 155 157
```

2.8 벡터와 행렬 표현과 연산

$p \times 1$ 벡터 $\boldsymbol{x}$와 $\boldsymbol{y}$

$$\boldsymbol{x} = \begin{pmatrix} x_1 \\ x_2 \\ \vdots \\ x_p \end{pmatrix}, \qquad \boldsymbol{y} = \begin{pmatrix} y_1 \\ y_2 \\ \vdots \\ y_p \end{pmatrix}$$

에 대한 기본 연산에 대해 알아보자.

상수 c에 대해, 스칼라 c와 벡터 $\boldsymbol{x}$와의 곱은 벡터 $\boldsymbol{x}$의 각 성분에 c배한 것과 같다. 즉,

$$c\boldsymbol{x} = \begin{pmatrix} cx_1 \\ cx_2 \\ \vdots \\ cx_p \end{pmatrix}.$$

두 벡터의 합은 $\boldsymbol{x}$와 $\boldsymbol{y}$ 각 성분의 합과 같다. 즉,

$$\boldsymbol{x} + \boldsymbol{y} = \begin{pmatrix} x_1 \\ x_2 \\ \vdots \\ x_p \end{pmatrix} + \begin{pmatrix} y_1 \\ y_2 \\ \vdots \\ y_p \end{pmatrix} = \begin{pmatrix} x_1 + y_1 \\ x_2 + y_2 \\ \vdots \\ x_p + y_p \end{pmatrix}.$$

두 벡터의 곱은

$$\boldsymbol{x}'\boldsymbol{y} = (x_1 \; x_2 \; \cdots \; x_p) \begin{pmatrix} y_1 \\ y_2 \\ \vdots \\ y_p \end{pmatrix} = x_1y_1 + x_2y_2 + \cdots + x_py_p$$

으로 정의된다.

행렬(matrix)이란 숫자 또는 변수를 직사각형 또는 정사각형 모양으로 정렬한 배열을 의미한다. 배열된 수를 그 행렬의 **성분**(entries)이라 한다. 행렬은 열벡터 또는 행벡터로 구성되며 다음과 같이 표현한다.

$$\boldsymbol{A}_{n\times p} = \begin{pmatrix} a_{11} & a_{12} & \ldots & a_{1p} \\ a_{21} & a_{22} & \ldots & a_{2p} \\ \vdots & \vdots & \vdots & \vdots \\ a_{n1} & a_{n2} & \ldots & a_{np} \end{pmatrix} = (a_{ij}),\ \ \boldsymbol{B}_{n\times p} = \begin{pmatrix} b_{11} & b_{12} & \ldots & b_{1p} \\ b_{21} & b_{22} & \ldots & b_{2p} \\ \vdots & \vdots & \vdots & \vdots \\ b_{n1} & b_{n2} & \ldots & b_{np} \end{pmatrix} = (b_{ij}).$$

행렬의 합은

$$\begin{aligned} \boldsymbol{A}+\boldsymbol{B} &= (a_{ij})+(b_{ij}) = (a_{ij}+b_{ij}) \\ &= \begin{pmatrix} a_{11}+b_{11} & a_{12}+b_{12} & \cdots & a_{1p}+b_{1p} \\ \vdots & \vdots & \cdots & \vdots \\ a_{n1}+b_{n1} & a_{n2}+b_{n2} & \cdots & a_{np}+b_{np} \end{pmatrix} \end{aligned}$$

으로 표현된다.

두 행렬의 곱은

$$\begin{aligned} \boldsymbol{AB}_{n\times p} &= \boldsymbol{A}_{n\times k}\boldsymbol{B}_{k\times p} \\ &= \begin{pmatrix} a_{11} & a_{12} & \cdots & a_{1k} \\ a_{21} & a_{22} & \cdots & a_{2k} \\ \vdots & \vdots & \cdots & \vdots \\ a_{n1} & a_{n2} & \cdots & a_{nk} \end{pmatrix} \begin{pmatrix} b_{11} & b_{12} & \cdots & b_{1p} \\ b_{21} & b_{22} & \cdots & b_{2p} \\ \vdots & \vdots & \cdots & \vdots \\ b_{k1} & b_{k2} & \cdots & b_{kp} \end{pmatrix} \\ &= \begin{pmatrix} \sum_{t=1}^{k} a_{1t}b_{t1} & \cdots & \sum_{t=1}^{k} a_{1t}b_{tp} \\ \vdots & \sum_{t=1}^{k} ab_{tj} & \vdots \\ \sum_{t=1}^{k} a_{nt}b_{t1} & \cdots & \sum_{t=1}^{k} a_{nt}b_{tp} \end{pmatrix}. \end{aligned}$$

데이터 벡터와 행렬을 다음과 같이 생성할 수 있다.

(1) 데이터 열벡터

```
> a=c(1,3,5)
> a
[1] 1 3 5
```

(2) 데이터 행렬

```
> b=matrix(1:6, nrow=2)
> b
     [,1] [,2] [,3]
[1,]    1    3    5
[2,]    2    4    6

> d=matrix(1:6, ncol=2)
```

```
> d
     [,1] [,2]
[1,]    1    4
[2,]    2    5
[3,]    3    6
```

2.8.1 기본 연산

R에서는 벡터와 행렬의 연산을 쉽게 할 수 있다.

벡터의 합 $x+y$은 +를 이용하고 벡터의 곱 $x'y$는 %*%를 이용한다.

벡터 또는 행렬 x의 전치행렬(transposed matrix)을 구하기 위해서는 t(x)를 쓴다.

두 벡터 $x=\begin{pmatrix}1\\2\\3\\4\\5\end{pmatrix}=(1,2,3,4,5)'$, $y=\begin{pmatrix}-1\\-2\\-3\\-4\\-5\end{pmatrix}=(-1,-2,-3,-4,-5)'$ 에 대해

벡터 x, y에 대해 여러 가지 연산을 해 보자.

```
> x=c(1,2,3,4,5)
> y=c(-1,-2,-3,-4,-5)
```

(1) $x+y$

```
> x+y
[1] 0 0 0 0 0
```

(2) $x'y$

```
> t(x)%*% y
     [,1]
[1,]  -55
```

(3) xx'

```
> x %*% t(x)
     [,1] [,2] [,3] [,4] [,5]
[1,]    1    2    3    4    5
[2,]    2    4    6    8   10
[3,]    3    6    9   12   15
[4,]    4    8   12   16   20
[5,]    5   10   15   20   25
```

(4) 각 성분의 곱

```
> x*y
[1]  -1  -4  -9 -16 -25
> x*x
[1]  1  4  9 16 25
```

(5) x, y를 한 개의 열벡터로 만들기

```
> temp=c(x,y)
> temp
 [1]  1  2  3  4  5 -1 -2 -3 -4 -5
```

(6) x, y를 합쳐 두 개의 열벡터를 가진 행렬로 만들기

```
> temp1=cbind(x,y)      # column bind
> temp1
      x  y
[1,] 1 -1
[2,] 2 -2
[3,] 3 -3
[4,] 4 -4
[5,] 5 -5
```

(7) x, y를 합쳐 두 개의 행벡터를 가진 행렬로 만들기

```
> temp2=rbind(x,y)        # row bind
> temp2
  [,1] [,2] [,3] [,4] [,5]
x    1    2    3    4    5
y   -1   -2   -3   -4   -5
```

(8) 행렬의 각 성분값을 제곱하기

```
> temp1*temp1
      x  y
[1,]  1  1
[2,]  4  4
[3,]  9  9
[4,] 16 16
[5,] 25 25
```

(9) 전치행렬(transposed matrix) 구하기

```
> t(temp1)
  [,1] [,2] [,3] [,4] [,5]
x    1    2    3    4    5
y   -1   -2   -3   -4   -5
```

(10) 행렬의 곱

```
> t(temp1)%*%temp1
    x   y
x  55 -55
y -55  55
```

(11) 행렬의 차원 구하기

```
> dim(temp1)
[1] 5 2
```

2.8.2 역행렬

역행렬을 구하기 위해서는 library(MASS)를 부르고 ginv() 함수를 이용한다.

다음의 행렬 $s = \begin{pmatrix} 34.74 & 15.66 \\ 15.66 & 378.60 \end{pmatrix}$의 역행렬(inverse matrix)을 구하고자한다.

```
> a1=c(34.74, 15.66)
> a2=c(15.66, 378.6)
> s=rbind(a1, a2)
> s
     [,1]   [,2]
a1 34.74  15.66
a2 15.66 378.60
> library(MASS)
> solve(s)
             [,1]         [,2]
[1,]  0.029332174 -0.001213264
[2,] -0.001213264  0.002691494
```

2.8.3 고유값과 고유벡터

행렬 s의 고유값(eigen value)과 고유벡터(eigen vector)는 eigen()을 이용하여 구할 수 있다.

```
> eigen(s)
$values
[1] 379.31171  34.02829
$vectors
            [,1]        [,2]
[1,] 0.04540086 -0.99896885
[2,] 0.99896885  0.04540086
```

즉, 행렬 s의 2개 고유값은 379.31171, 34.02829이며 첫 번째 고유값 379.31171에 해당하는 고유벡터는 (0.04540086, 0.99896885)'이고, 두 번째 고유값 34.02829에 해당하는 고유벡터는 (0.99896885, 0.04540086,)'이다.

행렬 s의 고유값과 고유벡터를 lambda에 저장하고자 한다. attributes()를 이용하면 lambda에 대한 속성을 알 수 있다.

```
> lambda=eigen(s)
> attributes(lambda)
$names
[1] "values"  "vectors"
```

데이터 객체(object)인 lambda는 values와 vectors에 대한 값을 포함하는 것을 알 수 있으며 각각 고유값(eigen value)과 고유벡터(eigen vector)를 나타낸다.

```
> lambda$values[[1]]      # eigenvalue 1
[1] 379.3117
> lambda$values[[2]]     # eigenvalue 2
[1] 34.02829
> lambda$vectors[,1]     # eigenvector 1
[1]  0.04540086 -0.99896885
> lambda$vectors[,2]     # eigenvector 2
[1] 0.99896885 0.04540086
```

2.9 배열

다차원 행렬은 배열(array)로 표현한다. 3차원 이상인 경우 구조를 이해하기 어려워지지만 표현은 가능하다.

4×3×2 3차원 배열에 1부터 24까지 값을 배열하고자 한다.

```
> g=array(1:24, c(4,3,2))
> g
, , 1
     [,1] [,2] [,3]
[1,]    1    5    9
[2,]    2    6   10
[3,]    3    7   11
[4,]    4    8   12
, , 2
     [,1] [,2] [,3]
[1,]   13   17   21
[2,]   14   18   22
[3,]   15   19   23
[4,]   16   20   24
```

각 배열에 대한 성분을 선택하는 방법을 알아보자.

```
> g[1, ,]
     [,1] [,2]
[1,]    1   13
[2,]    5   17
[3,]    9   21

> g[, ,1]
     [,1] [,2] [,3]
[1,]    1    5    9
[2,]    2    6   10
[3,]    3    7   11
[4,]    4    8   12
```

```
> g[, 1,]
     [,1] [,2]
[1,]    1   13
[2,]    2   14
[3,]    3   15
[4,]    4   16
```

예를 들어, 4차원 array를 다음과 같이 만들어 보자.

```
> x=array(1:120, c(5,4,3,2))
```

2.10 반복문

2.10.1 for()를 이용한 루핑

반복수에 대한 정보가 있을 때 for()를 이용하여 반복적으로 작업을 수행할 수 있다.

예 2.6 for()를 이용하여 1, 2, 3, 4 값을 출력해 보자.

```
> for( i in 1:4) print(i)
[1] 1
[1] 2
[1] 3
[1] 4
```

예 2.7 $\sum_{i=100}^{200} i$를 구해 보자.

```
start= 100 ;  end=200
isum=0
for( i in start:end)  isum = isum + i
print(isum)
```

```
[1] 15150
```

예 2.8 $5^2, 6^2, 7^2, 8^2$을 담을 벡터를 생성한 후 for()를 이용하여 출력해 보자.

```
x=c(5,6,7,8)
n=length(x)
xx=rep(0,n)      # vector initialization
for( j in 1:n){  xx[j]=x[j]^2
                 print(xx[j])   }
```

```
[1] 25
[1] 36
[1] 49
[1] 64
```

예 2.9 문자 변수의 루핑 예

```
> transport = c("bus", "subway", "car", "bike")
> for (vehicle in transport ){ print(vehicle) }
[1] "bus"
[1] "subway"
[1] "car"
[1] "bike"
```

2.10.2 while()을 이용한 루핑

전체 반복 회수는 모르지만 어떤 조건을 만족할 때까지 반복해야 하는 경우에는 while()을 이용한다.

자연수 $1, 2, \ldots, n$을 더했을 때 100이 넘으며 100과 가장 가까운 수가 되는 n을 구해보자.

```
n=0
sum.sofar =0
while(sum.sofar <= 100 ) {
    n = n+1
    sum.sofar = sum.sofar + n
}
print(n) ; print(sum.sofar)
```

```
[1] 14
[1] 105
```

2.10.3 repeat()를 이용한 루핑

멈추어야 하는 조건을 만날 때까지 해당 작업을 반복하는 경우에는 repeat()를 사용한다.

자연수 $1, 2, \ldots, n$을 더했을 때 100이 넘으며 100과 가장 가까운 수가 되는 n을 구해보자.

```
n=0
sum.sofar =0
repeat{
   n = n+1
   sum.sofar = sum.sofar + n
   if( sum.sofar > 100 ) break
}
print(n) ; print(sum.sofar)
```

```
[1] 14
[1] 105
```

2.11 조건문

if를 이용해 조건 명령문을 만들 수 있다.

if else를 이용하여 x 벡터에서 성분값이 양수이면 새로운 변수 pos 값이 1이 되고 그렇지 않으면 pos 값이 0이 되도록 변수 pos를 만들고자 한다.

```
x=c(1,-2,-3,4,5)
pos=rep(0,5)
for( i in 1: 5) {
    if( x[i]> 0 ) pos[i]=1
    else pos[i]=0
}
print(pos)
```

```
[1] 1 0 0 1 1
```

2.12 결측값

데이터에 결측값(missing value)이 포함된 경우가 있으며 이러한 경우 R에서는 NA 값으로 표시된다. is.na()를 이용하여 결측값 포함여부를 확인할 수 있다. na.rm=TRUE 옵션을 쓰면 결측값은 제외하고 계산된다. na.omit() 함수를 사용하면 결측값을 제외한 벡터를 만들 수 있다.

데이터 벡터 x가 결측값을 포함하면 결측값을 NA로 입력한다.

```
> x=c(1,6,2,NA)
```

데이터 벡터 x에 대해 결측값의 여부를 논리연산자로 알아보고자 할 경우

```
> is.na(x)
[1] FALSE FALSE FALSE  TRUE
```

데이터 벡터 x에서 x>2인 경우만을 선택하여 벡터를 만들고자 할 경우

```
> x[x>2]
[1]  6 NA
```

데이터 벡터 x에 결측값이 포함되어 있으면 mean() 결과는 결측값으로 출력된다.

```
> mean(x)
[1] NA
```

데이터 벡터 x에 결측값을 포함한 경우, na.rm=TRUE 옵션을 이용하여 결측값을 제외한 데이터로 함수값을 구할 수 있다.

```
> mean(x, na.rm=TRUE)
[1] 3
```

```
> xx=na.omit(x)      # 결측값은 제외한 데이터 벡터 생성
> xx
[1] 1 6 2
attr(,"na.action")
[1] 4
attr(,"class")
[1] "omit"
```

데이터 벡터 x의 성분에 순위를 주고자 하며, 결측값은 마지막 큰 순서로 주게 된다.

```
> x
[1]  1  6  2 NA
> r=rank(x)
> r
[1] 1 3 2 4
> r=rank(x, na.last=TRUE)
> r
[1] 1 3 2 4
```

데이터 벡터 x의 성분에 순위를 주고자 하며, 결측값에 제일 작은 순위를 주고자 할 경우 na.last=FALSE 옵션을 쓴다.

```
> r=rank(x, na.last=FALSE)
> r
[1] 2 4 3 1
```

2.13 데이터 프레임

데이터 프레임(data frame)은 R에서 모델링과 그래프 구현하는 함수를 사용하는 데 필수적이다. 데이터 프레임은 행렬의 일반화 형태로 볼 수 있으며 각 열(column)마다 각각 다른 데이터 양식(mode)을 가질 수 있다. 즉 어떤 열은 숫자형, 다른 열은 문자형 또는 논리형일 수 있다.

```
> data(OrchardSprays)
> OrchardSprays
  decrease rowpos colpos treatment
1       57      1      1         D
2       95      2      1         E
3        8      3      1         B
4       69      4      1         H
5       92      5      1         G
```

내장된 OrchardSprays 데이터 프레임을 보면 첫 번째 열은 순서번호, 두 세 번째 열은 숫자형 벡터이고 마지막인 네 번째 열은 문자형 벡터로 구성된다.

데이터 파일을 read.table()로 읽어들인 경우 데이터 프레임이 자동적으로 생성된다.

2.14 내장된 데이터셋 읽기

```
> data()
```

수행하면 내장된 데이터셋 목록이 <그림 2.1>과 같이 나타나므로 필요한 데이터셋을 고른후

```
> data(Orange)
```

와 같이 쓰면 데이터셋 Orange를 사용할 수 있게 된다.

```
> Orange[1,]
  Tree age circumference
1    1 118            30
```

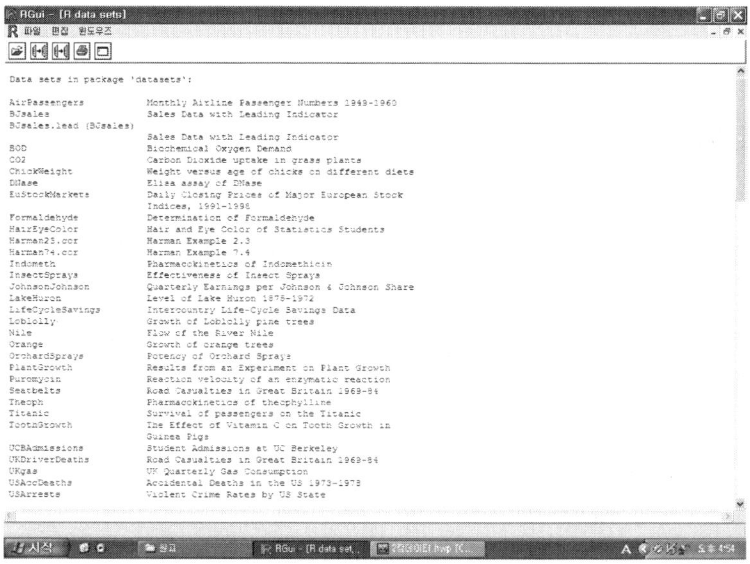

그림 2.1 R에 내장된 데이터셋

2.15 데이터 파일 읽기와 결과 파일 만들기

2.15.1 txt 파일 데이터를 읽을 경우

<표 2.8>의 텍스트 파일로 만들어진 데이터를 읽는 경우 파일 첫 줄에 변수명이 있으면 header=TRUE, 변수명이 없으면 header=FALSE 옵션을 써서 읽는다.

표 2.8 텍스트 데이터셋 test.txt

x	y
1	2
2	4
3	5
4	7
5	6
6	9
7	7
8	11
9	13
10	12

```
> zzz=read.table("C:/RR/test.txt", header=TRUE)
> attributes(zzz)
$names
[1] "x" "y"
$class
[1] "data.frame"
$row.names
 [1] "1"  "2"  "3"  "4"  "5"  "6"  "7"  "8"  "9"  "10"
> zzz$x
 [1]  1  2  3  4  5  6  7  8  9 10
> zzz$x[1]
[1] 1
> zzz[[1]]
 [1]  1  2  3  4  5  6  7  8  9 10
> zzz[[2]]
 [1]  2  4  5  7  6  9  7 11 13 12
> x<-zzz$x
> y<-zzz$y
```

2.15.2 Excel 파일 데이터를 읽을 경우

Excel 파일을 csv 파일로 저장한 후 다음과 같이 읽으면 된다.

```
> zz= read.csv(file="C:/RR/testc.csv", header = TRUE, sep = "," )
또는
```

```
> zz= read.csv("C:/RR/testc.csv", header = TRUE)
> zz= read.csv("C:\\RR\\testc.csv", header = TRUE )
```

2.15.3 결과 파일 만들기

cat() 명령어를 이용하여 결과가 쓰인 파일을 만들 수 있다.

```
> cat("data set example","\n","x=",zzz$x,"\n","y=",zzz$y,
file="C:/RR/testout.txt")
```

을 수행하면 C:/RR 디렉토리 안에 생성되는 testout.txt 파일에 결과가 저장되고 이 파일을 열면 다음과 같다.

```
data set example
 x= 1 2 3 4 5 6 7 8 9 10
 y= 2 4 5 7 6 9 7 11 13 12
```

(1) 결과를 txt 파일로 저장하고자할 때

cat("This is result.", "\n", zzz$x, file="C:/RR/testout2.txt", append=TRUE)

"\n"　　: newline 줄바꾸기

file=" "　: directory path를 잘 지정해 준다.

append=TRUE　:　결과를 덧붙여 쓴다.

append=FALSE :　결과를 덧붙이지 않고 새로운 파일로 만들어진다.

결과를 R 화면에서 보고자 할 때에는

cat("This is result." , "\n", x)

또는

print(x)

을 이용할 수 있다.

또는 write.table 함수를 이용하여 txt 파일을 만들 수 있다.

```
> mydf=c(1,2,3)
> write.table(mydf, "c:/mydf.txt", sep=",", row.names=FALSE)
```

(2) 결과를 Excel 프로그램의 csv 파일로 저장하고자 할 때

```
> mydf=c(1,2,3)
> write.table(mydf, "c:/mydf.csv", sep=",", row.names=FALSE)
```

```
> my=c(4,5,6)
> mm=cbind(mydf, my)
> write.table(mm, "c:/mydftest.csv", sep=",", row.names=FALSE)
```

mydftest.csv 파일에 다음의 결과를 얻는다.

mydf	my
1	4
2	5
3	6

2.15.4 여러 유형의 데이터 결합

데이터프레임(data frame)은 2차원 이상에 데이터셋을 표현할 수 있으며 각 행렬이 서로 다른 데이터 형식을 가질 수 있다는 것이 특징이다. 여러 가지 데이터 형식을 포함한 데이터셋에 대한 통계 분석을 할 때 유용하게 많이 쓰이며 data.frame() 함수를 이용하여 구축된다. 행렬마다 데이터 특성을 구분하기 위해 rownames(), colnames()를 사용해 이름을 정할 수 있다. data.frame() 함수로 여러 유형의 데이터를 결합할 수 있다.

예 2.10 다음은 B 게임의 사용자(user) 정보를 데이터프레임으로 구성하고자 한다.

```
id <- 1:3
heros <- c( ‘cindy’, ‘wendy’, ‘charli’)
age <-c(15, 16, 14)
play_hour <- c(4,5,6)
team<-c(TRUE,TRUE,FALSE)
dat <- data.frame(id, heros,age, play_hour, team)
dat
```

```
> dat
  id  heros age play_hour  team
1  1  cindy   7         4  TRUE
2  2  wendy  11         5  TRUE
3  3 charli  14         6 FALSE
```

2.16 데이터셋 합치기

두 개의 데이터셋을 합치고자 할 경우 merge()를 이용한다.

```
authors <- data.frame(
  surname = I(c("Tukey", "Venables", "Tierney", "Ripley", "McNeil")),
  nationality = c("US", "Australia", "US", "UK", "Australia") )

books <- data.frame(
  name = I(c("Tukey", "Venables", "Tierney", "Ripley", "McNeil")),
  year =c(1976, 1995,1996, 1998, 2000)    )
authors
books
d=merge(authors, books, by.x="surname", by.y="name")
d
```

저자의 이름과 국적 데이터 authors

```
> authors
   surname nationality
1    Tukey          US
2 Venables   Australia
3  Tierney          US
4   Ripley          UK
5   McNeil   Australia
```

저자의 이름과 책 출판 년도 데이터 books

```
> books
      name year
1    Tukey 1976
2 Venables 1995
3  Tierney 1996
4   Ripley 1998
5   McNeil 2000
```

merge()를 이용하여 저자의 이름과 국적, 책 출판 년도를 합해 한 개의 데이터 행렬로 만들고자 한다. 정렬 기준으로 우선 "surname", "surname"이 같은 경우에는 "name"으로 정렬하고자 한다.

```
> d=merge(authors, books, by.x="surname", by.y="name")
> d
   surname nationality year
1   McNeil   Australia 2000
2   Ripley          UK 1998
3  Tierney          US 1996
4    Tukey          US 1976
5 Venables   Australia 1995
```

```
authors <- data.frame(
  surname = I(c("Tukey", "Venables", "Tierney", "Ripley", "McNeil")),
  nationality = c("US", "Australia", "US", "UK", "Australia") )

books2 <- data.frame(
  name= I(c("Tukey","Venables","Tierney","Ripley","McNeil","Kim")),
  year =c(1976, 1995,1996, 1998, 2000, 2008)   )
authors
books2
d2 =merge(authors, books2, by.x="surname", by.y="name")
d2
d3 =merge(authors, books2, by.x="surname", by.y="name", all=TRUE)
d3
```

```
> books2
      name year
1    Tukey 1976
2 Venables 1995
3  Tierney 1996
4   Ripley 1998
5   McNeil 2000
6      Kim 2008
```

결측값이 있을 경우, all=TRUE 옵션을 쓰지 않으면 결측값을 포함한 경우는 제외되고 정렬된다.

```
> d2 =merge(authors, books2, by.x="surname", by.y="name")
> d2
   surname nationality year
1   McNeil   Australia 2000
2   Ripley          UK 1998
```

```
3  Tierney          US 1996
4     Tukey          US 1976
5 Venables   Australia 1995
```

결측값이 있을 경우, all=TRUE 옵션을 쓰면 결측값을 포함하여 정렬된다.

```
> d3 =merge(authors, books2, by.x="surname", by.y="name", all=TRUE)
> d3
   surname nationality year
1      Kim        <NA> 2008
2   McNeil   Australia 2000
3   Ripley          UK 1998
4  Tierney          US 1996
5    Tukey          US 1976
6 Venables   Australia 1995
```

2.17 객체 관리

2.17.1 객체

R은 이름(name)과 내용(content)으로 특징지어지는 객체(object)들에 대한 작업으로 이루어진다. 객체는 vector, factor, matrix, data.frame, list, ts 형태를 갖는다. ts() 함수로 시계열 데이터 객체가 생성된다. R에서 생성된 모든 객체는 고유의(intrinsic) 속성으로 mode와 length를 갖는다. 여기서 mode는 객체의 요소에 대한 형태로 데이터로 표현될 경우에는 number, character, complex, logical의 경우가 있으며 데이터 형태로 표현되지 않는 function 또는 expression이 있다.

```
> x<- 1
> mode(x)
[1] "numeric"
> length(x)
[1] 1

> a<-c(1,2,3)                        # vector
> a
```

```
[1] 1 2 3
> b<-factor(1:3)                  # factor
> b
[1] 1 2 3
Levels: 1 2 3
> matrix(data=1:4, nr=2, nc=2)    # matrix
     [,1] [,2]
[1,]    1    3
[2,]    2    4
> x <- 1:4; n <- 10; y <- 2:4
> data.frame(x,n)                 # data.frame
  x  n
1 1 10
2 2 10
3 3 10
4 4 10
> L1 <- list(x, y); L2 <- list(A=x, B=y)   # list
> L1
[[1]]
[1] 1 2 3 4
[[2]]
[1] 2 3 4
> L2
$A
[1] 1 2 3 4
$B
[1] 2 3 4

> ts(1:10, start=2001)
Time Series:
Start = 2001
End = 2010
Frequency = 1
 [1]  1  2  3  4  5  6  7  8  9 10
```

```
> x <- 3; y <- 2.5; z <- 1
> exp1 <- expression(x / (y + exp(z)))
> exp1
expression(x/(y + exp(z)))
> eval(exp1)
[1] 0.5749019
```

2.17.2 리스트

R에서는 리스트(list)에 여러 종류의 데이터 유형을 담을 수 있다. list를 만들어 객체로 저장한 후 [[ ]]로 해당 순서 객체를 선택한다. 또는 list 구성 객체에 이름을 부여하면 리스트객체$이름과 같은 방식으로 해당 객체를 선택한다.

예 2.11 리스트를 데이터프레임과 벡터로 구성하고자 한다.

```
b<-list( dat,  c(11,12,13), c("A", "B") )
b[[1]]
b[[2]]
names(b) =c("data.frame", "num.vector", "char.vector")
  b$num.vector
b$num.vector[1]
```

객체 b는 한 개 데이터프레임과 두 개 벡터로 구성된다.

```
> b[[1]]
  id  heros age play_hour  team
1  1  cindy   7         4  TRUE
2  2  wendy  11         5  TRUE
3  3 charli  14         6 FALSE

> b[[2]]
[1] 11 12 13

>   b$num.vector
[1] 11 12 13
> b$num.vector[1]
[1] 11
```

2.17.3 데이터 객체 지우기

현재 사용하고 있는 작업공간(workspace)에 저장되어 있는 객체 목록을 ls()를 사용하여 볼 수 있다.

메뉴바에서 [기타] → [모든 오브젝트의 일람]을 클릭하면 만들어진 오브젝트 리스트를 볼 수 있다. 메뉴바에서 [기타] → [모든 오브젝트의 삭제]를 클릭하면 생성된 오브젝트가 모두 삭제된다.

2.18 프로그램 작업 결과 작업공간 저장하기

R에서 작업하여 생성된 오브젝트들을 작업공간(workspace) 이미지로 .RDATA 또는 .Rd로 저장할 수 있다. 후에 저장한 workspace를 다시 불러 사용하면 기존에 작업했던 오브젝트들을 그대로 이용할 수 있어 연속 작업에 편리하다.

메뉴바에서 [파일] → [workspace 저장]을 클릭하면 원하는 디렉토리에 my workspace가 생성되고 해당 디렉토리에 my.RDATA 로 저장된다. 또는 save.image()를 사용하여 저장하고 load()를 사용하여 저장한 workspace를 다시 열 수 있다.

```
> save.image("a:\my.Rd")

> load("a:\my.Rd")
```

연습문제

01 다음 식을 계산하여 답을 쓰시오.

(a) 1+2(3+4)

(b) $1+\frac{1}{2}+\frac{1}{3}+\frac{1}{4}+\frac{1}{5}+\frac{1}{6}$

(c) $\sqrt{(4+3)(2+5)}$

(d) $\left(\frac{1+2}{4+5}\right)^3$

(e) $122+12\times 23$

(f) 10!

(g) $\sum_{i=5}^{11} i^2$

(h) sin 80° + cos 40°

(i) $\log_{10}24 + \log_e 10$

(j) $x=15,\ y=3$일 때 $\sqrt{\frac{3x^2+2y^3}{(x+y)(x-y)}}$

(k) $\cos(\pi/3)$

02 다음의 데이터를 사용하시오.

2 3 5 7 9 10

(a) 데이터 벡터 x를 만드시오.

(b) 각 데이터의 제곱으로 구성된 벡터 x2를 만드시오.

(c) 각 데이터의 제곱의 합을 구하시오.

(d) 각 데이터에서 2를 뺀 값들을 구하시오.

(e) 최댓값과 최솟값을 구하시오

(f) 5보다 큰 값들만으로 구성된 데이터 벡터 x_up을 만드시오.

(g) 벡터 x의 길이를 구하시오.

(h) x'x를 구하시오.

(i) xx'를 구하시오.

(j) 벡터 x와 x2를 열결합(column bind)하여 xc에 할당(assign)하시오.

(k) 벡터 x와 x2를 행결합(row bind)하여 xr에 할당하시오.

03 주어진 행렬과 벡터에 대해 R 명령문을 이용하여 계산하시오.

$$\boldsymbol{A}=\begin{pmatrix}1 & -1 & 4\\ -1 & 1 & 3\\ 4 & 3 & 2\end{pmatrix}\quad \boldsymbol{B}=\begin{pmatrix}3 & -2 & 4\\ -2 & 1 & 0\\ 4 & 0 & 5\end{pmatrix}\quad x=\begin{pmatrix}1\\ -2\\ 4\end{pmatrix}\quad y=\begin{pmatrix}3\\ 2\\ 1\end{pmatrix}$$

(a) $\boldsymbol{A}+\boldsymbol{B}$	(b) $\boldsymbol{A}'$	(c) $x'\boldsymbol{A}y$	(d) $x'x$	(e) $x'\boldsymbol{A}x$
(f) $x'y$	(g) $\boldsymbol{A}'\boldsymbol{A}$	(h) $\boldsymbol{A}\boldsymbol{B}$	(i) $y'\boldsymbol{B}$	(j) xx'
(k) $x+y$	(l) $x-y$	(m) $(x-y)'$	(n) xy'	(o) $\boldsymbol{A}-\boldsymbol{B}$
(p) $\boldsymbol{A}'+\boldsymbol{B}'$	(q) $(\boldsymbol{A}+\boldsymbol{B})'$	(r) $3x$	(s) $(x'y)^2$	(t) $\boldsymbol{B}\boldsymbol{A}$

(u) 행렬 $\boldsymbol{A}$의 역행렬을 구하시오.

04 seq() 또는 rep()를 사용하여 다음의 값이 나오도록 명령문을 만들고 결과를 보이시오.

(a) “a”,“a”,“a”,“a”,“a”,“a”,“a”,“a”

(b) 1,1,1,2,2,2,3,3,3,4,4,4,5,5,5

(c) 1부터 100 사이의 홀수

05 다음과 같이 UsingR 패키지를 인스톨한 후 내장되어 있는 데이터셋 primes를 이용하여 답하시오. primes는 1부터 2003까지의 소수(prime number)들의 집합이다.

```
> library(UsingR)
> data(primes)
```

(a) 1부터 2003까지 몇 개의 소수가 있는가?

(b) 1부터 200까지 몇 개의 소수가 있는가?

(c) 평균은 얼마인가?

(d) 1000 이상의 소수는 몇 개인가?

(e) 500부터 1000 사이의 소수만을 포함한 벡터 pp를 만드시오.

06 6쌍의 쌍둥이 형제의 공격성 정도를 측정하는 심리검사를 실시하여 다음의 데이터를 얻었다.

	1	2	3	4	5	6
형	86	71	77	68	91	72
동생	88	77	76	64	96	72

(a) txt 파일로 만들고 읽어들여 brother.txt 파일을 생성하시오.

(b) Excel 파일로 만들고 읽어들여 brother_e.xls 파일을 생성하시오.

(c) brother_e.xls 파일을 다른 이름으로 저장하여 csv 파일인 brother_e.csv 파일을 생성하시오.

(d) (a)에서 만든 brother.txt 파일을 읽어 형과 동생 점수를 각각 elder, younger에 저장하고 각 변수의 평균과 표준편차를 구하시오.

(e) 결과가 attackout.txt 이름을 가진 txt 파일로 저장되도록 하시오.

(f) 결과가 attackout.xls 이름을 가진 Excel 파일로 저장되도록 하시오.

07 다음의 데이터를 사용하시오.

−4.123 −3.556 1.634 2.213 3.875

(a) 벡터 x에 할당하고 출력하시오.

(b) x가 소수 둘째 자리까지만 갖도록 y에 저장하고 y를 출력하시오.

(c) x와 y의 차를 구하시오.

(d) x의 소수 첫째 자리까지 반올림한 값이 나오도록 하시오.

(e) x의 올림한 값을 구하시오.

08 다음은 학생들의 국어 성적과 영어 성적 데이터이다.

(a) 두 데이터셋을 merge()를 이용하여 합하시오.

(b) 각 학생에 대해 국어와 영어 평균을 구하시오.

	Korean
kim	93
lee	76
park	87
oh	92
yang	98
min	75
jung	82

	English
kim	90
lee	94
park	88
oh	75
yang	79
min	87
jung	88
choi	90

09 다음은 1반과 2반 학생들의 국어 성적 데이터이다.

(a) 각 반의 평균과 표준편차를 구하시오.

(b) 두 반의 국어 성적 데이터를 합해 korean 데이터 벡터를 만들고 전체 데이터에 대한 평균과 표준편차를 구하시오.

(c) (b)에서 만든 데이터셋에 대해 이름을 알파벳순으로 정렬하시오.

1반	국어
kim	93
lee	84
park	87
oh	95
ang	98
min	77
jung	82
moon	92

2반	국어
kang	90
yun	95
park	88
cho	75
yang	79
min	87
jung	90
choi	90

(d) (b)에서 만든 데이터셋에 대해 높은 성적순으로 정렬하시오.

10 for() 문을 사용하여 섭씨(Celsius: C) 20도 ~ 30도 까지 화씨(Fahrenheit: F) 온도로 바꾸어 프린트 하시오

$$F=\frac{9}{5}C+32$$

```
> for (celsius in 20:30)
```

CHAPTER

03

R 그래프

3.1 간단한 그래프
3.2 그래프 조절 변수
3.3 그래프 좌표축에 수식 쓰기
3.4 다차원 데이터에 대한 다양한 표현
3.5 lattice 패키지를 이용한 다양한 그래프
3.6 3차원 그래프
3.7 도형 그리기
3.8 그래프 축 표시와 여러 가지 색 활용
3.9 모형적합선 그리기
3.10 지도 그리기

3.1 간단한 그래프

R은 그래프에 대해 강력한 능력을 가지고 있으며, R에서의 그래프 구현은 가장 매력적인 특징이기도 하다. 다양한 그래프를 그릴 수 있으며

```
> demo(graphics)
```

또는

```
> demo(persp)
```

로 R에서 제공하는 몇 가지 그래프의 예를 볼 수 있다.

R에는 여러 가지 저수준(low level) 그래픽 함수들과 저수준 그래픽 함수의 기능을 모아 하나의 완성된 그래프를 그릴 수 있는 고수준(high level) 그래픽 함수가 있다. 고수준 그래픽 함수로 기본적이고 대표적인 plot() 함수를 이용하여 다양한 그림을 그릴 수 있다. 기본적인 명령문은

```
> plot(x,y)
```

으로 같은 길이를 가진 x와 y에 대해 그래프를 그린다. 첫 번째로 쓴 x는 수평축(horizontal axis)을, 두 번째로 쓴 y는 수직축(vertical axis)을 이룬다. 또는

```
> plot(y~x)
```

예 3.1 sin 함수와 cos 함수 그래프를 그려 보자.

```
> x=(0:20)*pi/10
> y=cos(x)
> plot(x,y)        # <그림 3.1>

> ysin=sin(x)
> plot(x,ysin)  # <그림 3.2>
```

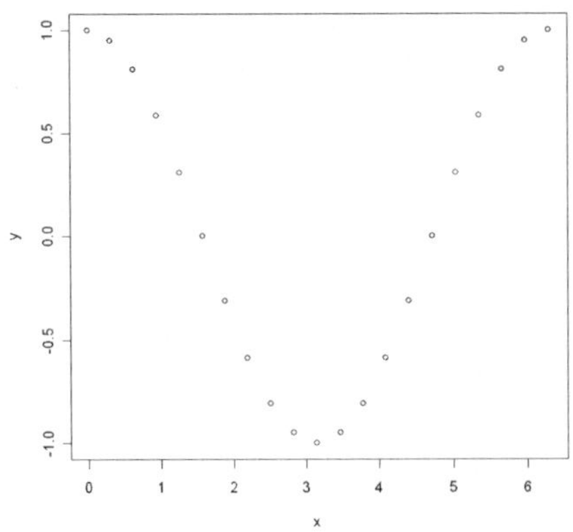

그림 3.1 cos 그래프

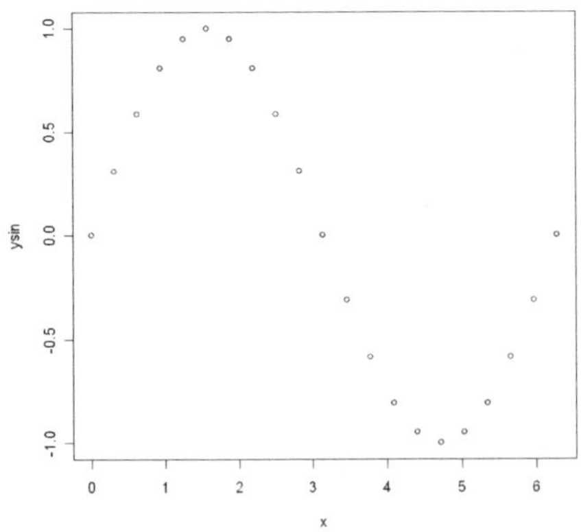

그림 3.2 sin 그래프

두 개 이상의 그래프를 한 화면에 그리고 동시에 비교하고자 할 때는 par() 함수를 사용한다. text() 함수로 그래프 내부의 위치를 지정하고 필요한 것을 쓴다.

```
par(mfrow=c(2,1))    # gives 2 by 1 layout of plots <그림 3.3>
x=(0:20)*pi/10
y=cos(x)
ysin=sin(x)
plot(x,y)     ;  text(3,0, "cos(x)")
plot(x,ysin) ;  text(5,0.5, "sin(x)")
```

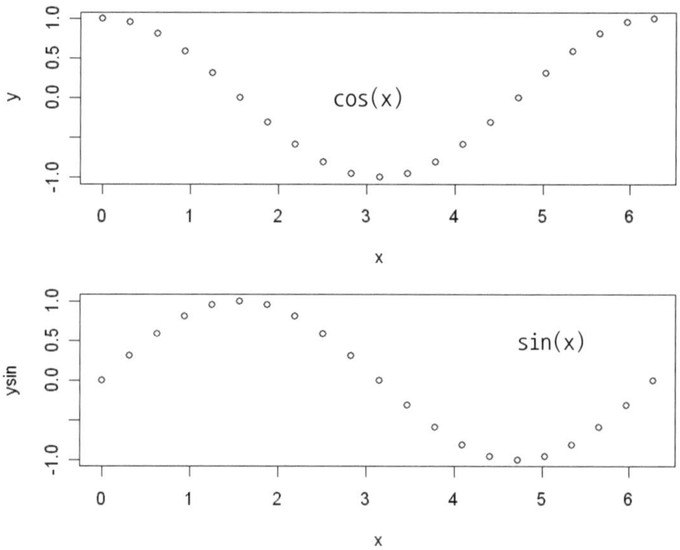

그림 3.3 한 화면에 그린 cos 그래프와 sin 그래프

matplot() 또는 lines()를 이용하여 몇 개의 그래프를 같은 좌표 평면에 그릴 수 있다. sin, cos, $\sin^2$ 그래프를 한 좌표평면에 그려 보자. <그림 3.4>의 첫 번째 그림은 matplot()을 이용하여 그린 것이고 두 번째 그림은 plot()과 lines()를 이용하여 그린 그림이다.

```
x=(0:20)*pi/10
y=cos(x) ;  ysin=sin(x) ;  ysin2=sin(x)^2

par(mfrow=c(1,2))                        # <그림 3.4>
  yy=cbind(y,ysin, ysin2)
  matplot(x, yy, type="pll", pch="*")    # use matplot()
  plot(x,y)
    lines(x,ysin,type="p", pch="*")      # use lines()
    lines(x,ysin2)
```

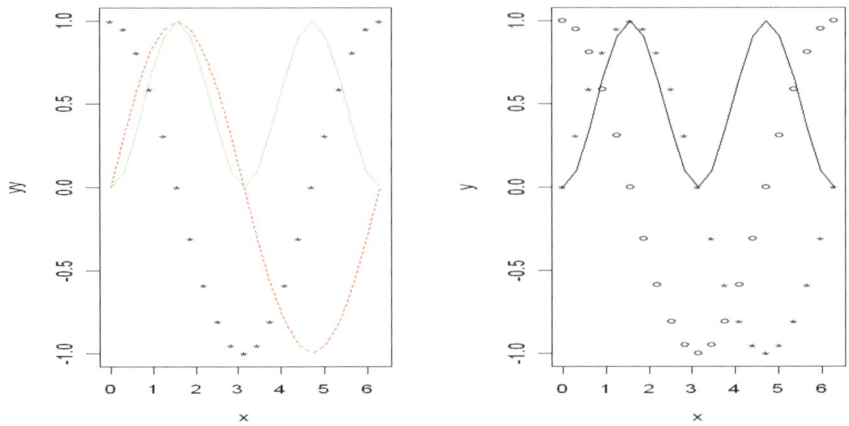

그림 3.4 한 좌표평면에 그린 cos 그래프와 sin, $\sin^2$ 그래프

3.2 그래프 조절 변수

4개의 같은 그래프를 다양한 형태로 한 화면에 그려 보기로 한다. <그림 3.5>를 보면 type= 옵션에 따라 다양한 형태의 그래프를 출력한다.

```
> par(mfrow=c(2,2))          # <그림  3.5>
> plot(x,y, type="p")        # point
> plot(x,y, type="l")        # line
> plot(x,y, type="b")        # both of point and line
> plot(x,y, type="p", pch=19, col="red" )      # point characteristic
```

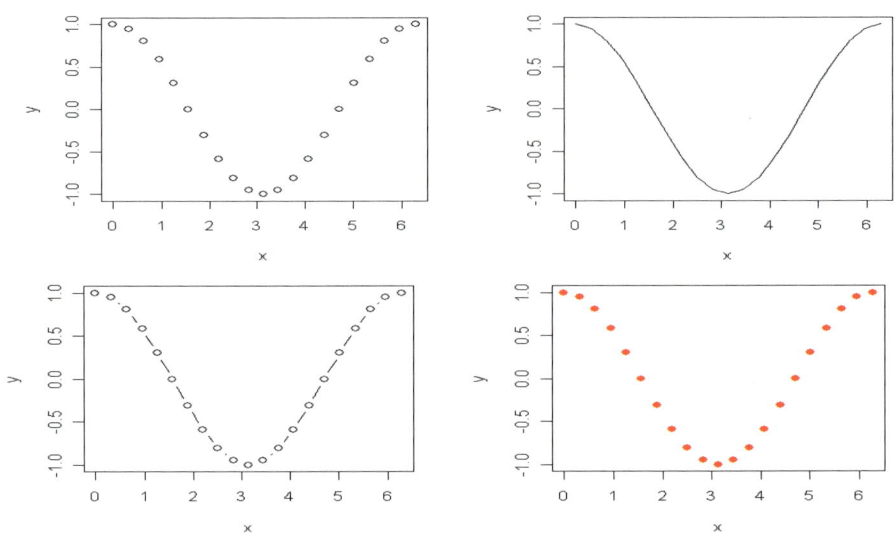

그림 3.5 한 화면에 그린 4개 그래프

plot(x,y) 함수에 다음의 여러 가지 옵션을 넣어 다양한 형태의 그래프를 그릴 수 있다.

표 3.1 plot() 함수의 옵션

parameter	옵션과 설명
type=	그래프 그릴 때의 형태를 정한다. type="p" 점(point)으로 그래프를 그린다. type="l" 선(line)으로 그래프를 그린다. type="b" 점과 선으로 이어 그래프를 그린다. type="o" 선이 점 위에 겹쳐진 형태로 그래프를 그린다. type="h" 수직선으로 그래프를 그린다. type="s" 계단(step)형으로 그래프를 그린다. type="n" "nothing", 그래프에 아무것도 그리지 않는다.
axes=	T :디폴트, 축 있게(with axes), F :축 없게(without axes)
xlim= ylim=	x 축과 y 축의 상한(upper limit)과 하한(lower limit)을 준다. 예를 들어, xlim=c(1,10) 또는 xlim=range(x)
xlab= ylab=	x 축과 y 축의 이름을 붙인다.
main=	주요 제목을 그래프 위쪽에 쓴다.
sub=	소제목을 그래프 아래쪽에 쓴다.
pch=	점 표시기호를 선택한다. 예를 들어 pch=1 또는 pch="*".
lty=	선으로 그릴 경우 선의 종류를 선택한다. 1: 실선(solid), 2:파선(dashed), 3: 점선(dotted), 4: dotdash, 5: longdash, 6: twodash
lwd=	선 두께(line width), 1 :디폴트, 2 : 2배 진하게 등
col=	색깔을 정한다. "red", "green", "blue" 등을 쓰거나 번호를 준다.
las=	축의 눈금값을 쓰는 방향을 정한다. las=0 : default이며 축과 평행한 방향, las=1 : 수평 방향
bg=	그래프의 배경화면 색깔을 정한다. bg="red", bg="blue" 등
bty=	그래프 그리는 상자 모양을 선택한다. "o", "l", "7", "c", "u","]"
mar=	c(bottom, left, top, right) 순으로 가장자리 여분값을 준다. 디폴트는 c(5, 4, 4, 2) + 0.1. 이다.

R에서 제공하는 점 표시기호는 <그림 3.6>에서 볼 수 있으며 예를 들어, pch=2를 쓰면 그 번호에 해당하는 기호가 선택되어 그래프에 나타난다. R에서는 그래프기법에 활용할 수 있는 다양한 색을 제공한다. 다음 명령어로 여러 가지 색깔의 이름을 볼 수 있으므로 원하는 색을 고를 수 있다.

```
> colors()
```

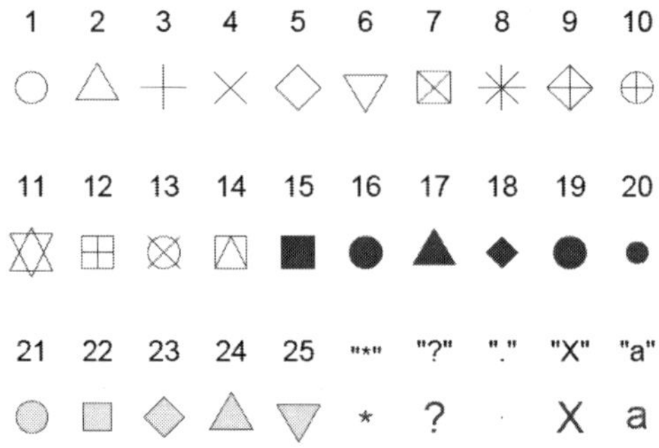

그림 3.6 R에서 점 표시 기호들(pch=1:25)

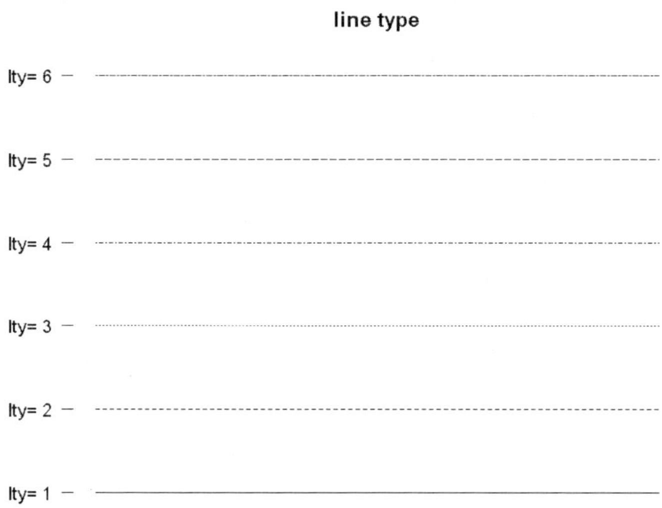

그림 3.7 lty=number에 따른 선의 종류

lty=1 부터 lty=6 까지 선의 형태를 알아보기 위해 다음과 같은 명령어를 수행하여 <그림 3.7>을 보면 번호에 따라 선의 형태를 참고할 수 있다.

```
plot(c(0,7),c(1,7),type="n",ylab=" ",xlab=" ",axes=FALSE,
    main="line type")
 for( i in 1:6){
   lines(c(0,7), c(i,i), lty=i )
   axis(2, at=i, labels=paste("lty=", i ), las=1 )
 }     # <그림 3.7>
```

그래프 형태 옵션 type=을 사용하여 여러 가지 그래프를 그려 보자.

```
op= par(mfrow=c(2,2))        # <그림 3.8>
 plot(x,y, type="b", main=" cosine graph", sub="type=b")       # point
 plot(x,y, type="o", las=1, bty="u", sub="type=o")             # line
 plot(x,y, type="h", bty="7", sub="type=h")    # both of point and line
plot(x,y, type="s", bty="n",sub="type=s")    # step line
par(op)              ## At end of plotting, reset to previous settings
```

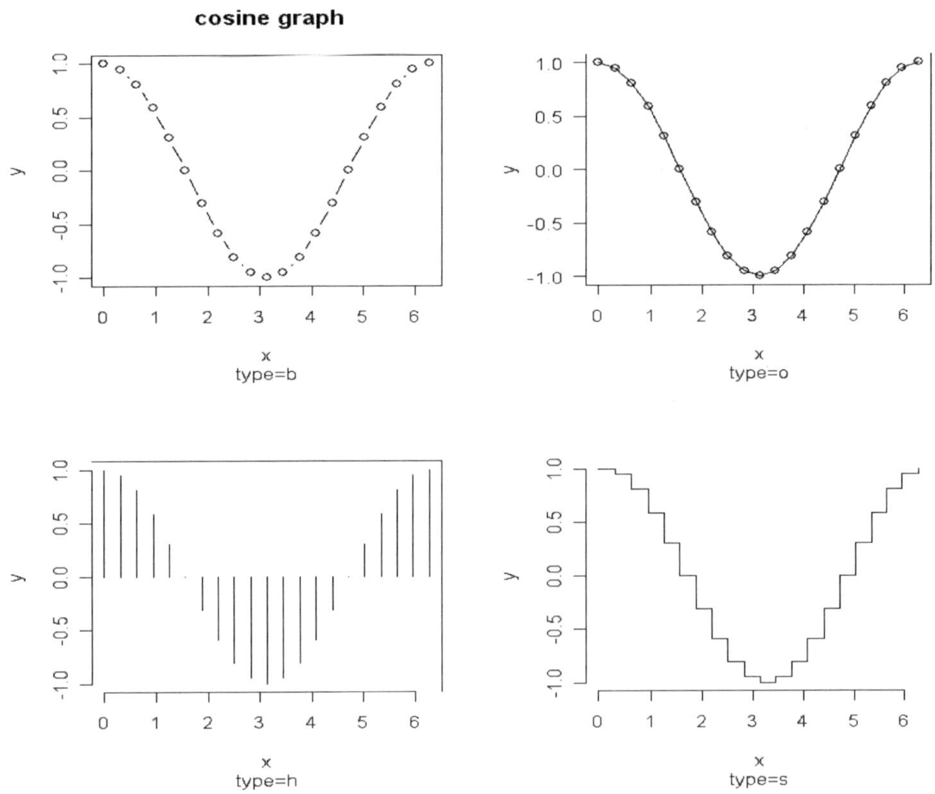

그림 3.8 여러 가지 형태의 그래프

plot(x,y)으로 그린 (x,y) 산점도에 abline()을 추가하여 회귀직선, $x=a_0$, $y=b_0$ 선을 그을 수 있다.

```
plot(x,y)
 abline(a,b)         # draws a line of intercept a and slope b
 abline(h=y)         # draws a horizontal line at ordinate y
 abline(v=x)         # draws a vertical line at abcissa x
 abline(lm.obj)      # draws a  line given by lm.obj
```

cars 데이터를 이용하여 (speed, dist) 산점도에 각 변수의 평균인 $x = 15.4$, $y = 42.98$와 추정된 직선 $y = -17 + 4x$를 그려 보자. plot(speed, dist)에 abline()으로 직선을 추가하여 <그림 3.9>의 결과를 얻는다.

```
> data(cars)
> attach(cars)
> mean(speed)
[1] 15.4
> mean(dist)
[1] 42.98
```

```
par(mfrow=c(2,2))       # <그림 3.9>
plot(speed, dist, pch=1)
  abline(v=15.4)
plot(speed, dist, pch=2)
  abline(h=42.98)
plot(speed, dist, pch=3)
  abline(-17, 4)
plot(speed, dist,  pch=8)
  abline(v=15.4)
  abline(h=42.98)
```

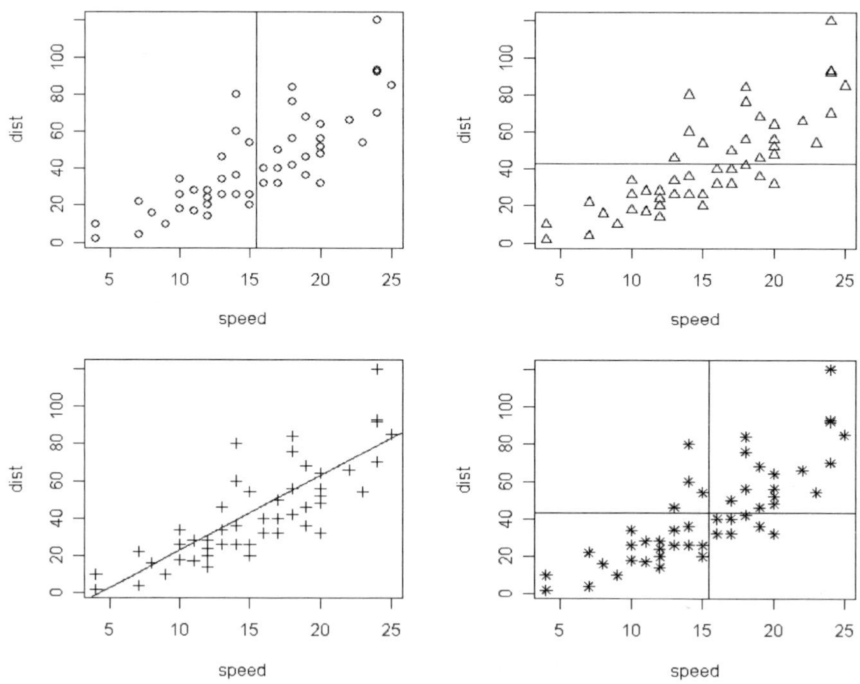

그림 3.9 cars 데이터에서 abline()을 이용하여 직선을 추가한 산점도

예 3.2 다음은 조사 동물의 몸무게와 뇌무게를 조사한 데이터로 Excel 데이터셋으로 만들었다. 옵션을 사용하여 다양한 그래프를 그려 보고자 한다.

animal	bodywt	brainwt
potar monkey	10	115
gorilla	207	406
human	62	1320
Rhesus monkey	6.8	179
chimp	52.2	440

산점도 1에서는 xlim=, ylim= 을 이용하여 x 축과 y 축의 범위를 설정한다. 산점도 2에서는 points()를 이용하여 brainwt>=400와 brainwt<400의 경우에 따라 점표시를 다르게 하고, legend()를 이용하여 범례를 붙인다.

```
pr=read.csv("C:/RR/primates.csv", header=TRUE)  ;  attach(pr)
win.graph()    # <그림 3.10>
plot(x=bodywt,y=brainwt, pch="*", xlab="Bodyweight",
ylab="Brain weight",xlim=c(0,250), ylim=c(0,1400),sub="primates")
                                                        # 산점도 1
plot(x=bodywt,y=brainwt,type="n",xlab="Bodyweight",
                              ylab="Brain weight")
 points(bodywt[brainwt>=400],brainwt[brainwt>=400], pch=3)    # 산점도 2
 points(bodywt[brainwt<400],brainwt[brainwt<400], pch=1)
 legend(120, 1000, c("brain weight<=400", "brain weight>400"),
pch=c(3,1))

par(mfrow=c(1,2))      # <그림 3.11>
plot(bodywt, brainwt, xlim=c(0,300))          # 산점도 3
 text(x=bodywt, y=brainwt, labels=animal )
plot(bodywt, brainwt, xlim=c(0,300))          # 산점도 4
 text(x=bodywt, y=brainwt, labels=animal, adj=0)
                      # adj=0 gives left-justified text
```

```
> pr

         animal bodywt brainwt
1  potar monkey   10.0     115
2       gorilla  207.0     406
3         human   62.0    1320
4 Rhesus monkey    6.8     179
5         chimp   52.2     440
```

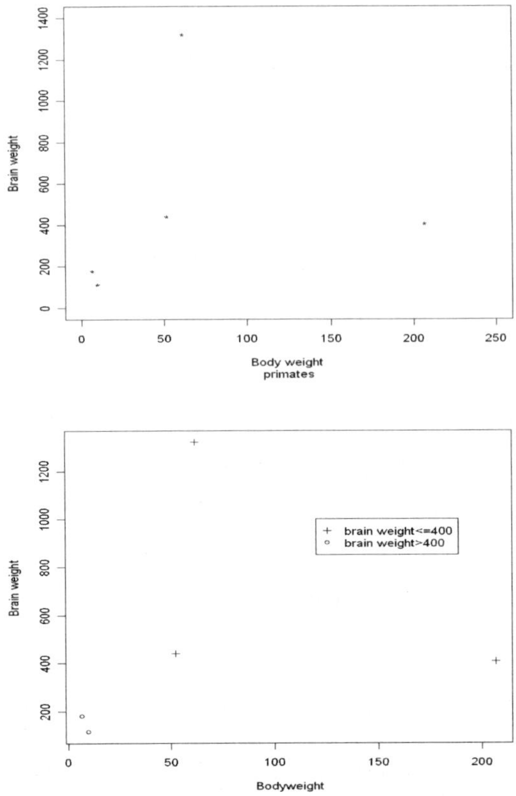

그림 3.10 동물의 몸무게와 뇌무게 산점도 1과 산점도 2

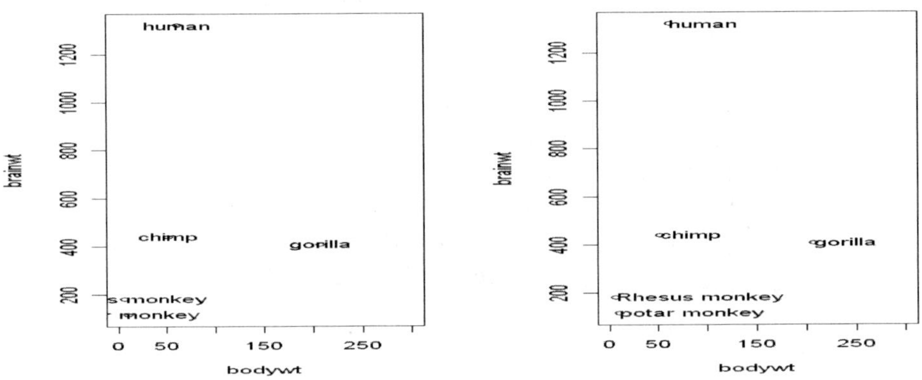

그림 3.11 동물의 몸무게와 뇌무게 데이터에 대한 산점도 3과 산점도 4

3.3 그래프 좌표축에 수식 쓰기

그래프의 좌표축에 함수식을 쓰는 기법을 알아보자.

y 축에 함수식 $\sqrt{p(1-p)}$, p^2이 출력되도록 ylab=expression()을 이용한다.

```
p= (1:100)/100
plot(p,sqrt(p*(1-p)), ylab=expression(sqrt(p(1-p))),type="b")
                                                    # <그림 3.12>
title("Standard deviation")
plot(p, p*p, ylab=expression(p^2), type="l",  las=1)  # <그림 3.13>
```

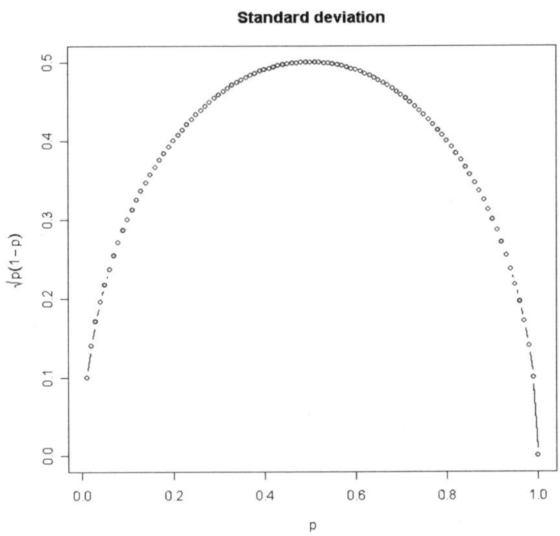

그림 3.12 $\sqrt{p(1-p)}$ 그래프

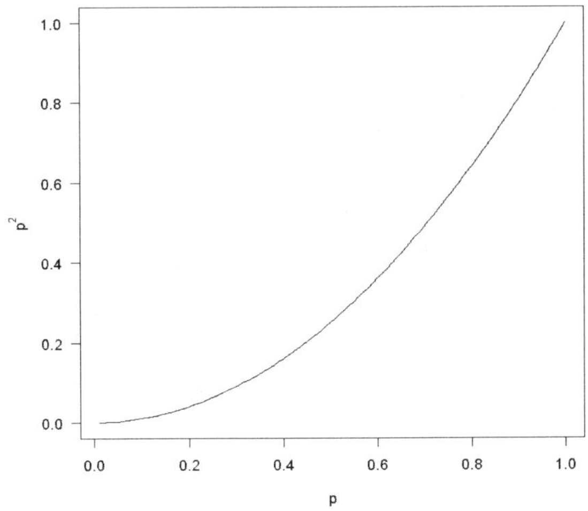

그림 3.13 p^2 그래프

3.4 다차원 데이터에 대한 다양한 표현

3.4.1 얼굴그림

다차원 데이터에 대한 표현으로 Chernoff(1973)에 의해 제안된 얼굴그림을 그려 보자. 얼굴그림은 사람 얼굴의 특성에 각 변수를 대응시켜 하나의 관측벡터를 한 사람의 얼굴모양으로 표현하는 방법이다. aplpack 패키지를 인스톨하고 패키지를 부른 후 faces() 함수를 이용한다.

```
> library(aplpack)
> data(longley)
> longley
```

	GNP.deflator	GNP	Unemployed	Armed.Forces	Population	Year	Employed
1947	83.0	234.289	235.6	159.0	107.608	1947	60.323
1948	88.5	259.426	232.5	145.6	108.632	1948	61.122
1949	88.2	258.054	368.2	161.6	109.773	1949	60.171
1950	89.5	284.599	335.1	165.0	110.929	1950	61.187
1951	96.2	328.975	209.9	309.9	112.075	1951	63.221
1952	98.1	346.999	193.2	359.4	113.270	1952	63.639
1953	99.0	365.385	187.0	354.7	115.094	1953	64.989
1954	100.0	363.112	357.8	335.0	116.219	1954	63.761
1955	101.2	397.469	290.4	304.8	117.388	1955	66.019
1956	104.6	419.180	282.2	285.7	118.734	1956	67.857
1957	108.4	442.769	293.6	279.8	120.445	1957	68.169
1958	110.8	444.546	468.1	263.7	121.950	1958	66.513
1959	112.6	482.704	381.3	255.2	123.366	1959	68.655
1960	114.2	502.601	393.1	251.4	125.368	1960	69.564
1961	115.7	518.173	480.6	257.2	127.852	1961	69.331
1962	116.9	554.894	400.7	282.7	130.081	1962	70.551

```
> faces(longley)    # <그림 3.14>
```

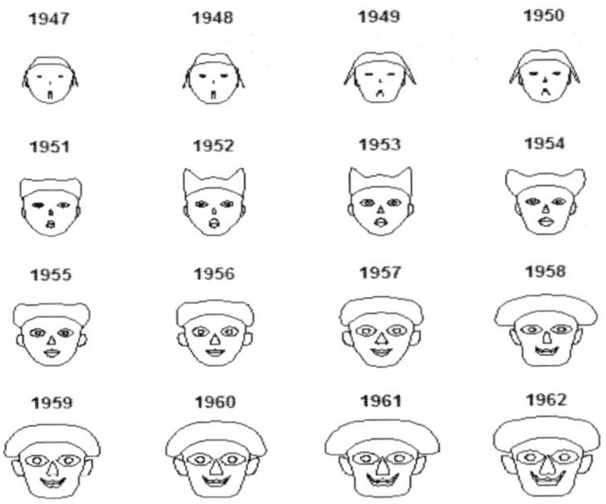

그림 3.14 Chernoff의 얼굴그림

얼굴 그림에 표현되는 모수는 다음과 같다.
1-height of face, 2-width of face, 3-shape of face, 4-height of mouth, 5-width of mouth, 6-curve of smile, 7-height of eyes, 8-width of eyes, 9-height of hair, 10-width of hair, 11-styling of hair, 12-height of nose, 13-width of nose, 14-width of ears, 15-height of ears.

3.4.2 별그림

각 축에 각 변수를 대응시켜 하나의 관측벡터를 한 개의 별모양으로 표현하는 방법으로 stars() 함수를 이용한다.

```
> stars(longley)  # <그림 3.15>
```

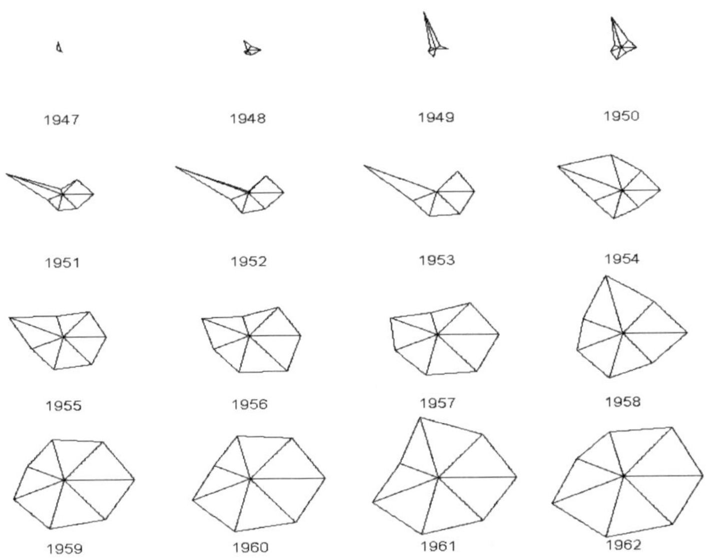

그림 3.15 별 그림

3.5 lattice 패키지를 이용한 다양한 그래프

여러 개의 그래프를 각 윈도우 화면에 그리고자 할 경우 각 그래프를 그릴 때마다

```
> windows()
```

또는

```
> win.graph()
```

를 수행시키면 그래프 그릴 화면창을 열고 그래프를 그리게 되어 여러 개 그래프를 여러 개의 화면에 띄워 놓고 비교할 수 있다.

예를 들어, 두 개의 그래프를 두 개의 화면에서 비교하고자 한다.

```
> win.graph()
> plot(x,y)
> win.graph()
> plot(x,z)
```

두 개의 그래프 화면에 각각 그래프가 출력되므로 화면으로 비교가 쉽다. win.graph()를 쓰지않고 plot()만 이용하면 첫 번째 그린 그래프는 사라지고 두 번째 그린 그래프만 볼 수 있다. win.graph()로 그래프 창을 지나치게 많이 열지 않도록 한다. graphics.off()를 쓰면 열려 있던 모든 창이 닫힌다.

여러 가지 그래프기법을 담은 패키지인 lattice를 이용해 그래프를 그려 보고자 한다. show.settings()를 수행시키면 그래프 셋팅에 관한 참고 그래프를 볼 수 있다.

```
> library(lattice)
> show.settings()
```

예 3.3 Fiji 섬의 지진 데이터 quakes에 대해 여러 가지 그래프를 그려 보자.

```
> data(quakes)              # Locations of Earthquakes off Fiji
> quakes[1:3,]
     lat   long depth mag stations
1 -20.42 181.62   562 4.8       41
2 -20.62 181.03   650 4.2       15
3 -26.00 184.10    42 5.4       43
```

```
library(lattice)
 mini=min(quakes$depth)     # depth 최솟값
 maxi=max(quakes$depth)     # depth 최댓값
 r=ceiling( (maxi-mini)/8)  # depth 구간 크기
 inf=seq(mini, maxi, r)
 quakes$depth.cat=factor( floor((quakes$depth-mini )/r ),
                        labels= paste(inf, inf+r, sep="-" ))
                         # depth 이용한 범주 만들기
 xyplot(lat ~ long | depth.cat, data=quakes,
        main="Fiji earthquakes data")  # xy-plot <그림 3.16>

 cloud(mag~lat*long, data=quakes,
        sub="magnitude with longitude and lattitde")
                                      # cloud 3-dim plot <그림 3.17>
 splom(quakes[,1:4])      # scatterplot matrix <그림 3.18>
 bwplot(mag ~ depth.cat, data=quakes,
                      main="깊이 범주에 따른 지진 강도 상자그림" )
                         # depth.cat에 따른 상자그림  <그림 3.19>
```

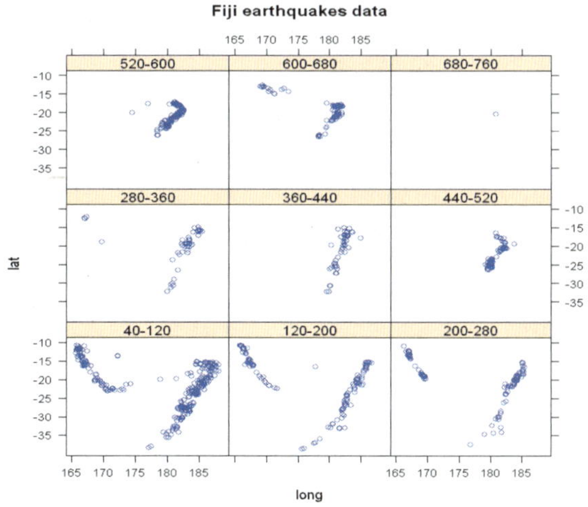

그림 3.16 Fiji섬 지진데이터에 대한 xyplot

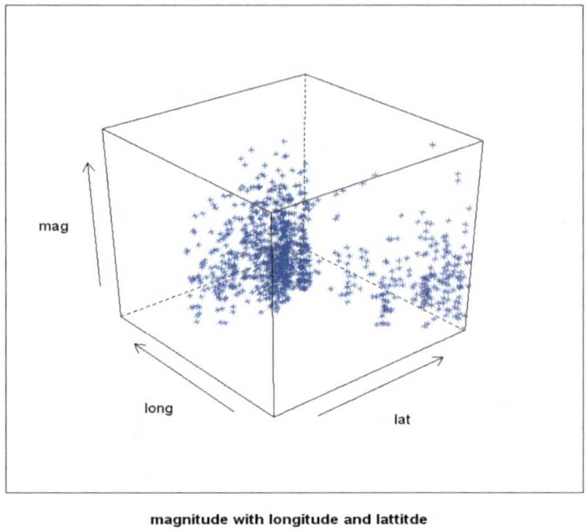

그림 3.17 cloud plot

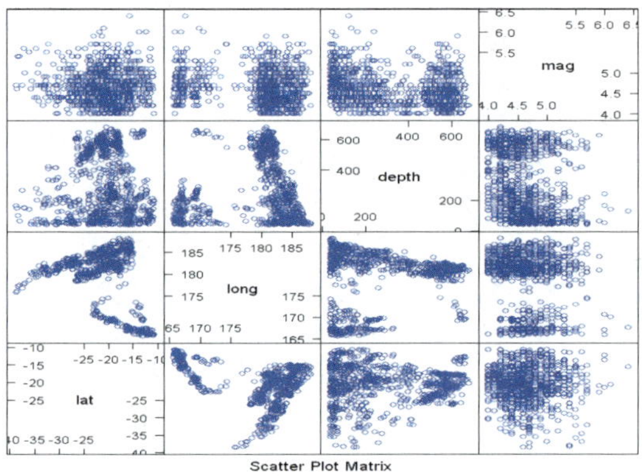

그림 3.18 산점도 행렬

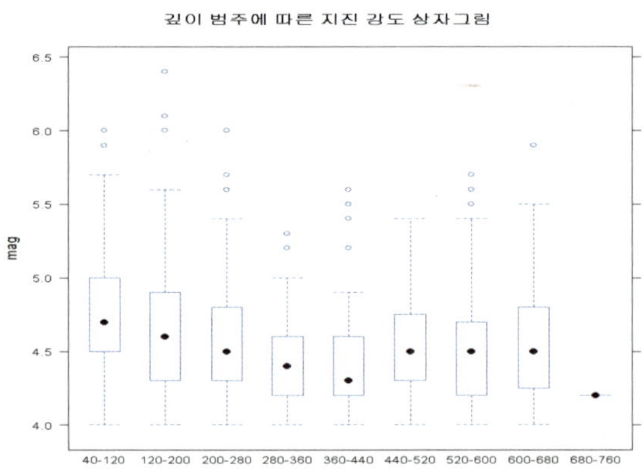

그림 3.19 상자그림

히스토그램과 확률밀도함수 추정선을 포함한 히스토그램을 그려 보자.

```
> par(mfrow=c(1,2))
> hist(quakes$mag)        # <그림 3.20>
> hist(quakes$mag, probability=T, main="histogram with density line")
> lines(density(quakes$mag))
```

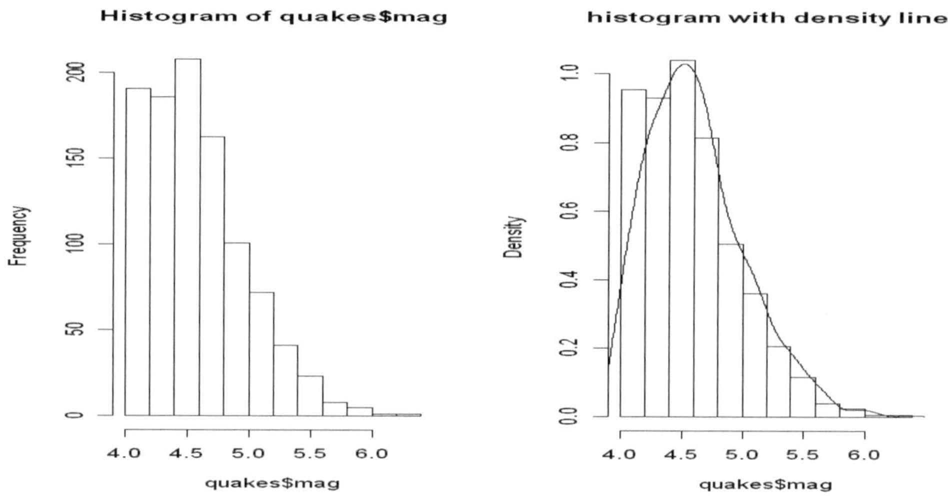

그림 3.20 히스토그램과 확률밀도함수 추정선 포함한 히스토그램

예 3.4 오렌지 나무 종류에 따라 나이와 나무 둘레 길이 데이터셋 Orange를 이용하여 여러 가지 그래프를 그려 보고자 한다.

```
> data(Orange)
```

(1) 나무 종류별로 나무 나이에 따른 나무 둘레 길이 산점도를 그려 보자.

```
> library(lattice)
> xyplot( circumference~ age |Tree , data=Orange, main="Orange Trees")
```

(2) 나무 종류별로 나무 둘레 히스토그램을 그려 보자.

```
> histogram(~ circumference |Tree , data=Orange, main="Orange Trees")
```

(3) 나무 종류별로 나무 둘레 상자그림을 그려 보자.

```
> bwplot( circumference ~Tree , data=Orange, main="Orange Trees")
```

(4) 나무 종류별로 나무 나이 상자그림을 그려 보자.

```
> bwplot( age ~Tree, data=Orange, main="Orange Trees")
```

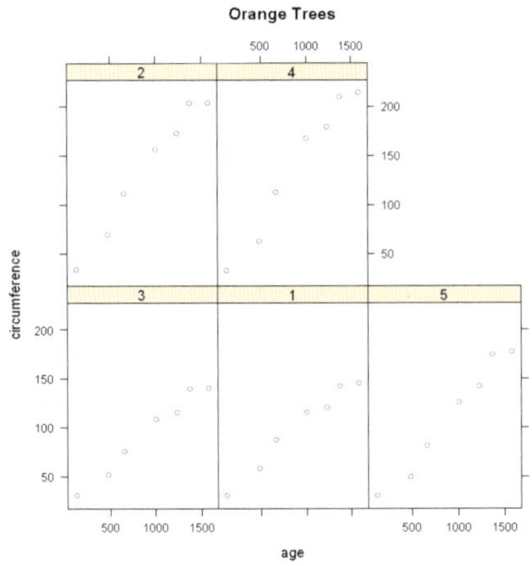

(1)

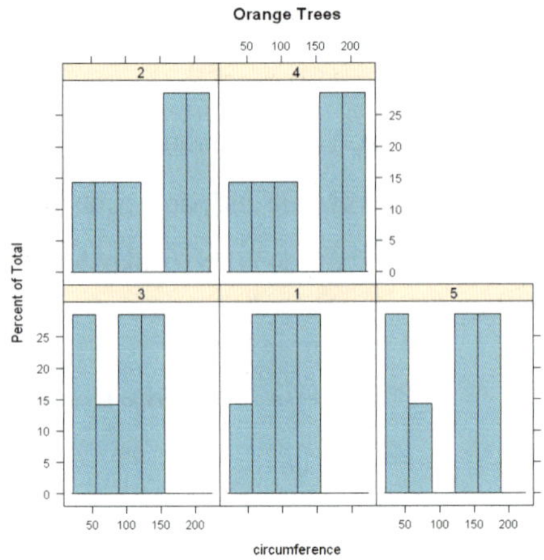

(2)

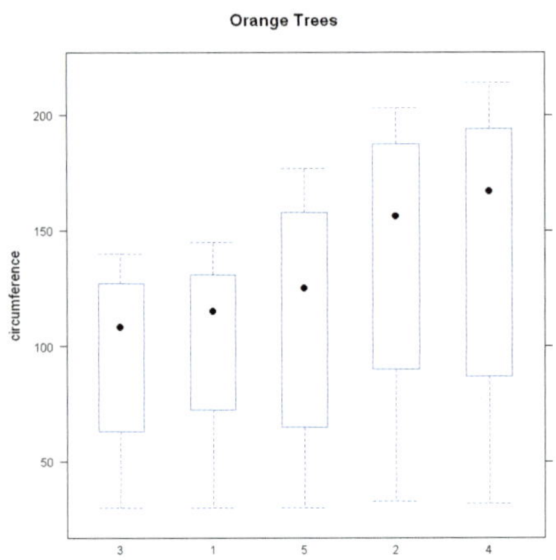

(3)

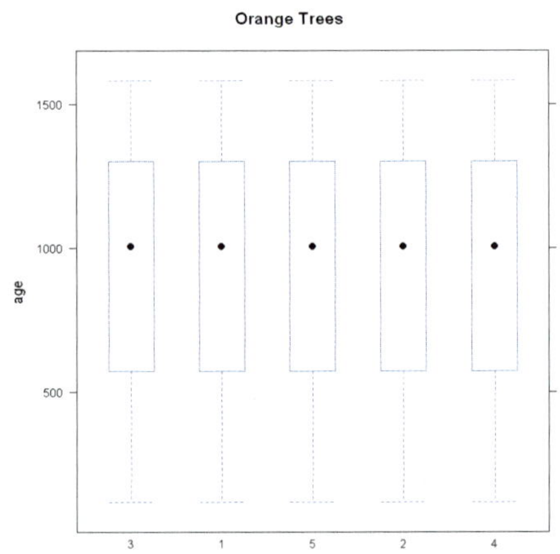

(4)

그림 3.21 Orange tree 데이터 관련 그래프

3.5.1 산점도 행렬

산점도 행렬(scatterplot matrix)은 두 변수 값을 좌표 평면에 나타내어 두 변수간의 관련성을 볼 수 있는 산점도를 모든 변수 쌍에 대해 그려 배열한 그림이다.

lattice 패키지와 splom()을 이용한다.

붓꽃 자료인 iris 데이터를 사용하여 산점도 행렬을 그려 보자.

```
> data(iris)
> iris[1,]
  Sepal.Length Sepal.Width Petal.Length Petal.Width Species
1          5.1         3.5          1.4         0.2  setosa
> library(lattice)
> splom(iris[1:4])      # <그림 3.22>
```

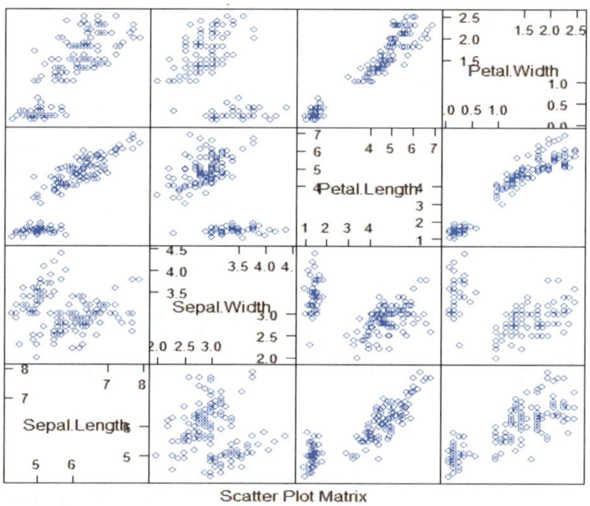

그림 3.22 iris 데이터에 대한 산점도 행렬

3.5.2 구름 삼차원 산점도

세 개 변수를 삼차원 공간에 나타낸 그림으로 구름 삼차원 산점도(cloud 3d scatterplot)를 그려 변수들 간의 관계를 볼 수 있다. lattice 패키지와 cloud() 함수를 이용한다.

```
> data(iris)
> library(lattice)
> cloud(Sepal.Length~ Petal.Length * Petal.Width, data=iris,
+        main="cloud plot", sub="iris data" )      # <그림 3.23>
```

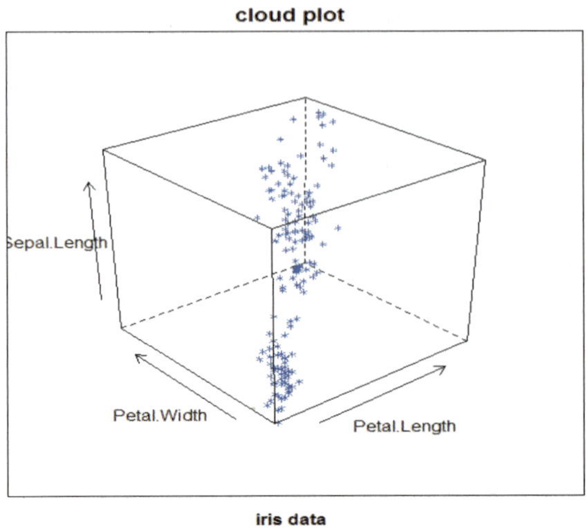

그림 3.23 iris 데이터에 대한 cloud plot

3.5.3 평행선 그림

평행선 그림(parallel plot)은 다변량 데이터에 대한 그래프적 표현으로 평행인 축이 각 변수 축을 형성한다. 각 개체의 관측벡터는 각 평행선에서 한 개의 값으로 점을 찍을 수 있으며 이들을 연결하면 각 개체당 한 개의 선으로 표현된다. lattice 패키지와 parallel() 함수를 이용한다.

예를 들어, $(X_1, X_2, X_3)' = (0,1,0)'$ 일 경우 다음과 같이 3개의 평행선으로 변수 축을 만들고 해당 값을 나타낸 후 이 점을 연결하여 선으로 그린다.

X_3 +--------------------------------

X_2 --------------------------------+

X_1 +--------------------------------

0 1

iris 데이터로 평행선 그림을 그려 보자. 세 종류의 붓꽃에 대해 sepal.length, sepal.width, petal.length, petal.width를 측정한 자료이다.

```
> library(lattice)
> data(iris)
> attach(iris)
> parallel(~iris[1:4]|Species, data=iris)
```

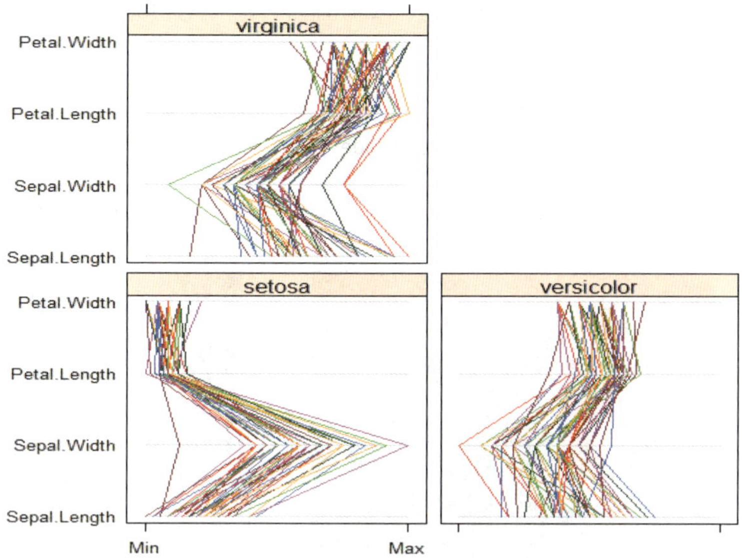

그림 3.24 iris 데이터에 대한 평행선 그림

3.5.4 모자이크 그림

모자이크 그림(mosaic plot)은 두 개 이상의 범주형 변수간의 관계를 그래프적으로 표현한 그림이다. 정사각형(square)으로 시작하여 이 정사각형이 첫 번째 범주형 변수에 비례하여 평행 막대(horizontal bar)로 나뉘고, 각 막대는 두 번째 범주형 변수의 조건부 확률에 비례하여 수직 막대(vertical bar)로 나뉜다. lattice 패키지와 mosaicplot()을 이용한다.

표 3.2 비행기 사고 후 성별생존 데이터

생존 여부	성별 남	성별 여
생존	50	30
생존못함	50	70

<표 3.2> 데이터에 대해 모자이크 그림을 그려 보자.

```
> library(lattice)
> a=rbind(c(50,30), c(50,70))
> colnames(a)=c("male", "female")
> rownames(a)=c("survive", "no survive")
> mosaicplot(a, col=2:3)              # <그림 3.25>
```

R 시스템에 내장된 HairEyeColor 데이터를 이용하여 모자이크 그림을 그려 보자.

```
> library(lattice)
> data(HairEyeColor)
> mosaicplot(HairEyeColor, shade=T)  # <그림 3.26>
```

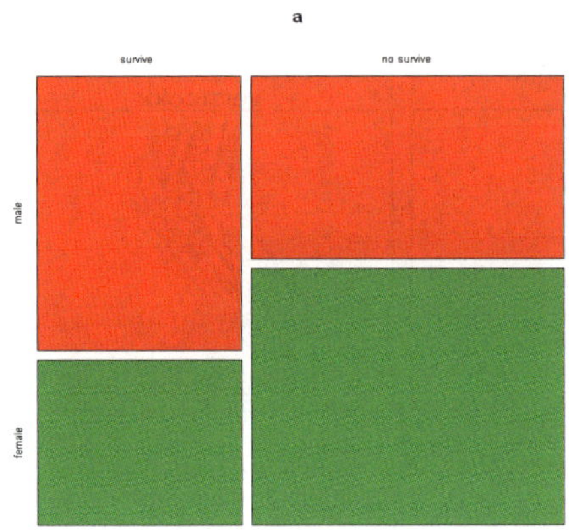

그림 3.25 생존 데이터 모자이크 그림

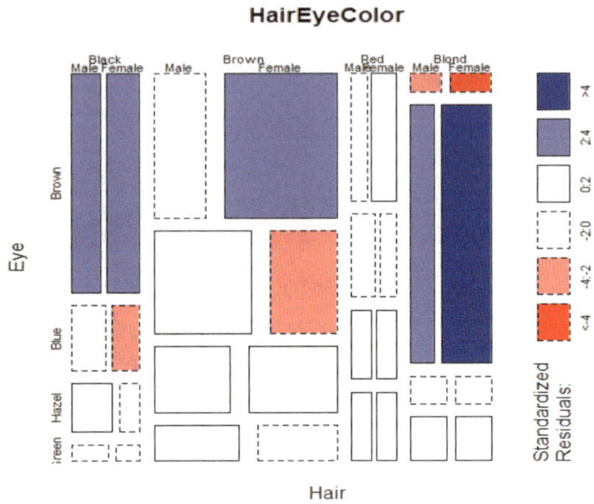

그림 3.26 HairEyeColor 모자이크 그림

3.6 3차원 그래프

3차원 공간에 다음의 함수 그래프를 그려 보자.

$$y = x_1^2 + x_2^2 + x_1 x_2, \quad x_1 \in (-3,3), \quad x_2 \in (-4,4)$$

function()으로 함수값을 계산할 수 있는 함수를 만들고, outer() 함수를 이용하여 두 벡터의 외적곱(outer product)을 계산하고, persp() 함수를 이용하여 x-y 평면 위에 함수 표면값 그림을 그린다. contour() 함수를 이용하여 등고선 그림(contour plot)을 그린다.

```
> x1=seq(-3,3,length=50)
> x2=seq(-4,4,length=60)
> f=function(x1,x2){ x1^2+ x2^2 + x1*x2 }
> y=outer(x1,x2, FUN=f)
> persp(x1,x2,y)        # <그림 3.27> 3차원 그림
> contour(x1,x2,y)      # <그림 3.28> 등고선 그림
```

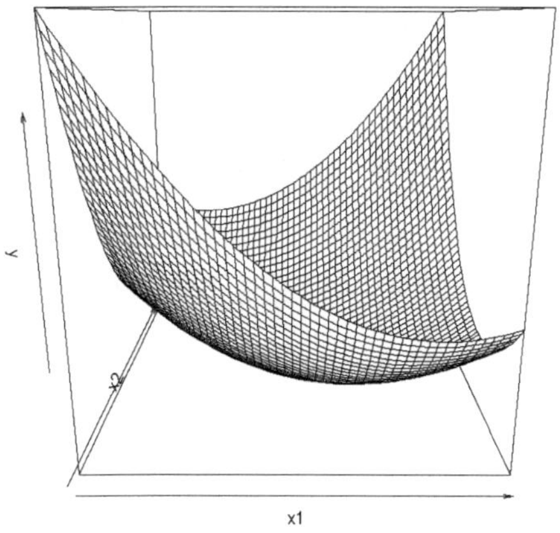

그림 3.27 $y=x_1^2+x_2^2+x_1x_2$ 3차원 그림

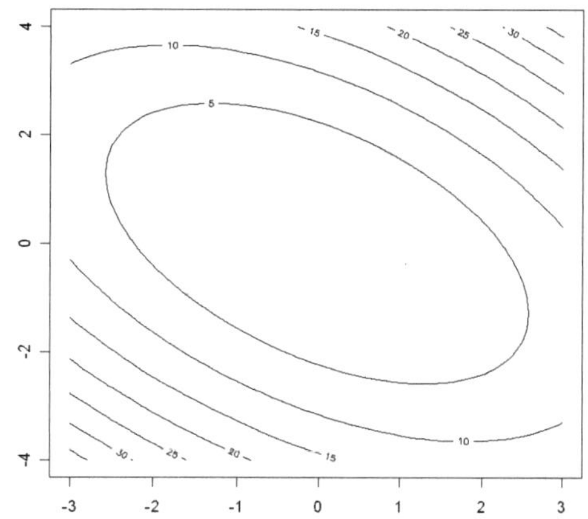

그림 3.28 $y=x_1^2+x_2^2+x_1x_2$ 등고선 그림

예 3.5 이변량 정규분포 (bivariate normal distribution)의 확률밀도함수는 다음과 같다. outer()와 persp() 함수를 이용하여 이변량 정규확률밀도함수의 3차원 그래프를 그려 보자.

$$f(\boldsymbol{x})=\frac{1}{2\pi\sqrt{\sigma_{11}\sigma_{22}(1-\rho^2)}}$$
$$\times\exp\left\{-\frac{1}{2(1-\rho^2)}\left[\left(\frac{\mathrm{x}_1-\mu_1}{\sqrt{\sigma_{11}}}\right)^2+\left(\frac{\mathrm{x}_2-\mu_2}{\sqrt{\sigma_{22}}}\right)^2-2\rho\left(\frac{\mathrm{x}_1-\mu_1}{\sqrt{\sigma_{11}}}\right)\left(\frac{\mathrm{x}_2-\mu_2}{\sqrt{\sigma_{22}}}\right)\right]\right\}$$

여기서 $\boldsymbol{x}=(x_1,x_2)'$, $\quad -\infty<x_1<\infty,\ -\infty<x_2<\infty.$

```
## 3-D plots
 mu1<-0       # setting the expected value of x1
 mu2<-0       # setting the expected value of x2
 s11<-10      # setting the variance of x1
 s12<-15      # setting the covariance between x1 and x2
 s22<-10      # setting the variance of x2
 rho<-0.5     # setting the correlation coefficient between x1 and x2
 x1<-seq(-10,10,length=41)   # generating the vector series x1
 x2<-x1                      # copying x1 to x2
f<-function(x1,x2){
  term1<-1/(2*pi*sqrt(s11*s22*(1-rho^2)))
  term2<--1/(2*(1-rho^2))
  term3<-(x1-mu1)^2/s11
  term4<-(x2-mu2)^2/s22
  term5<- 2*rho*((x1-mu1)*(x2-mu2))/(sqrt(s11)*sqrt(s22))
  term1*exp(term2*(term3+term4-term5))
}       # setting up the function of the multivariate normal density
```

```
z<-outer(x1,x2,f)       # calculating the density values

#  Graph 1 : 투시도 <그림 3.29>
 persp(x1, x2, z, main="Two dimensional Normal Distribution" ,
theta=30)
#  Graph 2 : 등고선 그림 <그림 3.30>
 contour(x1,x2,z, xlab="x1", ylab="x2", main="contour plot")
```

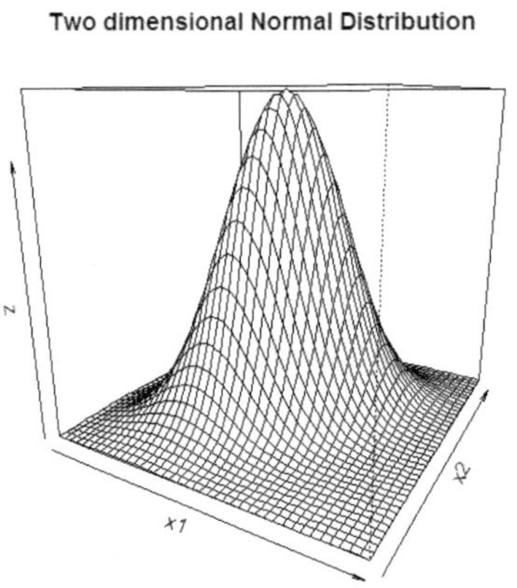

그림 3.29 이변량 정규분포함수 투시도

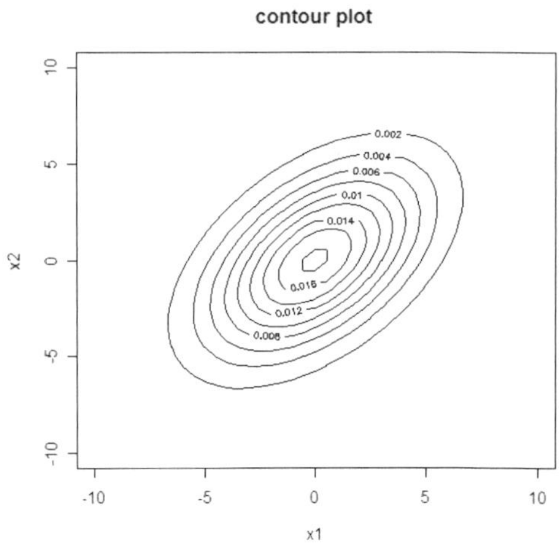

그림 3.30 이변량 정규분포 등고선

그래프 아래에 함수식이 같이 나오도록 하기 위한 프로그램 예는 다음과 같다.

```
#  Graph 3  <그림 3.31>
 win.graph()
 persp(x1, x2, z,
 main="Two dimensional Normal Distribution",
   sub=expression(italic(f)~(bold(x))==frac(1,2~pi~sqrt(sigma[11]~
        sigma[22]~(1-rho^2)))~phantom(0)^bold(.)~exp~bgroup("{",
        list( -frac(1,2(1-rho^2)),
        bgroup("[", frac((x[1]~-~mu[1])^2,sigma[11])
          ~-~2~rho~frac(x[1]~-~mu[1], sqrt(sigma[11]))
          ~ frac(x[2]~-~mu[2],sqrt(sigma[22]))~+~
            frac((x[2]~-~mu[2])^2, sigma[22]),"]" ) ),"}") ),
   col="lightgreen",theta=30, phi=20,  r=50,  d=0.1,  expand=0.5,
ltheta=90, lphi=180, shade=0.75,ticktype="detailed",  nticks=5)
              # produces the 3-D plot
 mtext(expression(list(mu[1]==0,mu[2]==0,sigma[11]==10,sigma[22]==10,
       sigma[12]==15,rho==0.5)), side=3)
              # adding a text line to the graph
```

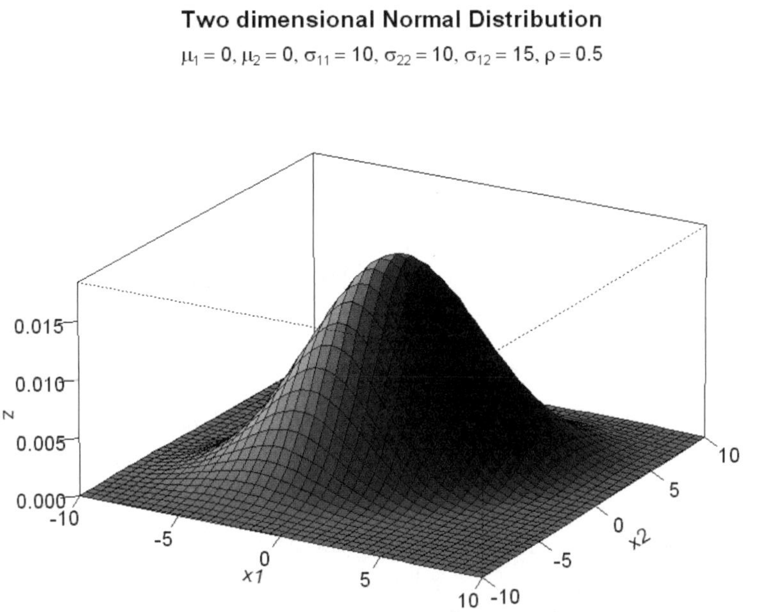

$$f(\mathbf{x}) = \frac{1}{2\pi\sqrt{\sigma_{11}\sigma_{22}(1-\rho^2)}} \cdot \exp\left\{-\frac{1}{2(1-\rho^2)}\left[\frac{(x_1-\mu_1)^2}{\sigma_{11}} - 2\rho\frac{x_1-\mu_1}{\sqrt{\sigma_{11}}}\frac{x_2-\mu_2}{\sqrt{\sigma_{22}}} + \frac{(x_2-\mu_2)^2}{\sigma_{22}}\right]\right\}$$

그림 3.31 Graph 3 결과 이변량 정규분포 확률밀도함수

3.7 도형 그리기

3.7.1 사각형

4개의 좌표를 연결시키는 선으로 사각형을 그릴 수 있다.

```
x=c(1,-1,-1,1,1)
y=c(1,1,-1,-1,1)
plot(x,y,type="l", axes=F, xlab=" ", ylab=" ")
title("Rectangle")
```

그림 3.32 사각형

3.7.2 원

다음과 같이 원을 그릴 수 있다. pin 옵션을 사용하여 출력되는 그림의 크기를 조정할 수 있다.

```
z= seq(0, 2*pi, length=500)
x=sin(z)
y=cos(z)
par(pin=c(5,5))
plot(x,y, type="l", axes=F, xlab=" ",ylab=" ")
title("Circle")
```

3.7.3 나선

다음과 같이 나선 그림을 그릴 수 있다.

```
z= seq(6*pi, 30*pi, length=1000)
x=sin(z)/(0.1* z)
y=cos(z)/(0.1* z)
par(pin=c(5,5))
plot(x,y, type="l", axes=F, xlab=" ",ylab=" ")
title("Spiral ")
```

그림 3.33 원

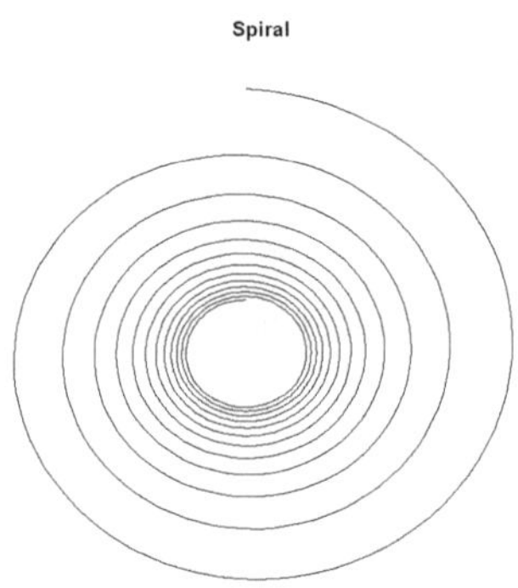

그림 3.34 나선

3.8 그래프 축 표시와 여러 가지 색 활용

R에서는 축 표시와 더불어 여러 가지 색깔을 활용하여 그래프를 디자인할 수 있다.

```
BOTTOM <- 1
LEFT <- 2
TOP <- 3
RIGHT <- 4

   x<-1:10 ; y<- 1:10
par(col.lab="orange", col.main="gray1")
plot(x, y, col=0:10, pch= CIRCLE<-16,
      main="Chart Title", axes=FALSE,
      xlab="X axis",ylab="Y axis")
# Margin Text
mtext("Bottom", BOTTOM, col="red")
mtext("Left", LEFT, col="green")
mtext("Top", TOP, col="blue")
mtext("Right", RIGHT, col="brown")

# axis design
axis(BOTTOM, col="red", col.axis="red")     # 2, ... 10 in red
axis(LEFT,col="green",col.axis="green",at=2*0:5,labels=paste(20*0:5),
     las=1)     # las=1 : AXIS_LABEL_HORIZONTAL
axis(TOP, col="blue", col.axis="blue")
```

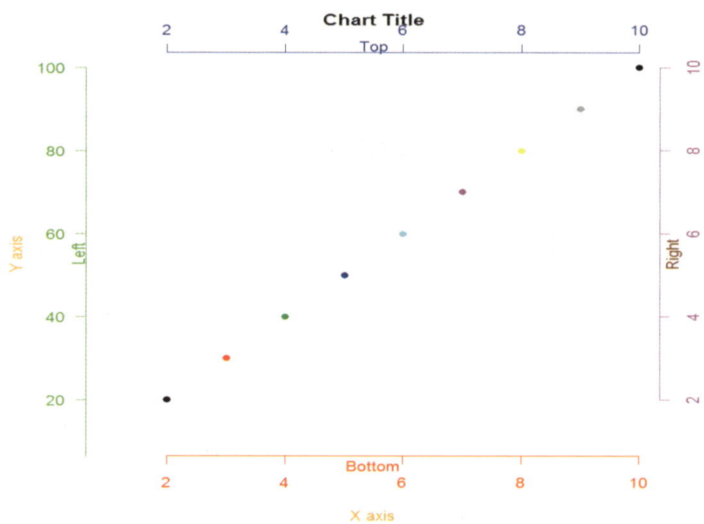

그림 3.35 4개 축 표시와 여러 가지 색

3.9 모형적합선 그리기

SemiPar 패키지를 이용하여 준모수회귀모형(semiparametric regression model)을 적합한 후 데이터 점, 추정된 곡선과 신뢰대 등을 그려 보며 다양한 색깔을 이용하여 그래프를 그릴 수 있다. 준모수 회귀모형에 대한 설명은 생략하기로 한다. 모형 적합 후 여러 정보를 포함한 그래프를 그릴 수 있다.

```
library(SemiPar)
  data(fossil)
  attach(fossil)
  fit <- spm(strontium.ratio~f(age))   # semiparametric reg
  plot(fit)

  # Do several customisations  <그림 3.36>
  op <- par(bg="white")
  par(bg="honeydew")
  plot(fit,ylim=range(strontium.ratio),col="green",
          lwd=5,shade.col="mediumpurple1",rug.col="blue")
  points(age,strontium.ratio,col="orange",pch=16)
  par(op)
```

```
> fossil[1:3,]
       age strontium.ratio
1 91.78525        0.707343
2 92.39579        0.707359
3 93.97061        0.707410
```

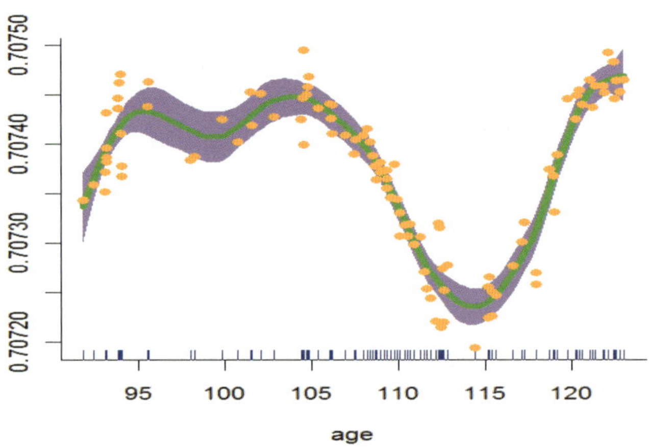

그림 3.36 준모수회귀 적합 곡선

3.10 지도 그리기

mapdata, maps, mapproj 등의 패키지를 이용하여 세계지도, 지역별 지도를 그릴 수 있다. 이러한 지도위에 관련한 정보를 같이 표시할 수 있으며 필요한 경우 응용하기 바란다.

```
library(mapdata)
  map('world', fill=TRUE, col=3)      # <그림 3.37>
  map('world', region=c('USA'))
m= map('world', region=c('South Korea', 'North Korea')) # <그림 3.38>(a)

library(mapproj)
  map.grid(m)             # <그림 3.38>(b)
```

그림 3.37 세계지도

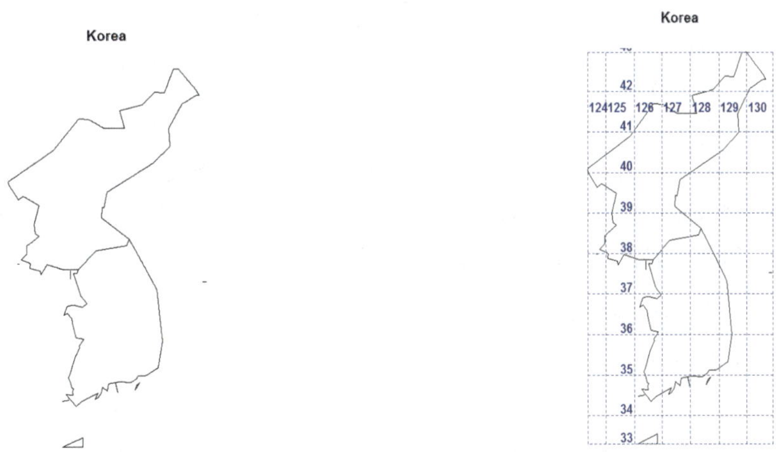

그림 3.38 (a) 한국 지도 (b) 위도와 경도가 표시된 한국 지도

연습문제

01 $y = x^2$, $x \in [-1,1]$ 그래프를 그리시오.

(a) [−1,1] 사이에 100개 값을 생성하여 x에 할당하시오.

(b) 점이 '*'로 표시되도록 그리시오.

(c) y축에 x^2이 쓰이며 좌표평면에 빨간색 선으로 출력되도록 그리시오.

02 해당하는 그래프를 그리시오.

(a) $x \in [0,5]$에서 $y = x$, $y = x^2$, $y = \log_e x$, $y = \sqrt{x}$ 그래프들을 한 페이지에 4개 그래프가 점으로 나오도록 그리시오.

(b) $x \in [0,5]$에서 $y = x$, $y = x^2$, $y = \log_e x$, $y = \sqrt{x}$ 그래프들이 한 좌표평면에 4개의 선으로 나오도록 그리시오.

(c) $x \in [0,5]$에서 $y = x$, $y = x^2$, $y = \log_e x$, $y = \sqrt{x}$ 그래프들이 첫 번째 그래프는 점만, 두 번째 그래프는 선만, 세 번째와 네 번째 그래프는 점과 선이 같이 한 개의 좌표평면에 나오도록 그리시오.

03 $x \in (-\pi, \pi)$일 때 $\sin(x)$, $\cos(x)$, $\tan(x)$ 그래프를 한 좌표평면에 그리시오.

04 다음과 같이 `UsingR` 패키지를 인스톨한 후 내장되어 있는 데이터셋 `primes`를 이용하여 답하시오. `primes` 데이터셋은 1부터 2003 까지의 소수(prime number)들의 집합이다. 적절한 히스토그램을 그리시오.

```
> library(UsingR)
> data(primes)
```

05 (−3, 3) 사이에서

(a) 표준정규분포의 확률밀도함수 그래프를 그리시오.

$$f(x) = \frac{1}{\sqrt{2\pi}} e^{-\frac{1}{2}x^2}, \qquad -3 \le x \le 3$$

(b) $f(x) = \exp(-|x|)$ 그래프를 그리시오.

06 (0, 5) 사이에서 $\lambda = 0.5,\ 1,\ 2$인 경우 지수분포의 확률밀도함수 $f(x)$ 그래프를 `matplot()`을 이용하여 한 좌표평면에 그리시오.

$$f(x) = \lambda e^{-\lambda x}, \qquad 0 \le x \le 5.$$

07 다음의 이산형 확률변수 X의 확률질량함수(probability mass function)를 그래프로 나타내시오.

$$P(X = j) = \frac{1}{6}, \qquad j = 1,2,3,4,5,6.$$

08 `outer()` 와 `persp()`를 이용하여 3차원 그래프를 그리시오.

(a) x의 범위 $(-2,2)$, y의 범위 $(-3,3)$에서
$z = f(x,y) = x^2 + y^2 + x(y-3)$

(b) $z = f(x,y) = 1 - \exp\left(-\frac{1}{x^2+y^2}\right), \qquad x,y \in [-5,5]$

(c) $z = f(x,y) = x\sin(y), \qquad x,y \in [0,16]$

09 〈표 2.5〉 범죄자료 데이터를 이용하여

(a) 산점도행렬을 그리시오.

(b) 얼굴그림을 그리시오.

(c) 별그림을 그리시오.

(d) Arson 건수의 평균과 표준편차를 구하시오.

10 `> data(OrchardSprays)`

데이터를 이용하여

(a) `treatment` 별로 `decrease`와 `colpos` 값을 보여 주는 `xyplot`을 그리시오.

(b) `decrease`에 대해 평균과 분산을 구하시오.

(c) `decrease`에 대해 상자그림을 그리시오.

(d) (`colpos`, `decrease`) 산점도를 그리고 `OrchardSprays`가 그래프 아래쪽에 쓰이도록 하시오.

11 다음과 같이 정의된 Lissajous 그래프를 출력해 보시오.

$$z(x)=\begin{pmatrix}\sin(ax)\\\sin(bx)\end{pmatrix}=\begin{pmatrix}z_1\\z_2\end{pmatrix},\qquad x\in(0,2\pi),\qquad a,b:\ \text{양의 정수}$$

$(a,b)=(3,4),\ (3,6),\ (5,8),\ (4,7)$일 경우 한 화면에 4개의 선 그래프를 출력하시오.

12 두 종류의 고무밴드에 대해 긴장실험을 통해 다음과 같이 측정되었다.

A 고무밴드(a)는

stretch: 46, 54, 48, 50, 44, 42, 52

distance: 183, 217, 189, 208, 178, 150, 249

B 고무밴드(b)는

stretch: 25, 45, 35, 40, 55, 60

distance: 71, 196, 127, 187, 249, 291

a, b 두 집합을 합하여 x축을 stretch 로 하여 산점도를 그리는데 점 모양은 집합에 따라 'a', 'b'로 찍히도록 그래프를 그리시오.

CHAPTER

04

난수 발생과 모의실험

4.1 연속분포
4.2 이산분포
4.3 정규성 검정
4.4 모의실험

R에는 몇 개의 특정한 분포로부터 난수를 발생할 수 있는 함수가 내장되어 있다. 이러한 기능을 이용해 연속분포(continuous distribution)와 이산분포(discrete distribution)로부터 확률 표본(random sample)을 생성할 수 있으며 모의실험(simulation)에 활용할 수 있다.

각 분포함수 이름 앞에 다음의 글자 p, d, q, r이 앞에 붙여져 해당 함수를 계산한다. 또한 각 분포마다 모수가 다르므로 해당 분포에 필요한 모수값(parameter value)을 지정해 주어야 한다. <표 4.1>에서는 R에서 제공하는 다양한 확률분포함수를 보여 준다.

d 확률밀도함수(density) 값 $d = f(x)$

p 누적확률(probability) $p = P(X \le x)$: default이며 lower.tail=TRUE인 경우

$p = P(X > x)$:lower.tail=FALSE인 경우

q 사분위수(quantile) 값 $\int_{-\infty}^{q} f(x)dx = p$를 만족하는 q값

r 난수(random number) 발생

표 4.1 R에서 확률분포

확률분포	R 분포함수 이름	분포 모수
정규분포	norm	mean, sd
t 분포	t	df
균일분포	unif	min, max
지수분포	exp	rate
F 분포	f	df1, df2
카이제곱분포	chisq	df
감마분포	gamma	shape, scale
베타분포	beta	shape1, shape2
코쉬분포	cauchy	location, scale
이항분포	binom	size, prob
포아송분포	pois	lambda
기하분포	geom	prob
초기하분포	hyper	m, n, k

4.1 연속분포

4.1.1 정규분포

확률변수 X가 정규분포(normal distribution)를 따를 때 확률밀도함수는

$$f(x) = \frac{1}{\sqrt{2\pi}\,\sigma} e^{-\frac{1}{2\sigma^2}(x-\mu)^2}, \qquad -\infty < x < \infty$$

이다. 평균 μ와 표준편차 σ가 정규분포의 모수가 된다. R에서 정규분포 이용시 평균과 표준편차 값을 지정해 주어야 한다.

다음의 함수를 이용하여 정규분포의 확률밀도함수(probability density), 누적확률(cumulative probability), 사분위수(quantile), 난수(random number)를 얻을 수 있다.

```
dnorm(x, mean=0, sd=1)                      # f(x)
pnorm(x, mean=0, sd=1, lower.tail = TRUE)   # P(X ≤ x)
pnorm(x, mean=0, sd=1, lower.tail= FALSE)   # P(X > x)
qnorm(p, mean=0, sd=1, lower.tail = TRUE)   # ∫_{-∞}^{q} f(x)dx = p
qnorm(p, mean=0, sd=1, lower.tail = FALSE)  # ∫_{q}^{∞} f(x)dx = p
rnorm(n, mean=0, sd=1)
```

예 4.1 $Z \sim N(0,1)$일 때 $P(Z \le -1)$을 구하고 그래프로 그려 보자.

```
> pnorm(-1, mean=0,sd=1, lower.tail=T)  # Z ~ N(0,1)일 때  P(Z ≤ -1)
[1] 0.1586553
```

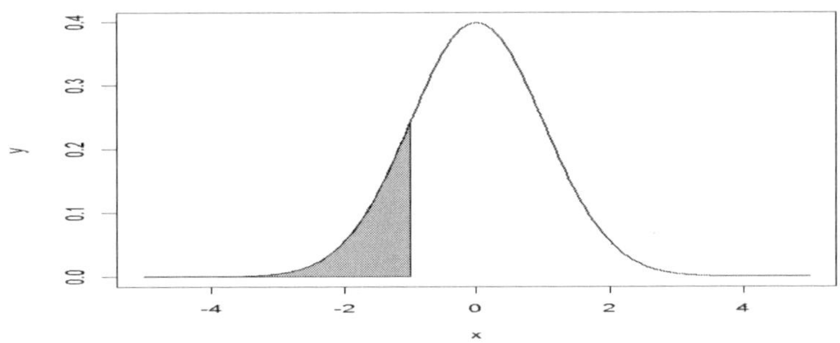

```
x=seq(-5,5,length=200)
 y=dnorm(x,mean=0,sd=1)
 plot(x,y,type="l",lwd=2,col="red")
x=seq(-5,-1,length=100)
 y=dnorm(x,mean=0,sd=1)
polygon(c(x, rev(x)), c(dnorm(x), rep(0, length(x)) ), col = "grey")
```

예 4.2 $Z \sim N(0,1)$일 때 $P(Z \geq -1)$을 구하고 그래프로 그려 보자.

> pnorm(-1, mean=0,sd=1, lower.tail=F) # $Z \sim N(0,1)$일 때 $P(Z \geq -1)$

[1] 0.8413447

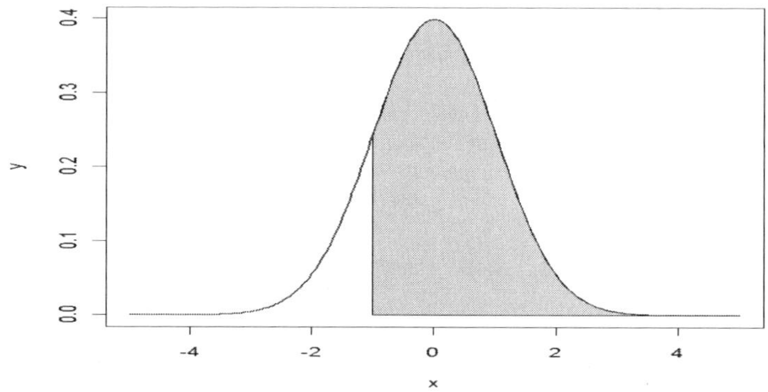

```
x=seq(-5,5,length=200)
 y=dnorm(x,mean=0,sd=1)
 plot(x,y,type="l",lwd=2,col="red")
x=seq(-1,5,length=100)
 y=dnorm(x,mean=0,sd=1)
polygon(c(x, rev(x)), c(dnorm(x), rep(0, length(x)) ), col = "lightgrey")
```

예 4.3 평균 100 표준편차 16인 정규분포로부터 난수(random number) 한 개를 발생시키고자 한다.

> rnorm(1,100,16)

[1] 112.6813

예 4.4 평균 280 표준편차 10인 정규분포 집단을 가정한다.

(a) 이와 같은 정규분포를 난수(random number) 5개를 발생시키고자 한다.

> rnorm(5,mean=280,sd=10) # random numbers from $N(280, 10^2)$

[1] 265.5393 275.3572 285.0339 301.0344 277.9797

(b) $P(X \le 270)$ 확률을 구하고자 한다.

```
> pnorm(270, mean=280, sd=10)    # P(X ≤ 270)
[1] 0.1586553
```

(c) 이 집단에서 아래로부터(왼쪽꼬리로부터) 10%에 해당하는 값을 구하고자 한다.

```
> qnorm(0.10, mean=280, sd=10, lower.tail=TRUE)    # ∫_{-∞}^{q} f(x)dx = 0.10
[1] 267.1845
```

(d) 이 집단에서 위로부터(오른쪽꼬리로부터) 10%에 해당하는 값을 구하고자 한다.

```
> qnorm(0.10, mean=280, sd=10, lower.tail=F)    # ∫_{q}^{∞} f(x)dx = 0.10
[1] 292.8155
```

또는

```
> qnorm(0.90, mean=280, sd=10, lower.tail=T)
[1] 292.8155
```

예 4.5 평균 0 표준편차 1인 표준정규분포를 가정한다.

(a) 왼쪽꼬리로부터의 확률이 0.05가 되는 값을 구하고자 한다.

```
> qnorm(0.05, mean=0, sd=1)    # ∫_{-∞}^{q} f(x)dx = 0.05
[1] -1.644854
```

(b) 왼쪽꼬리로부터의 확률이 0.95(오른쪽꼬리로부터의 확률이 0.05)가 되는 값을 구하고자 한다.

```
> qnorm(0.95, mean=0, sd=1)
[1] 1.644854
```

(c) $x = 0$에서의 확률밀도함수값을 구하고자 한다.

```
> dnorm(0, mean=0, sd=1)    # f(0)
[1] 0.3989423
```

(d) 표준정규분포로부터 발생된 난수 100개에 대해 히스토그램과 확률밀도함수 추정선을 그리고자 한다.

```
> x=rnorm(100)
> hist(x, probability=TRUE, col=gray(.9), main="normal mu=0,sigma=1")
> curve(dnorm(x), add=T)    # <그림 4.1>
```

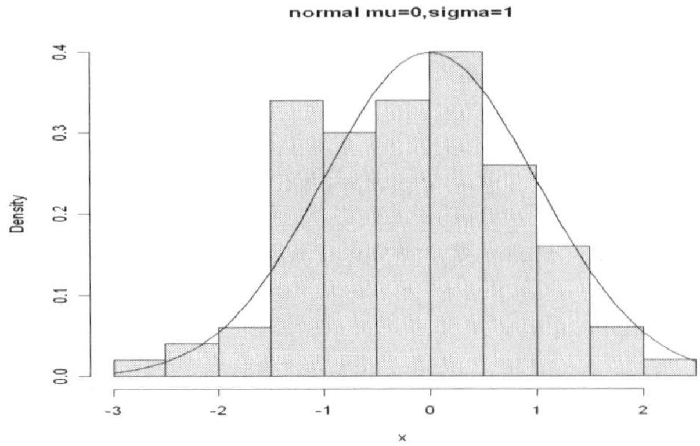

그림 4.1 정규분포를 따르는 확률표본에 대한 히스토그램과 확률밀도함수 곡선

4.1.2 t 분포

자유도가 ν 인 t 분포의 확률밀도함수는

$$f(x) = \frac{\Gamma((\nu+1)/2)}{\Gamma(\nu/2)\sqrt{\nu\pi}\,\sigma}\left(1+\frac{1}{\nu}\left(\frac{x-\mu}{\sigma}\right)^2\right)^{-(\nu+1)/2}, \qquad -\infty < x < \infty$$

이며 t 분포의 모수는 자유도 ν이다. R에서 t 분포 이용시 자유도를 지정해 주어야 한다. 다음의 함수를 이용하여 t 분포의 확률밀도함수, 누적확률, 사분위수, 난수를 얻을 수 있다.

```
dt(x, df=a)
pt(q, df=a)
qt(p, df=a)
rt(n, df=a)
```

df : degree of freedom (자유도)

4.1.3 균일분포

구간 (α,β)에서 균일분포(uniform distribution) 따르는 확률변수의 확률밀도함수는

$$f(x) = \frac{1}{\beta-\alpha}, \qquad \alpha \le x \le \beta \quad .$$

균일분포의 모수는 구간 (α,β)이다. R에서 균일분포 이용시 구간의 최솟값과 최댓값을 지정해 주어야 한다. 다음의 함수를 이용하여 [a, b] 구간에서 균일분포의 확률밀도함수, 누적확률, 사분위수, 난수를 얻을 수 있다.

```
dunif(x, min=a, max=b)
```

```
punif(q, min=a, max=b, lower.tail = TRUE)
qunif(p, min=a, max=b, lower.tail = TRUE)
runif(n, min=a, max=b)
```

4.1.4 지수분포

평균이 $1/r$인 지수분포(exponential distribution)에 대한 확률밀도함수는

$$f(x) = re^{-rx}, \qquad -\infty < x < \infty$$

이며 여기서 r은 발생비율(rate)로 지수분포의 모수이다. R에서 지수분포 이용시 발생비율을 지정해 주어야 한다. 다음의 함수를 이용하여 지수분포의 확률밀도함수, 누적확률, 사분위수, 난수를 얻을 수 있다.

```
dexp(x, rate = r, log = FALSE)
pexp(q, rate = r, lower.tail = TRUE, log.p = FALSE)
qexp(p, rate = r, lower.tail = TRUE, log.p = FALSE)
rexp(n, rate = r)
```

4.1.5 F 분포

분자자유도 d_1, 분모자유도 d_2인 F 분포의 확률밀도함수는

$$f(x) = \frac{\sqrt{\dfrac{(d_1 x)^{d_1} d_2^{d_2}}{(d_1 x + d_2)^{d_1 + d_2}}}}{xB\left(\dfrac{d_1}{2}, \dfrac{d_2}{2}\right)} = \frac{1}{B\left(\dfrac{d_1}{2}, \dfrac{d_2}{2}\right)} \left(\frac{d_1}{d_2}\right)^{\frac{d_1}{2}} x^{\frac{d_1}{2} - 1} \left(1 + \frac{d_1}{d_2} x\right)^{-\frac{d_1 + d_2}{2}}, \qquad x > 0$$

이며 F 분포의 모수는 자유도 d_1, d_2이다. R에서 F 분포 이용시 분자자유도와 분모자유도를 지정해 주어야 한다. 다음의 함수를 이용하여 F 분포의 확률밀도함수, 누적확률, 사분위수, 난수를 얻을 수 있다.

```
df(x, df1=d1, df2=d2)
pf(q, df1=d1, df2=d2)
qf(p, df1=d1, df2=d2)
rf(n, df1=d1, df2=d2)
```

df1 : 분자 자유도, df2 : 분모 자유도

4.1.6 카이제곱분포

자유도가 k인 카이제곱분포의 확률밀도함수는

$$f(w) = \frac{1}{2^{k/2}\Gamma\left(\frac{k}{2}\right)} w^{(k/2)-1} e^{-w/2}, \quad w > 0$$

이며 카이제곱분포의 모수는 자유도 k이다. R에서 카이제곱분포 이용시 자유도를 지정해 주어야 한다. 다음의 함수를 이용하여 카이제곱분포의 확률밀도함수, 누적확률, 사분위수, 난수를 얻을 수 있다.

```
dchisq(x, df=k)
pchisq(q, df=k)
qchisq(p, df=k)
rchisq(n, df=k)
```

df : 자유도

예 4.6 자유도가 5인 t 분포, 표준정규분포, 평균이 1인 지수분포, 평균이 3인 포아송분포에서 각각 난수 1000개를 발생하고 이들 값에 대한 확률밀도함수를 그려 보고자한다.

```
> par(mfrow=c(2,2))            # <그림 4.2>
> x=rt(1000,df=5);   y=dt(x, df=5)
>   plot(x,y,sub="t-dist")
> x=rnorm(1000,0,1);y=dnorm(x,0,1)
>   plot(x,y,sub="standard normal dist")
> x=rexp(1000,rate=1); y=dexp(x,rate=1)
>   plot(x,y,sub="exponential dist")
> x=rpois(1000,lambda=3); y=dpois(x,lambda=3)
>   plot(x,y,sub="Poisson dist")
```

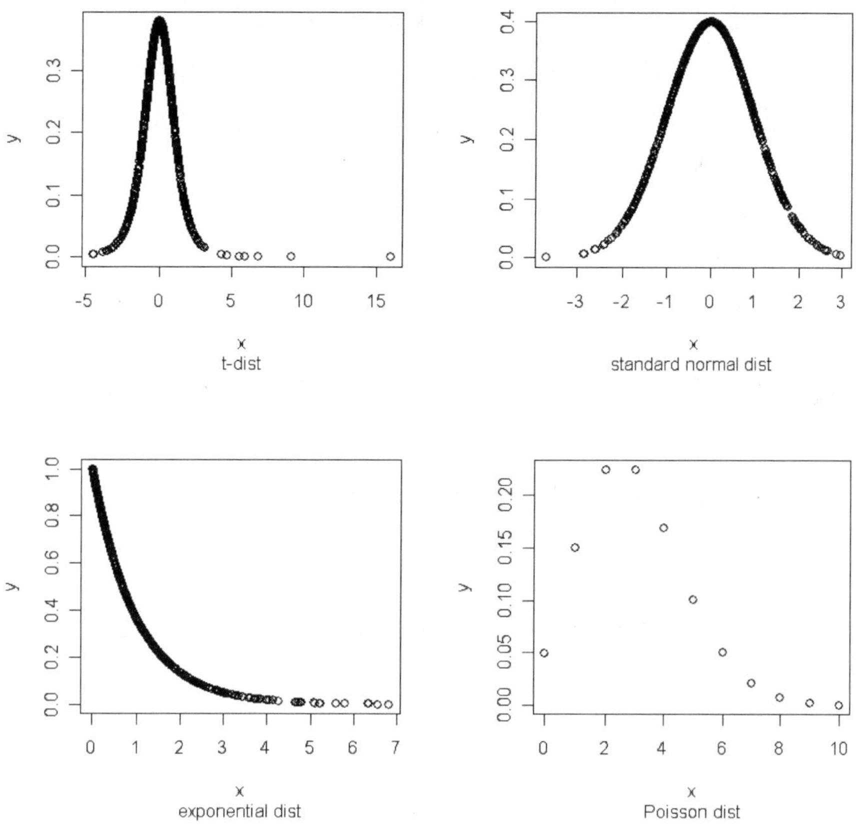

그림 4.2 여러 분포에서 발생한 난수에 대한 확률밀도함수 그래프

4.2 이산분포

4.2.1 베르누이분포와 이항분포

반응 결과가 성공/실패인 두 가지 경우만을 가질 때 예를 들어, 한 번의 동전던지기 시행에서 앞면이나 뒷면이 나올 경우 앞면의 나오는 회수 0 또는 1이며 성공의 확률이 0.5인 베르누이분포(Bernoulli distribution)를 따른다.

독립 시행을 n회 할 경우 앞면(성공)이 나온 회수는 앞면(성공)이 나올 확률이 p인 이항분포(binomial distribution), $B(n,p)$를 따른다. 이항분포에서 $n=1$인 경우가 베르누이분포의 경우가 된다.

이항분포 $B(n,p)$를 따르는 확률변수의 확률밀도함수는

$$f(x)=\binom{n}{x}p^x(1-p)^{n-x},\qquad x=0,1,2,\dots,n$$

이다. R에서 이항분포 이용시 이항분포의 모수 (n,p)를 지정해 주어야 한다. 다음의 함수를 이용하여 이항분포의 확률밀도함수, 누적확률, 사분위수, 난수를 얻을 수 있다. 이항부포 함수에서 size는 독립시행 회수, p는 성공의 확률이다.

```
dbinom(x, size=n, p=pr)
pbinom(q, size=n, p=pr)
qbinom(p, size=n, p=pr)
rbinom(n, size=n, p=pr)
```

예 4.7 10회 독립시행이며 성공확률이 0.3인 이항분포를 가정한다. 즉 이러한 경우 확률변수가 갖는 값은 $0,1,2,\ldots,10$이다.

(a) 0,1,2,3,4,5 값에 대한 확률값을 구하고자 한다.

```
> bin = dbinom(0:5, size=10, prob=0.3)
> bin
[1] 0.02824752 0.12106082 0.23347444 0.26682793 0.20012095 0.10291935
> names(bin)= 0:5
> bin
         0          1          2          3          4          5
0.02824752 0.12106082 0.23347444 0.26682793 0.20012095 0.10291935
```

(b) x=c(1,6,8)일 경우 각 값까지의 누적확률을 구하고자 한다.

```
> x=c(1,6,8)
> pbinom(x, size=10, prob=0.3)    #P(X ≤ x)
[1] 0.1493083 0.9894079 0.9998563
```

(c) 0.2, 0.5, 0.8의 누적확률을 갖는 확률변수값을 구하고자 한다.

```
> cump=c(0.2, 0.5, 0.8)
> qbinom(cump, size=10, prob=0.3)
[1] 2 3 4
```

(d) 이항분포 $B(10, 0.3)$를 따르는 난수 5개를 얻고자 한다.

```
> rbinom(5, size=10, prob=0.3)
[1] 0 2 6 5 1
```

4.2.2 포아송분포

불량품의 개수 또는 드물게 발생하는 사건은 포아송분포(Poisson distribution)를 따르기도 한다. 평균 λ인 포아송분포를 따르는 확률변수의 확률밀도함수는

$$f(x) = \frac{1}{x!}\lambda^x e^{-\lambda}, \qquad x = 0, 1, 2, ...$$

이며 λ가 포아송분포의 모수이다. R에서 포아송분포 이용시 λ를 지정해 주어야한다. 다음의 함수를 이용하여 평균 a 인 포아송분포의 확률밀도함수, 누적확률, 사분위수, 난수를 얻을 수 있다.

```
dpois(x, lambda=a )
ppois(q, lambda=a )
qpois(p, lambda=a )
rpois(n, lambda=a )
```

예 4.8 평균 3인 포아송분포를 따르는 확률변수를 고려한다.

(b) 확률변수값이 1,2,3,4인 경우 각 값까지의 누적확률을 구하고자 한다.

```
> ppois(1:4, lambda=3)
[1] 0.1991483 0.4231901 0.6472319 0.8152632
```

(b) 누적확률이 0.2인 확률변수값을 구하고자 한다.

```
> qpois(0.2, lambda=3)
[1] 2
```

(c) 평균 3인 포아송분포를 따르는 난수 10개를 발생하고자 한다.

```
> rpois(10, lambda=3)
 [1] 4 0 2 1 0 5 1 5 2 2
```

(d) $P(X \leq 3)$ 확률을 구하고자 한다.

```
> ppois(3, lambda=3)
[1] 0.6472319
```

또는

```
> ppois(3, lambda=3, lower.tail=T)
[1] 0.6472319
```

(e) $P(X \geq 4)$ 확률을 구하고자 한다.

> 1-ppois(3, lambda=3)　　　　# $P(X \geq 4) = 1 - P(X \leq 3)$

```
[1] 0.3527681
```

또는

> ppois(3, lambda=3, lower.tail=F)　# $P(X \geq 4) = P(X > 3)$

(f) $P(3 \le X \le 5)$ 확률을 구하고자 한다.

$P(3 \le X \le 5) = P(X \le 5) - P(X \le 2)$

```
> ppois(5, lambda=3)- ppois(2, lambda=3)
[1] 0.492892
```

(g) $P(X > 5)$ 확률을 구하고자 한다.

$P(X > 5) = 1 - P(X \le 5)$

```
> 1-ppois(5, lambda=3, lower.tail=T)
[1] 0.08391794
```

또는

```
> ppois(5, lambda=3, lower.tail=F)
[1] 0.08391794
```

[참고] 이산확률분포의 경우 "="일 때의 확률값이 0이 아니므로 연속확률분포의 경우와 달리 확률 계산시 주의해야 한다. 참고로,

ppoi(q, mean=0, sd=1, lower.tail = TRUE)에서

lower.tail = TRUE일 경우 $P(X \le x)$이고

lower.tail = FALSE일 경우 $P(X > x)$이다.

(h) 평균 3인 포아송분포를 따르는 난수 100개에 대해 막대그래프를 그려 보자.

```
> plot(table(rpois(100,3)), type = "h", col = "red", lwd=10,
+         main="rpois(100,lambda=3 )")        # <그림 4.3>
```

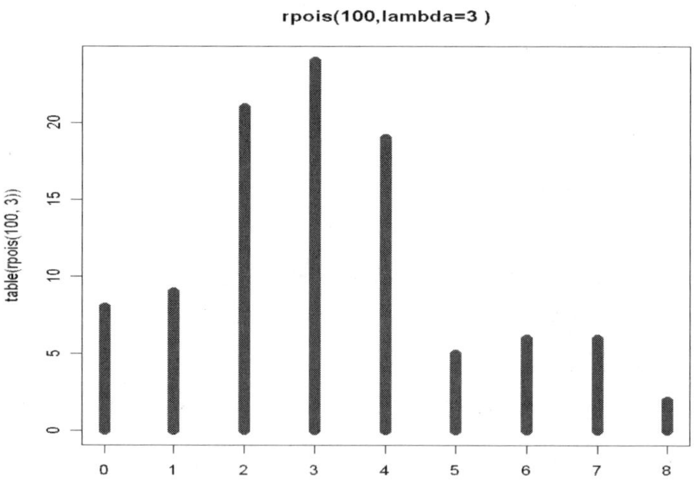

그림 4.3 평균 3인 포아송분포에서 발생한 난수에 대한 빈도 그래프

4.3 정규성 검정

4.3.1 히스토그램을 이용한 정규성 검토

정규분포에서 난수 발생으로 표본을 얻은 경우 히스토그램을 그려 보자.

```
par(mfrow=c(2,3))        # <그림 4.4>
x=seq(6.5, 13.5, by=0.01)
for(i in 1:5){
      y<-rnorm(50, mean=10, sd=1)
      hist(y, prob=TRUE, xlim=c(6.5, 13.5), ylim=c(0,0.5))
      lines(x, dnorm(x,10,1))
}
```

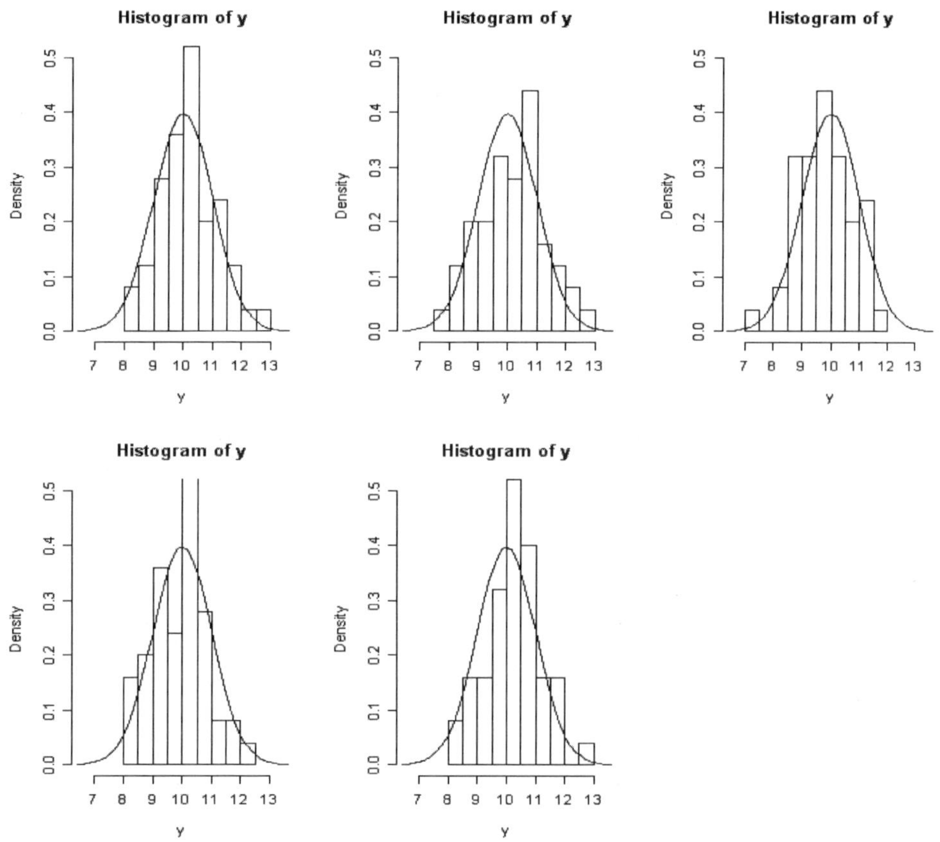

그림 4.4 정규분포에서 발생한 난수 표본에 대한 히스토그램

<그림 4.4>를 보면 정규분포로부터 랜덤하게 얻은 표본임에도 불구하고 이론적 정규분포 곡선과 일치하지 않음을 볼 수 있다.

4.3.2 정규확률그림

Q−Q 그림(Quantile-Quantile plot)을 통해 정규성을 확인할 수 있다. 기울기가 45°인 직선을 그어 찍힌 점들이 이 직선에서 많이 벗어나면 데이터가 정규성에서 벗어난다고 할 수 있다.

정규분포에서 발생한 랜덤 데이터에 대해 히스토그램과 Q−Q plot을 그려 보자.

```
> x=rnorm(20)
> hist(x)        # <그림 4.5>
> qqnorm(x)      # <그림 4.6>
> qqline(x)      # <그림 4.6>
```

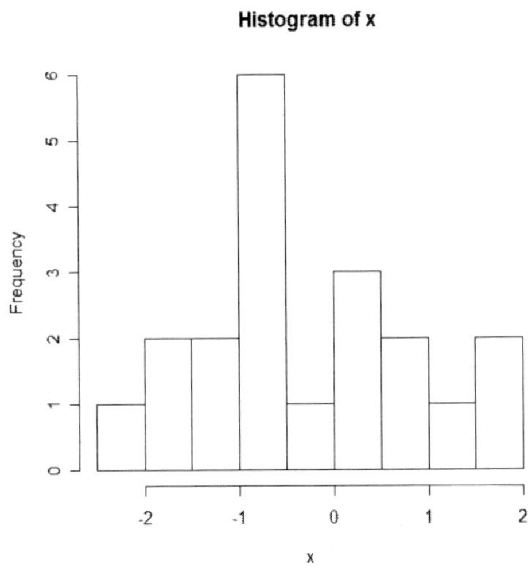

그림 4.5 정규분포에서 발생한 랜덤 데이터에 대한 히스토그램

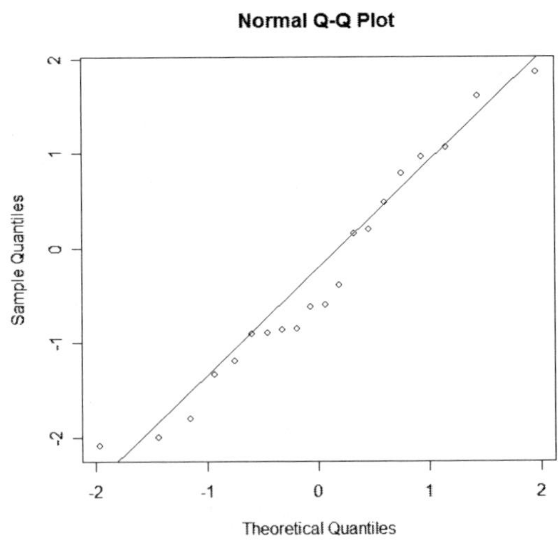

그림 4.6 정규분포에서 발생한 랜덤 데이터에 대한 Q−Q 그림

데이터에 대해 검정통계량을 이용한 정규성 검정을 해 보자.

H_0 : 정규분포를 따른다. H_1 : 정규분포를 따르지 않는다.

에 대한 Shapiro 검정을 할 수 있으며 shapiro.test() 함수를 이용한다.

```
> x=rnorm(10)
> x
 [1]  0.11539664 -0.26776144 -0.44143672 -1.06303183  -0.01890180
 [6] -0.90705018  0.65871382 -1.95079005  1.22090523   0.85995412
>  shapiro.test(x)
        Shapiro-Wilk normality test
data:  x
W = 0.9802, p-value = 0.9665
```

$p-value = 0.9665 > 0.05$ 이므로 유의수준 5%에서 H_0를 기각하지 못한다. 그러므로 데이터 x는 정규분포를 따른다고 할 수 있다.

이번에는 여러 분포에서 발생한 랜덤 표본에 대해 정규성 검토를 해 보자. <그림 4.7>에서 보면 지수분포를 따르는 경우에는 꼬리부분에서 정규분포와 차이가 커지고 포아송분포와 같이 이산형 분포에서 발생한 경우에는 계단형의 그림을 나타내는 것을 볼 수 있다.

```
par(mfrow=c(2,2) )          # <그림 4.7>
x=rnorm(50)
  qqnorm(x, sub="Normal")
  qqline(x)
x=runif(50, min=0, max=1)
  qqnorm(x, sub="Uniform")
  qqline(x)
x=rexp(50, rate=1)
  qqnorm(x)
  qqline(x, sub="Exponential")
x=rpois(50, lambda=3)
  qqnorm(x)
  qqline(x, sub="Poisson")
```

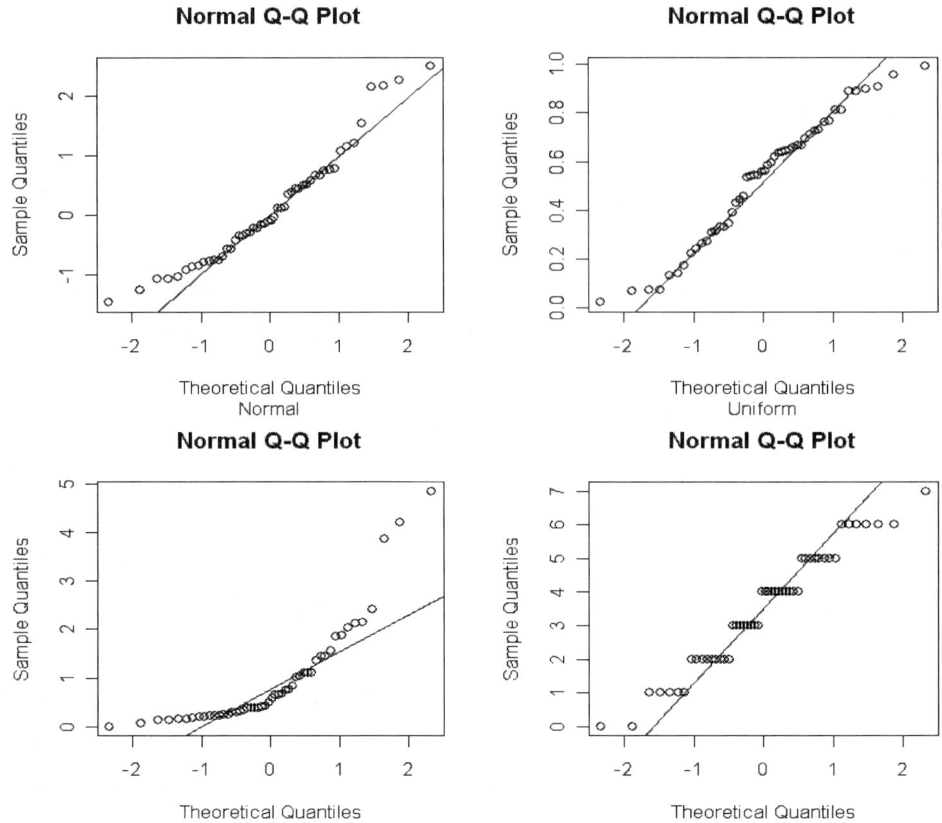

그림 4.7 여러 분포에서 발생한 데이터셋에 대한 Q-Q plot

4.4 모의실험

4.4.1 이항분포의 정규분포 근사

데이터가 이항분포에서 발생했을 경우, 정규분포를 따르도록 근사되기 위해서는 어느 정도의 표본 크기가 필요한지 모의실험을 통해 살펴보기로 한다.

```
m=100 ; n=5 ;  p=0.5
try.n=c(5, 10, 15, 30)
par(mfrow=c(2,2))     # <그림 4.8>
for( i in 1:4){
   n= try.n[i]
res=rbinom(m,n,p)
hist(res, prob=TRUE)
curve(dnorm(res, n*p, sqrt(n*p*(1-p)) ), add=TRUE )
}
```

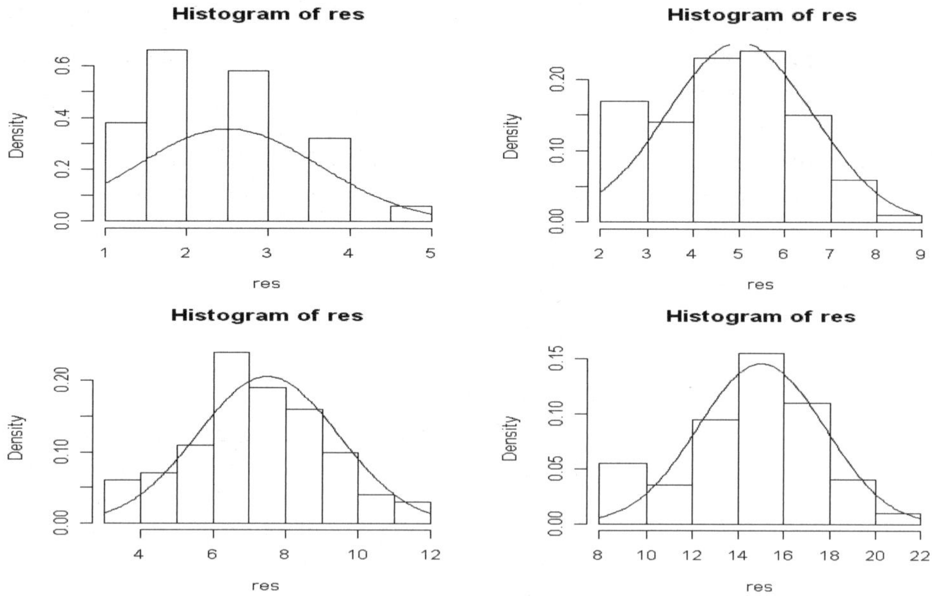

그림 4.8 이항분포의 정규분포 근사

대략적으로 $np \geq 5,\ \ np(1-p) \geq 5$인 경우 이항분포의 정규분포근사가 유효하다고 알려져 있다. <그림 4.7>을 보면 $n=5$일 때는 정규분포근사에서 크게 벗어나지만 $n=10,15,30$일 경우에는 정규분포 근사가 가능해 보인다. 이와 같이 특정한 분포를 따르는 데이터를 발생시켜 관심 있는 문제에 대해 접근해 볼 수 있다.

4.4.2 중심극한 정리와 모의실험

확률론의 주요업적으로 프랑스 수학자 Laplace가 1812년 Théorie Analytique des Probabilités에서 1733년 de Moivre의 극한 정리를 이용하여 이항분포가 정규분포로 근사됨을 보였으나 크게 주목받지 못했다. 그 후 1901년 러시아 수학자인 Lyapunov가 일반적인 증명과 더불어 중심극한정리로 명하였고 통계학에서 매우 중요한 정리가 되었다.

> 중심극한정리(central limit theorem):
>
> 표본의 크기가 충분히 크면, 동일한 분포에서 얻어진 확률표본평균과 합은 정규분포로 근사한다.

균일분포에서의 확률표본에 대해, 확률표본의 크기를 증가시키며 표본 평균의 분포를 살펴보자. 표본의 크기가 커질수록 표본평균들에 대한 확률분포함수가 정규분포함수 형태와 비슷해짐을 모의실험을 통해 알 수 있다.

```
m=50
mx=rep(0,m)
n.value=c(5, 10, 15, 30, 50)

plot(0,0, type="n", xlim=c(0,1), ylim=c(0,10), ylab="density",
xlab="mx",main="uniform mean to normal")     # <그림 4.9>
for( k in 1:length(n.value) ){
      n=n.value[k]
    for( i in 1: m){
    mx[i]=mean(runif(n, 0,1))
    }   # i
    lines(density(mx), lty=k, col=k )
}   # k
```

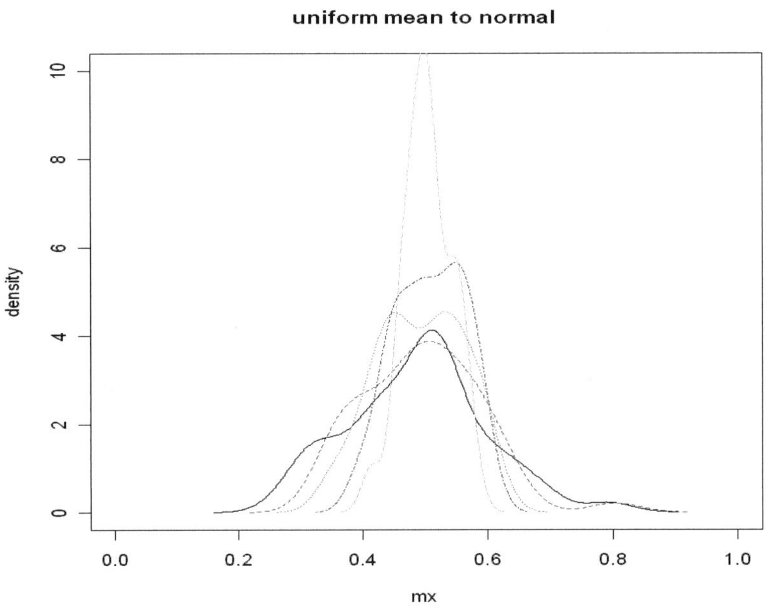

그림 4.9 균일분포의 정규분포 근사

```
plot(0,0, type="n", xlim=c(0,3), ylim=c(0,3.7), ylab="density",
xlab="mx", main="exponential to normal" )       # <그림 4.10>
for( k in 1:length(n.value) ){
      n=n.value[k]
    for( i in 1: m){
    mx[i]=mean(rexp(n, rate=1))
    }
    lines(density(mx), lty=k, col=k )
}
```

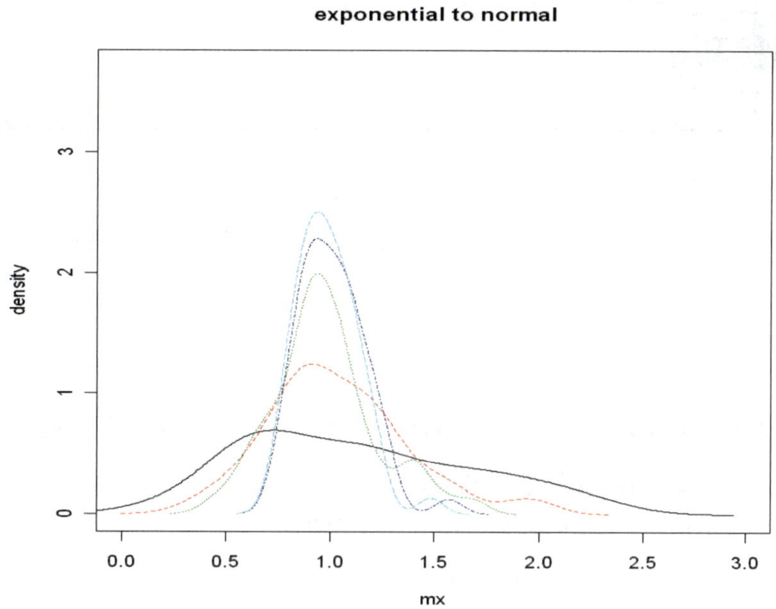

그림 4.10 지수분포의 정규분포 근사

연습문제

01 $N(3, 5^2)$ 를 따르는 random sample 20개를 발생시켜 rand로 저장하시오

(a) rand 값을 출력하시오.

(b) rand의 평균과 표준편차를 구하시오

(c) 히스토그램을 그리시오.

02 평균이 3인 포아송분포를 따르는 random sample 10개를 발생시켜 rand_p로 저장하시오

(a) rand_p 값을 출력하시오.

(b) rand_p의 평균과 표준편차를 구하시오

(c) 히스토그램을 그리시오.

03 확률값을 구하고자한다.

(a) 평균 10, 표준편차가 3인 정규분포를 따르는 변수 Z에 대해 $P(Z \geq a) = 0.4$인 a 값을 구하도록 명령문과 결과를 쓰시오.

(b) 평균 10, 표준편차가 3인 정규분포를 따르는 변수 Z에 대해 $P(Z \geq 12)$을 구하도록 명령문과 결과를 쓰시오.

(c) 평균 10, 표준편차가 3인 정규분포를 따르는 변수 Z에 대해 $P(|Z| \leq 11.5)$을 구하도록 명령문과 결과를 쓰시오.

04 $Z \sim N(0, 1)$ 인 경우

(a) $P(-b \leq Z \leq b) = 0.90$을 만족하는 b를 구하도록 명령문과 결과를 쓰시오.

(b) $P(-c \leq Z \leq c) = 0.95$을 만족하는 c를 구하도록 명령문과 결과를 쓰시오.

05 주사위를 5번 던질 때 6이 세 번 이상 나올 확률을 구하시오.

06 공평한 동전을 10,000번 던졌을 때 앞면이 4980 이상 5020 이하만큼 나올 확률을 구하시오.

07 T는 자유도가 10인 t 분포를 따를 경우 다음을 얻도록 명령문과 결과를 쓰시오.

(a) $P(T \geq 2.5)$ (b) $P(T \leq -2.5)$

(c) $P(|T| \geq 1.8)$ (d) $P(T > 2.5)$

(e) $P(T < -2.5)$ (f) $P(-1 < T \leq 1.5)$

08 X는 평균 3인 포아송분포를 따를 경우 다음을 얻도록 명령문과 결과를 쓰시오.

(a) $P(X \geq 3)$ (b) $P(X < 4)$

(c) $P(2 \leq X < 8)$ (d) $P(X \leq 4)$

09 다음의 데이터는 사용한 기계의 배터리를 재충전하는 데 걸리는 시간이다.

1.5, 2.2, 0.9, 1.3, 2.0, 1.2, 2.5, 2.7, 1.8 2.3

(a) 히스토그램을 그리고 분포에 대해 설명하시오.

(b) Q−Q 그림을 그리고 정규성 여부에 대해 설명하시오.

(c) Shapiro 검정으로 정규성 검정을 하시오

(d) 평균, 분산, 표준편차를 구하시오.

10 대학생 40명의 키를 측정한 결과가 아래와 같다.

182	167	166	159	178	176	169	163	166	181
171	182	172	186	171	166	170	168	154	173
174	166	160	162	161	179	147	162	170	166
165	178	171	169	183	149	168	177	170	163

(a) 평균, 분산, 표준편차, 범위 등 기술 통계량을 구하시오.

(b) 히스토그램과 확률밀도함수추정선을 그리고 분포에 대해 설명하시오.

(c) 정규분포를 따른다고 할 수 있는지 Q−Q 그림을 그리고 해석하시오.

11 여러 개 데이터셋을 만들고자 한다.

(a) 평균 0, 분산 2인 정규분포를 따르는 난수 30개를 발생시켜 uniform_1에 할당하시오.

(b) (a)와 같은 방법으로 데이터셋 50개를 만들어 각 데이터셋의 평균을 구하고 50개 평균들로 히스토그램을 그리시오.

(c) 각 데이터셋의 평균들이 정규분포를 따른다고 할 수 있는지 Q-Q 그림을 그리시오.

(d) 평균이 3인 포아송분포를 따르는 난수 30개를 발생시켜 y에 저장하시오.

(e) (d)와 같은 데이터셋 50개를 발생시켜 50개의 평균들로 히스토그램을 그리시오.

(f) (e)의 각 데이터셋 평균들이 정규분포를 따른다고 할 수 있는지 Q-Q 그림을 그리고 설명하시오.

CHAPTER

05

일변량 데이터와 기술통계량

5.1 범주형 데이터
5.2 숫자형 데이터

일변량 데이터(univariate data)를 정리하고 기술하는 기초통계량과 기본적인 그래프 그리는 방법을 소개하고자 한다.

5.1 범주형 데이터

범주형 데이터(categorical data)는 그 개체가 속하는 범주를 나타낸 데이터이다. 예를 들어, A 과자를 시식한 후 구매의사를 물었을 때 "예", "아니오", "예", "예", "예", "아니오", "아니오", "예", "예", "예"로 답했다고 하자.

5.1.1 분할표

table()을 사용하여 간단한 표를 만들 수 있다.

```
> res=c("y", "n", "y", "y", "y", "n", "n", "y", "y", "y")
> table(res)
res
n y
3 7
```

5.1.2 막대그래프

barplot()을 이용하여 막대그래프를 그릴 수 있다.

```
> barplot(table(res), xlab="response", ylab="frequency")
                                                   # <그림 5.1>(a)
> barplot(table(res), xlab="response", ylab="frequency",horiz=T)
                                                   # <그림 5.1>(b)
```

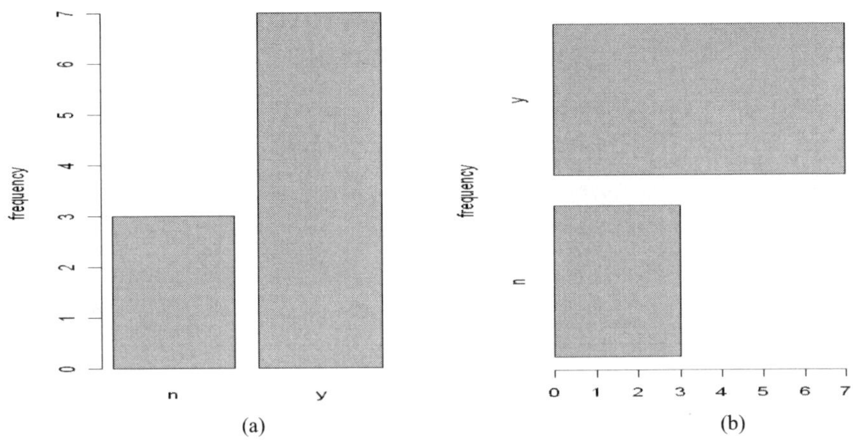

그림 5.1 (a)수직 막대그래프, (b)수평 막대그래프

5.1.3 파이그림

상대적인 빈도 또는 상대적인 비율을 원모양 파이의 분할 부분으로 나타낼 수 있으며 pie() 함수를 사용한다.

```
> pie(table(res), main="response")          # <그림 5.2>
```

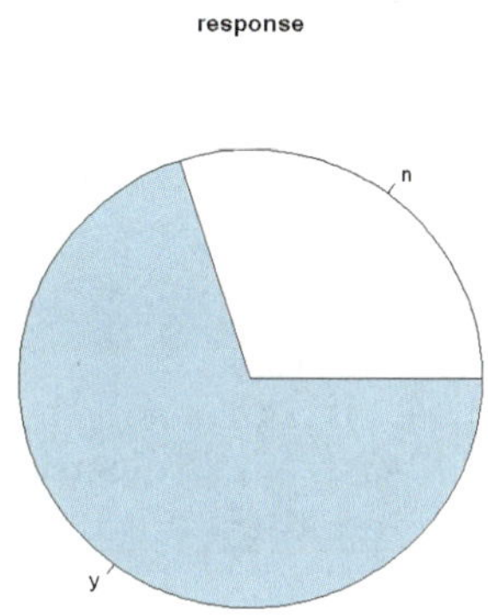

그림 5.2 파이그림

페센트를 적은 파이그림과 3차원 파이그림 등 여러 형태의 파이그림을 그려 보자. 3차원 파이그림을 그릴 경우 plotrix 패키지를 사용해야 한다.

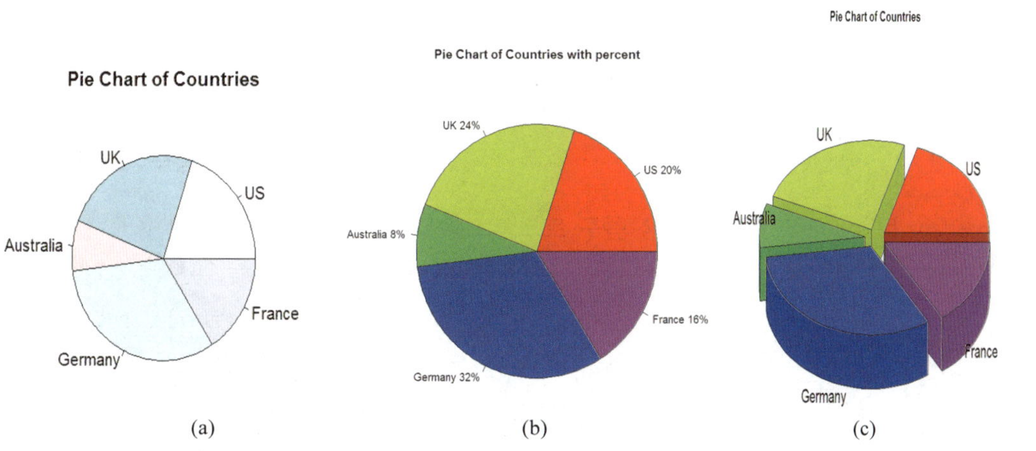

그림 5.3 (a) 기본 파이그림, (b) 퍼센트와 파이그림, (c) 3차원 파이그림

```
# Simple Pie Chart
slices <- c(10, 12, 4, 16, 8)
lb <- c("US", "UK", "Australia", "Germany", "France")
pie(slices, labels = lb, main="Pie Chart of Countries")  # <그림 5.3> (a)

# Pie Chart with Percentages
slices <- c(10, 12, 4, 16, 8)
lb <- c("US", "UK", "Australia", "Germany", "France")
pct <- round(slices/sum(slices)*100)
lb <- paste(lb, pct, "%")  # add percents and %  to labels
pie(slices, labels = lb,  col=rainbow(length(lb)), main="Pie Chart of Countries")
                                                # <그림 5.3> (b)
# 3D Exploded Pie Chart
library(plotrix)
slices <- c(10, 12, 4, 16, 8)
lb <- c("US", "UK", "Australia", "Germany", "France")
pie3D(slices,labels=lb, explode=0.1, main="Pie Chart of Countries")  #<그림 5.3>(c)
```

5.1.4 점그림

"yes", "no"의 빈도에 해당하는 점그림(dotchart)을 dotchart()를 이용하여 그릴 수 있다.

```
> dotchart(table(res), main="dotchart")      # <그림 5.4>
```

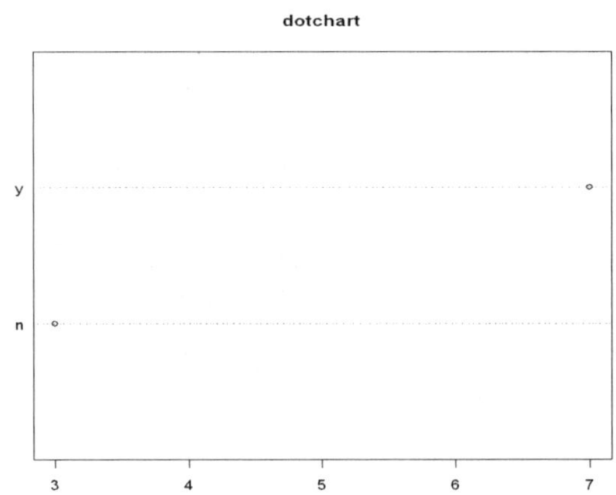

그림 5.4 점 그림

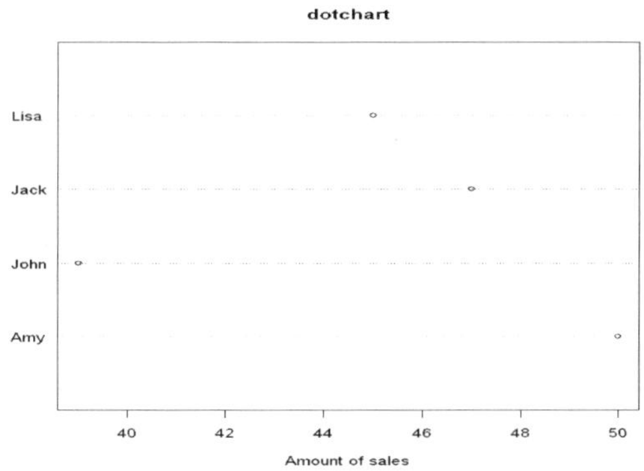

그림 5.5 연속형 데이터의 dotchart

다음과 같은 연속형 데이터에 대해서 dotchart를 그릴 수 있다.

```
> sales=c(50, 39, 47, 45)
> names(sales)=c("Amy", "John", "Jack", "Lisa")
> dotchart(sales, xlab="Amount of sales", main="dotchart")    # <그림 5.5>
```

5.2 숫자형 데이터

5.2.1 줄기–잎–그림

관측값의 개수가 너무 많지 않으며 관측값을 줄기와 잎으로 구분할 수 있는 경우 줄기–잎–그림(stem-and-leaf plot)을 그려 보면 전체 데이터의 분포와 데이터 값 자체를 동시에 볼 수 있다. 또한 최솟값, 최댓값, 분포 형태 등을 보여 주어 데이터 분포에 대한 이해를 돕는다.

stem() 함수를 사용하여 간단하게 그릴 수 있으며 scale=숫자 옵션으로 줄기의 길이를 조절할 수 있다.

다음은 농구경기에서 시합한 팀들의 점수이다.

```
> x=c(45,86,34,98,67,78,56,45,85,75,64,75,75,75,58,45,83,74)
> stem(x)
  The decimal point is 1 digit(s) to the right of the |
  2 | 4
  4 | 55568
  6 | 47455558
  8 | 3568
```

```
> stem(x, scale=2)
  The decimal point is 1 digit(s) to the right of the ¦
  3 ¦ 4
  4 ¦ 555
  5 ¦ 68
  6 ¦ 47
  7 ¦ 455558
  8 ¦ 356
  9 ¦ 8
```

5.2.2 상자그림

상자그림(boxplot)은 25% 사분위수, 50% 사분위수(중앙값), 75% 사분위수로 상자를 그리고 최솟값과 최댓값이 표시되어 데이터의 분포를 대략적으로 알 수 있다. boxplot() 함수를 이용하고 horizontal=T 옵션을 쓰면 가로 상자그림을 출력한다.

```
> boxplot(x, main="Box plot", sub="basketball game scores")   # <그림 5.6>
> boxplot(x, horizontal=T, main="Box plot",
          sub="basketball game scores")                      # <그림 5.7>
```

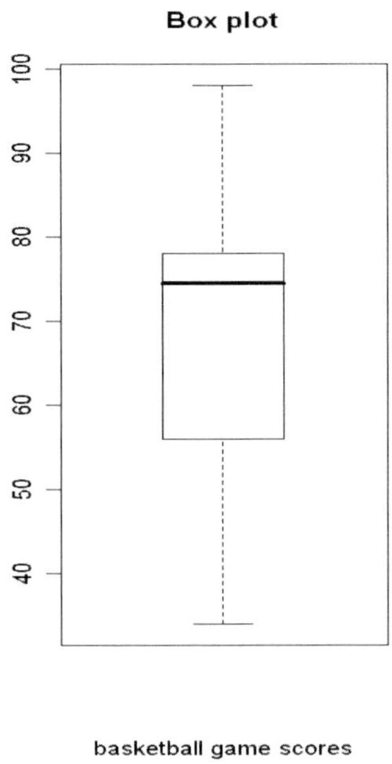

그림 5.6 세로 상자그림

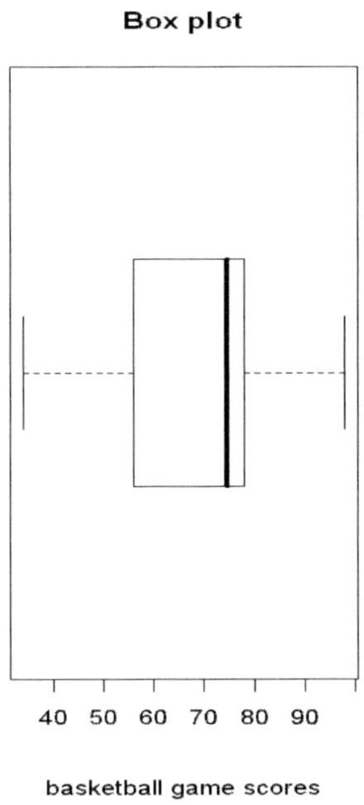

그림 5.7 가로 상자그림

5.2.3 히스토그램

히스토그램(histogram)은 구간으로 나누어 빈도가 계산되어 정리된 후 데이터의 분포를 나타낸다. hist() 함수를 사용하여 히스토그램을 그린다.

```
> hist(x)      # <그림 5.8>
```

확률밀도함수를 추정한 선을 히스토그램에 같이 그리고 싶으면 lines()를 이용한다. R에 내장된 함수로 확률밀도함수를 추정해 준다.

```
> hist(x, prob=TRUE,main="Histogram of scores with density line",
+       sub="basketball game scores")                # <그림 5.9>
> lines(density(x))
```

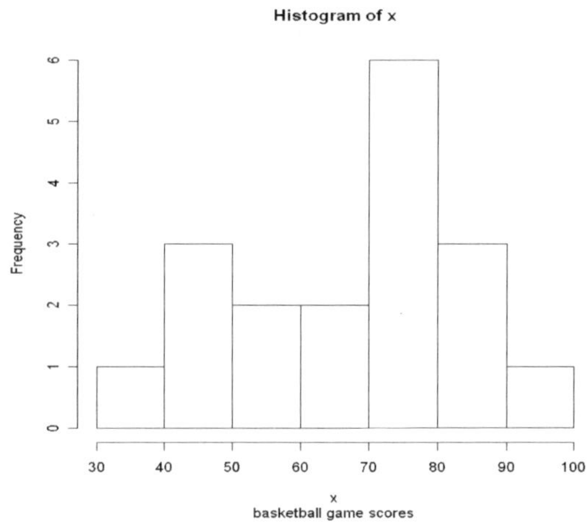

그림 5.8 히스토그램

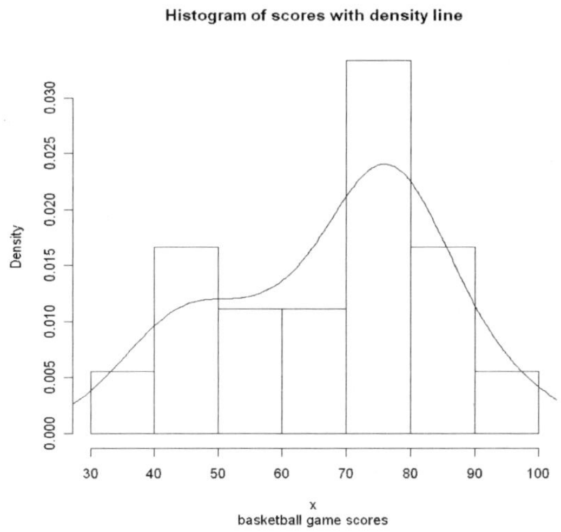

그림 5.9 히스토그램과 확률밀도함수 추정선

5.2.4 중심경향 척도: 평균, 중앙값

데이터 $\{x_1, x_2, \cdots, x_n\}$에 대해 데이터의 중심경향을 나타내 주는 통계량으로 평균, 중앙값을 추정하고자 한다.

(1) 평균

$$\bar{x} = \frac{x_1 + x_2 + \cdots x_n}{n}$$

mean() 함수를 사용한다.

(2) 중앙값

$$m = \begin{cases} x_{(k+1)}, & n = 2k+1 \\ \dfrac{x_{(k)} + x_{(k+1)}}{2}, & n = 2k \end{cases}$$

즉 크기순으로 늘어놓았을 때 중앙에 위치한 값으로 median() 함수를 사용한다.

```
> x=c(45,86,34,98,67,78,56,45,85,75,64,75,75,75,58,45,83,74)
> mean(x)
[1] 67.66667
> median(x)
[1] 74.5
```

5.2.5 퍼짐경향 척도: 분산, 표준편차, 사분위수범위

(1) 표본 분산: 평균으로부터의 퍼진 정도 측정

$$s^2 = \frac{1}{n-1}\sum_{i=1}^{n}(x_i - \bar{x})^2$$

var() 함수를 사용한다.

(2) 표본 표준편차: $\sqrt{\text{분산}}$

$$s = \sqrt{\frac{1}{n-1}\sum_{i=1}^{n}(x_i - \bar{x})^2}$$

sd() 함수를 사용한다.

(3) 사분위수범위(inter-quartile range): 데이터의 중앙부분의 50%에 해당하는 범위로 75% 해당 값에서 25% 해당 값을 뺀 통계량

IQR() 함수를 사용한다.

(4) 범위(range): 데이터의 최댓값과 최솟값의 차이

range() 함수를 이용하여 데이터의 최솟값과 최댓값을 보여 준다.

(5) 사분위수

quantile() 함수는 해당하는 사분위수의 값을 보여 준다.

(6) 기술통계량 요약

summary() 함수는 일변량 데이터에 대해 최솟값, 1사분위수, 2사분위수, 평균, 3사분위수, 최댓값 즉 기본적인 기술통계량을 출력한다.

```
> var(x)
[1] 298.3529
> sd(x)
[1] 17.27290
> IQR(x)
[1] 20.75
> range(x)
[1] 34 98
> quantile(x, c(0.1, 0.25, 0.5, 0.75, 0.9 ))
  10%   25%   50%   75%   90%
45.00 56.50 74.50 77.25 85.30
> summary(x)
   Min. 1st Qu.  Median    Mean 3rd Qu.    Max.
  34.00   56.50   74.50   67.67   77.25   98.00
```

5.2.6 표준화 점수

평균과 표준편차를 이용해 변수를 표준화(standardization)한다.

데이터 $\{x_1, x_2, \cdots, x_n\}$에 대해 표준화 점수는

$$z_i = \frac{x_i - \overline{x}}{s}$$

으로 계산되며 여기서 $\overline{x}$는 표본 평균, s는 표본 표준편차이다. z들의 평균과 분산을 구하면

$$\frac{1}{n}\sum_{i}^{n} z_i = 0, \qquad \frac{1}{n-1}\sum_{i}^{n}(z_i - 0)^2 = 1$$

이다. 즉 z는 평균 0, 표준편차 1을 갖게 되어 데이터의 측정단위가 서로 다른 변수들 간의 비교도 가능해진다. scale() 함수를 이용하여 표준화 z-값을 얻을 수 있다.

```
> y=c(2,5,7,9,3)
> scale(y)
            [,1]
[1,] -1.11748847
[2,] -0.06984303
[3,]  0.62858727
[4,]  1.32701756
[5,] -0.76827333
attr(,"scaled:center")
[1] 5.2
attr(,"scaled:scale")
[1] 2.863564
```

표준화 점수를 소수점 둘째 자리까지 쓰고자 하면 round() 함수를 이용하여 반올림한 값을 구한다.

```
> yr=round(scale(y), digits=2)
> yr
      [,1]
[1,] -1.12
[2,] -0.07
[3,]  0.63
[4,]  1.33
[5,] -0.77
```

참고로 표준화 점수의 평균과 표준편차를 구해 보면 평균은 0에 표준편차는 1에 근접해 있다. 반올림 때문에 발생하는 오차로 인해 0 근처의 값으로 계산된다.

```
> mean(yr)
[1] -1.112391e-17
> sd(yr)
[1] 1.002247
```

5.2.7 신뢰구간

모수 추정시 90%, 95%, 99% 신뢰구간(confidence interval)을 구해 구간 추정을 할 수 있다. 95% 신뢰구간이란 모집단으로부터 100번의 확률 표본을 구하여 신뢰구간을 구하면 적어도 95번 이상은 모수 참값을 포함할 수 있는 구간을 의미한다. 예를 들어, 모수 μ의 신뢰구간을 반복하여 구할 때, 전체의 약 95% 정도는 μ를 포함할 것이라고 기대한다.

일반적으로 θ에 대한 근사적인 95% 신뢰구간은

$$\hat{\theta} \pm 1.96 \times sd(\hat{\theta})$$

으로 구할 수 있다. 여기서 $\hat{\theta}$는 θ에 대한 추정량, $sd(\hat{\theta})$은 $\hat{\theta}$의 표준편차이다.

데이터 $\{x_1, x_2, \cdots, x_n\}$에 대해 모집단이 정규분포를 따르는 경우, 평균 μ에 대한 95% 신뢰구간은

$$\overline{X} \pm t_{n-1}(\alpha/2) \times \frac{S}{\sqrt{n}}$$

로 표현된다. 여기서 $\overline{X}$는 표본 평균, S는 표본 표준편차이고, $t_{n-1}(\alpha/2)$는 자유도가 $n-1$인 t 분포를 따르는 확률변수 T에 대해 $P(T \geq t_{n-1}(\alpha/2)) = \alpha/2$를 만족하는 값이다.

plotrix 패키지를 이용하여 다음의 프로그램으로 여러 확률 표본에 대한 신뢰구간을 그려 보자.

```
library(plotrix)
  m=10 ;  meany=rep(0,m) ; std=rep(0,m)
  n=30
for ( i in 1: m){
   y = rnorm(n)
   meany[i] =mean(y)
   std[i]= sd(y)/sqrt(n)
}
par(mfrow=c(1,2))
 plotCI(1:m,meany,std,main="confidence intervals" )
   abline(h=0)                                          # <그림 5.10>

 plotCI(meany,1:m,2*std,pch=21,err="x",
            main="CI with horizontal bars")
   abline(v=0)                                          # <그림 5.11>
```

```
> plotCI(1:m, meany,2*std,lwd=2,col="red",scol="blue")
```

과 같이 옵션을 이용하면 선과 점에 원하는 색깔을 구현할 수 있다.

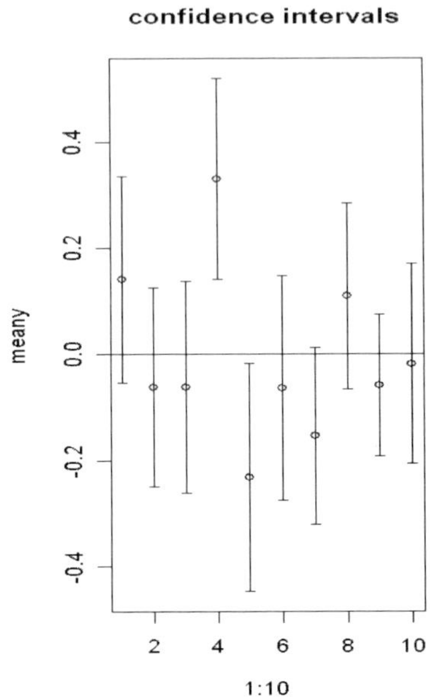

그림 5.10 수직형 신뢰구간

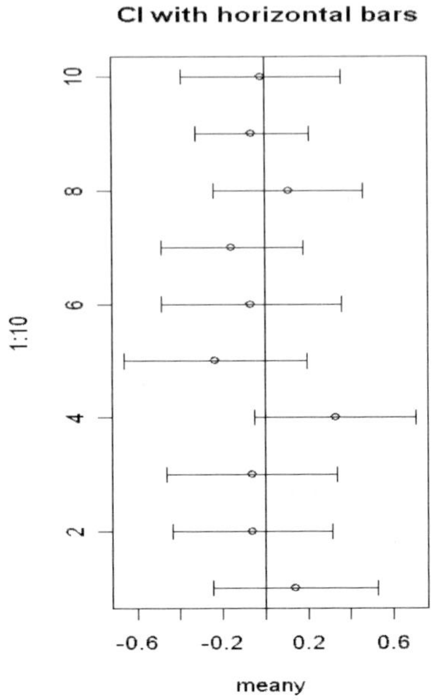

그림 5.11 수평형 신뢰구간

연습문제

01 내장된 데이터셋인 InsectSprays를 data()로 불러들인 후

```
> data(InsectSprays)
> attach(InsectSprays)
> InsectSprays
```

(a) spray 종류에 따른 빈도표를 구하고 파이그림을 그리시오.

(b) count 평균을 구하시오.

(c) spray 종류별 count 수의 합을 구하시오.

[예] `> aggregate(count, list(spray), FUN="sum")`

02 다음은 미국에서 조사한 강(river)의 길이를 나타낸 데이터이다.

735 320 325 392 524 450 1459 135 465 600 330 336 280 315 870
906 202 329 290 1000 600 505 1450 840 1243 890 350 407 286 280

(a) 평균, 중앙값을 구하시오.

(b) 분산, 표준편차, 사분위수범위를 구하시오.

(c) 15%, 45%, 80%에 해당하는 데이터 값을 구하시오.

(d) 히스토그램을 그리시오.

(e) 상자그림을 그리시오.

03 다음의 전구 수명 자료를 이용하여

25 16 44 62 36 58 38

(a) 평균 전구 수명을 구하시오.

(b) 전구 수명 분산을 구하시오

(c) 전구 수명 표준편차를 구하시오

(d) boxplot을 그리시오

(e) 몇 개의 옵션을 추가해서 boxplot을 그리시오.

(f) 줄기-잎-그림을 그리고 분포를 파악하시오.

04 균일분포 (0,1)을 따르는 20개 난수를 포함한 데이터셋 10개에 대해

(a) 각 데이터셋에 대한 평균과 표준편차를 구하시오.

(b) 평균 $\pm 2 \times$ 표준편차/ $\sqrt{n}$ 으로 나타나는 신뢰구간 그림을 그리시오.

05 K 지역의 2004년도 가구당 연간 소득을 조사한 것이다.(단위 100만원)

19, 21, 15, 23, 24, 15, 15, 15, 16, 29,
18, 32, 20, 23, 24, 24, 25, 25, 25, 25,
25, 25, 25, 36, 26, 28, 30

(a) 평균, 중앙값을 구하시오.

(b) 분산, 표준편차, 범위를 구하시오.

(c) 히스토그램을 그리시오.

(d) 소득이 '20 미만, 20 이상 30 미만, 30 이상'의 세 개의 범주로 나누어 도수를 이용하여 파이그림을 그리시오.

(e) dotchart을 그리시오.

06 다음은 어떤 음식물에 대한 불순물 포함량이며 정규분포를 따른다고 한다.

2.3 2.4 3.1 2.2 1.0 2.3 2.1 1.1 1.2 0.9 1.5 1.1

(a) 평균, 중앙값을 구하시오.

(b) 분산, 표준편차, 범위를 구하시오.

(c) 평균 μ에 대한 95% 신뢰구간을 구하시오.

(d) 상자그림을 그리시오.

(e) 줄기-잎-그림을 그리시오.

07 다음은 같은 나이의 흡연자에 대해 눈가 주름 있음/없음을 조사한 데이터이다.

	주름 있음	주름 없음
흡연	60	10
비흡연	30	40

(a) 흡연자 중 흡연자의 주름 있음 비율을 구하시오

(b) 비흡연자 중 비흡연자의 주름 있음 비율을 구하시오.

(c) 흡연자와 비흡연자의 주름 있음 비율의 차를 구하시오.

(d) 흡연자와 비흡연자 그룹별로 파이그림을 그리시오.

08 A 회사에 생산되는 TV의 수명 시간(단위: 년)을 조사한 데이터이다. 데이터는 정규분포를 따른다고 한다.

5.7	6.7	6.8	7.9	10.6	11.3	9.8	8.4	8.3	9.5
6.7	6.9	9.8	8.8	12.1	10.2	9.5	9.4	9.3	5.9

(a) 평균 TV 수명 시간을 추정하시오.
(b) 평균 TV 수명 시간의 95% 신뢰구간을 추정하시오.
(c) TV 수명 시간의 분산, 표준편차와 범위를 추정하시오.
(d) 상자그림을 그리시오.
(e) 확률밀도함수 추정선과 히스토그램을 그리시오.

09 B 회사 직원들의 월별 핸드폰 요금을 조사하여 얻은 데이터이다.

20,870	39,400	65,000	45,000	35,890	29,000	56,770
23,000	38,550	59,800	39,880	56,780	35,220	48,990

(a) 평균 핸드폰 요금을 추정하시오.
(b) 평균 핸드폰 요금의 95% 신뢰구간을 추정하시오.
(c) 핸드폰 요금의 분산, 표준편차와 범위를 추정하시오.
(d) 상자그림을 그리시오.
(e) 확률밀도함수 추정선과 히스토그램을 그리시오.

10 D 여대의 학생들 200명에게 남녀 공학으로의 전환에 대해 조사했더니 80명이 찬성, 120명이 반대하였다.

(a) 찬성비율을 추정하시오.
(b) 반대비율을 추정하시오.

11 D 대학 신입생들을 대상으로 수면 시간을 조사하여 다음의 데이터를 얻었다. 데이터는 정규분포를 따른다고 한다.

5.6	7.8	6.5	7.2	6.9	7.3	5.8	7.5	8.2	7.8

(a) 평균 수면 시간을 추정하시오.
(b) 평균 수면 시간의 95% 신뢰구간을 추정하시오.
(c) 수면 시간의 분산, 편차와 범위를 추정하시오.
(d) 상자그림을 그리시오.

CHAPTER

06

이변량 데이터

6.1 범주형 데이터의 이원분할표
6.2 상관계수
6.3 상관계수에 대한 해석

6.1 범주형 데이터의 이원분할표

5.1 절에서는 한 개 범주형 변수가 있는 경우를 다루었고 이 절에서는 범주형 변수가 두 개인 경우의 문제를 고려하고자 한다.

부모의 안전벨트 착용 여부와 아이의 안전벨트 착용 여부를 조사한 빈도 데이터이다. <표 6.1>은 두 개 범주형 변수의 이원분할표이다.

표 6.1 부모와 아이의 안전벨트 착용 여부

부모 안전벨트 착용 여부	아이 안전벨트 착용 여부 착용	 착용 안함
착용	54	7
착용 안함	3	12

<표 6.1>과 같이 이원분할표 형태로 데이터를 입력하고자 할 경우 matrix(), rbind() 또는 cbind()를 사용하여 만들 수 있다.

```
> matrix(c(54, 3, 7, 12), nc = 2)
     [,1] [,2]
[1,]   54    7
[2,]    3   12
> rbind(c(54,7), c(3,12))
     [,1] [,2]
[1,]   54    7
[2,]    3   12
> cbind(c(54,3), c(7,12))
     [,1] [,2]
[1,]   54    7
[2,]    3   12
```

행렬에 이름을 주고자 할 때 rownames()와 colnames()를 사용한다. 행렬 x의 각 행에 "p.buckled", "p.unbuckled" 이름을 주고, 각 열에는 "c.buckled", "c.unbuckled" 이름을 주고자 한다.

```
> x= matrix(c(54, 3, 7, 12), nc = 2)
> rownames(x)=c("p.buckled", "p.unbuckled")
> colnames(x)=c("c.buckled", "c.unbuckled")
> x
```

```
           c.buckled c.unbuckled
p.buckled         54           7
p.unbuckled        3          12
```

주변분포를 구하고자 할 경우에는 margin.table()을 이용한다.

```
> margin.table(x,1)    # row sum is for parents (row marginals)
  p.buckled p.unbuckled
         61          15
> margin.table(x,2)   # column sum is for children (column marginals)
  c.buckled c.unbuckled
         57          19
```

또는 rowSums(), colSums() 함수를 이용해 행합과 열합을 구한다.

```
> colSums(x)
  c.buckled c.unbuckled
         57          19
> rowSums(x)
  p.buckled p.unbuckled
         61          15
```

이원분할표에 주변빈도를 포함시키고자 할 경우에는 addmargins()를 이용한다.

```
> addmargins(x)
           c.buckled c.unbuckled Sum
p.buckled         54           7  61
p.unbuckled        3          12  15
Sum               57          19  76
```

전체도수에 대한 각 칸의 도수 비율을 구하고자 할 때는 prop.table()을 이용한다.

```
> prop.table(x)
             c.buckled c.unbuckled
p.buckled   0.71052632  0.09210526
p.unbuckled 0.03947368  0.15789474
```

막대그래프로 행과 열의 빈도비교를 할 경우 barplot()을 쓴다. beside=TRUE 옵션을 쓰면 막대를 옆으로 나란히 그린다.

```
> par(mfrow=c(1,2))
```

```
> barplot(x, main="child seat-belt usage")            # <그림 6.1>
> barplot(x, main="child seat-belt usage", legend.text=T, beside=TRUE)
                                                        # <그림 6.2>
```

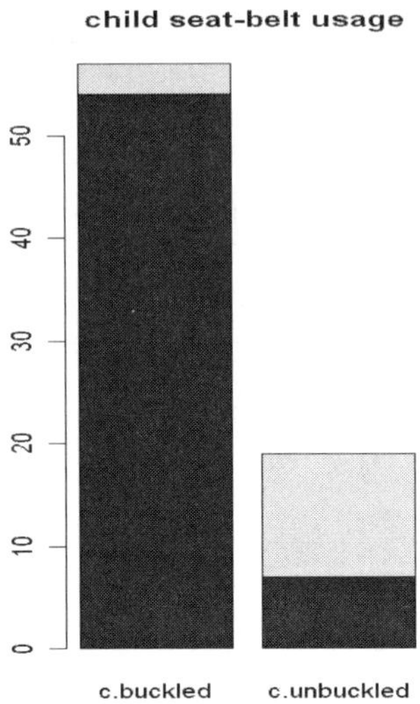

그림 6.1 쌓은 막대그래프

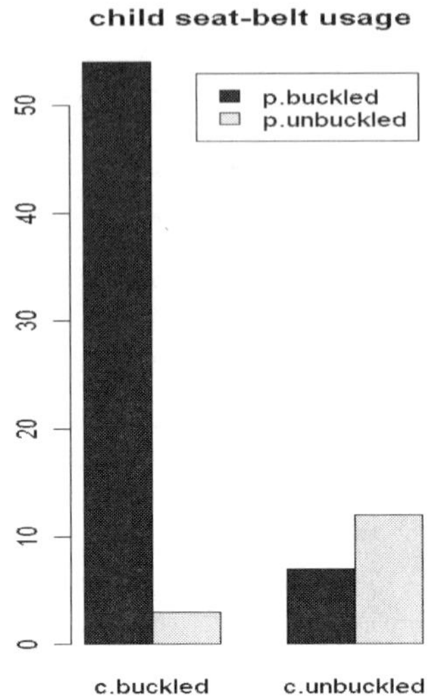

그림 6.2 나란한 막대그래프

예 6.1 다음은 니코틴 중독환자들을 대상으로 일정기간 실험 후 얻은 데이터이다. 빈도로 정리된 데이터를 만들고자 한다.

표 6.2 니코틴 중독환자 데이터

환자번호 patient	니코틴 패치 사용 여부 nicotin	금연 여부 stopsmoke
1	Y	Y
2	Y	Y
3	Y	N
4	Y	N
5	Y	Y
6	N	Y
7	N	N
8	N	N
9	N	N
10	N	N

```
> nico=read.csv(file="c:/RR/nicotin.csv", sep=",", header=T)
> attach(nico)
> y=table(nicotin, stopsmoke)
> prop.table(y)
        stopsmoke
```

```
nicotin   N   Y
      N 0.4 0.1
      Y 0.2 0.3
> detach(nico)
```

6.2 상관계수

이변량(bivariate) 데이터 $(X_1, Y_1), (X_2, Y_2), \cdots, (X_n, Y_n)$에 대해 상관성 문제를 고려하고자 한다. 두 개의 연속형(숫자형) 변수간의 선형 상관관계를 구해 두 변수간의 관련성을 추정할 수 있다.

Pearson 상관계수(correlation coefficient)는

$$r = \widehat{cor}(X, Y) = \frac{\sum_{i=1}^{n}(X_i - \overline{X})(Y_i - \overline{Y})}{\sqrt{\sum_{i=1}^{n}(X_i - \overline{X})^2 (Y_i - \overline{Y})^2}} = \frac{1}{n-1}\sum_{i=1}^{n}\left(\frac{X_i - \overline{X}}{s_X}\right)\left(\frac{Y_i - \overline{Y}}{s_Y}\right)$$

여기서

$$\overline{X} = \frac{1}{n}\sum_{i=1}^{n} X_i, \qquad \overline{Y} = \frac{1}{n}\sum_{i=1}^{n} Y_i$$

$$s_X = \sqrt{\frac{1}{n-1}\sum_{i=1}^{n}(X_i - \overline{X})^2}, \qquad s_Y = \sqrt{\frac{1}{n-1}\sum_{i=1}^{n}(Y_i - \overline{Y})^2}$$

이다.

$-1 \le r \le 1$이며 상관계수 값이 0에 가까울수록 상관성이 없고 1에 가까울수록 강한 양의 상관성, -1에 가까울수록 강한 음의 상관성을 갖는다.

데이터의 순위를 구한 후 순위들의 상관계수를 구할 수 있다.

$R_i : \{X_1, \ldots, X_n\}$ 중 X_i 의 순위

$T_i : \{Y_1, \ldots, Y_n\}$ 중 Y_i 의 순위

라고 하자.

Spearman 상관계수는

$$r_S = \frac{\sum_{i=1}^{n}(R_i - \overline{R})(T_i - \overline{T})}{\sqrt{\sum_{i=1}^{n}(R_i - \overline{R})^2 (T_i - \overline{T})^2}} = \frac{1}{n-1}\sum_{i=1}^{n}\left(\frac{R_i - \overline{R}}{s_R}\right)\left(\frac{T_i - \overline{T}}{s_T}\right)$$

여기서

$$\overline{R} = \frac{1}{n}\sum R_i, \qquad \overline{T} = \frac{1}{n}\sum T_i$$

$$s_R = \sqrt{\frac{1}{n-1}\sum(R_i - \overline{R})^2}, \qquad s_T = \sqrt{\frac{1}{n-1}\sum(T_i - \overline{T})^2}$$

이다.

$-1 \le r_S \le 1$이며 상관계수 값이 0에 가까울수록 상관성이 없고 1에 가까울수록 강한 양의 순위상관성, −1에 가까울수록 강한 음의 순위상관성을 갖는다.

R에서 상관계수를 계산하기 위해서는 `cor()` 함수를 사용한다.

예 6.2 <표 6.3>은 15명의 남자 어른들에 대해 기계와 간호사가 잰 혈압이다. 우선 각 행과 열 별로 평균을 구한다. 그리고 두 측정 혈압간의 Pearson 상관계수와 Spearman 순위상관계수를 구하고자 한다. 데이터는 `c:/RR/blood.txt` 파일에 저장되어 있다.

표 6.3 측정 혈압 데이터

id	machine	expert
1	68	72
2	82	84
3	94	89
4	106	100
5	92	97
6	80	88
7	76	84
8	74	70
9	110	103
10	93	84
11	86	86
12	65	63
13	74	69
14	84	87
15	100	93

```
> blood=read.table("c:/RR/blood.txt", header=TRUE)
> attach(blood)
```

행평균 즉 각 남자 어른의 혈압 평균을 구하기 위해 `rowMeans()`를 적용한다.

```
> rowMeans(blood[, 2:3])
 [1]  70.0  83.0  91.5 103.0  94.5  84.0  80.0  72.0 106.5
[10]  88.5  86.0  64.0  71.5  85.5  96.5
```

열평균 즉 기계측정평균, 간호사측정평균을 구하기 위해 colMeans()를 적용한다.

```
> colMeans(blood[, 2:3])
machine  expert
   85.6    84.6
```

기계, 간호사 측정값간의 Pearson 상관계수를 구하기 위해 cor()을 사용한다.

```
> cor(machine, expert)
[1] 0.90686
```

기계, 간호사 측정값의 비교를 위해 산점도와 각각의 상자그림과 확률밀도함수 그림을 그려보자.

```
> plot(machine, expert, main="blood pressure measurement")
                                                    # <그림 6.3>
> par(mfrow=c(1,2))
> boxplot(machine, expert, names=c("machine", "expert"))
                                                    # <그림 6.4>
> plot(density(machine), ylim=c(0,0.04), main="density plots")
                                                    # <그림 6.5>
> lines(density(expert), lty=2)
```

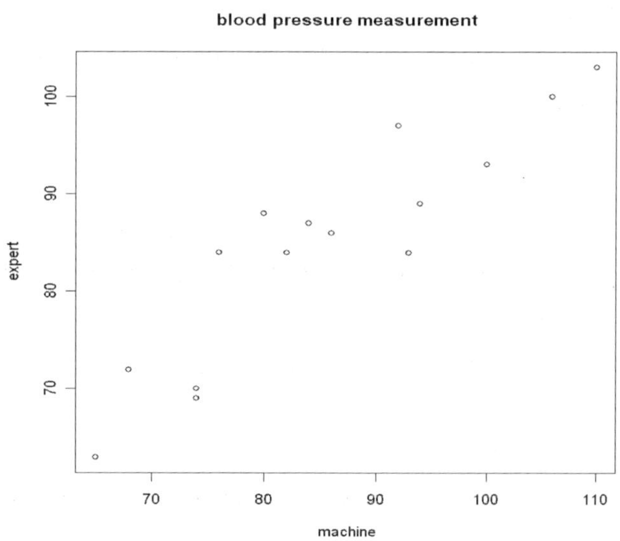

그림 6.3 기계와 간호사 측정 혈압 산점도

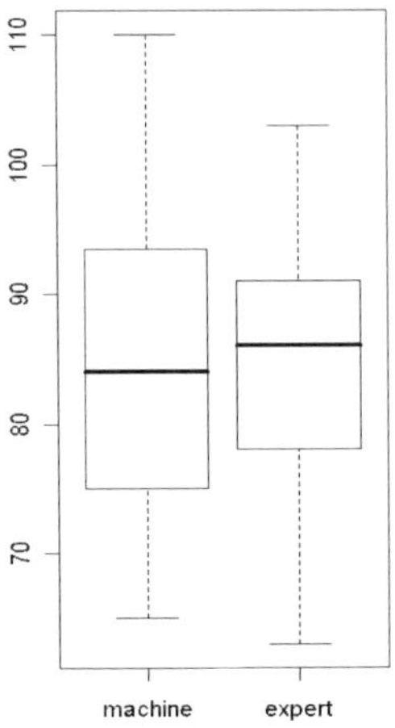

그림 6.4 측정 혈압 상자그림

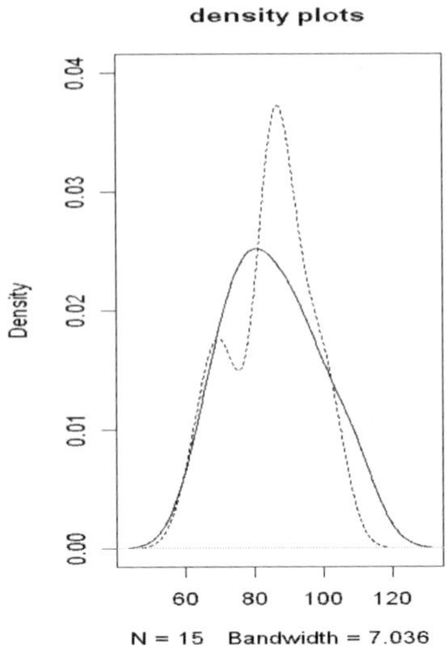

그림 6.5 확률밀도함수 그림

데이터의 순위를 구한 후 순위들의 상관계수를 구할 수 있다. Spearman 순위상관계수를 구하려면 옵션으로 method="spearman"을 쓴다.

```
> cor(machine, expert, method = "spearman")   # Spearman 순위상관계수
[1] 0.8878956
```

상관관계에 대한 통계적 가설을 고려하고자 한다.

H_0 : 두 변수간의 Pearson 상관계수가 0이다.

에 대해

H_1 : 두 변수간의 Pearson 상관계수가 0이 아니다.

검정통계량

$$t = r\sqrt{\frac{n-2}{1-r^2}}$$

은 귀무가설 하에서 자유도 $df = n-2$ 인 t-분포를 따른다.

cor.test()를 이용하여 위 가설에 대한 검정을 할 수 있다.

```
> cor.test(machine, expert)
        Pearson's product-moment correlation
data:  machine and expert
t = 7.7586, df = 13, p-value = 3.122e-06
alternative hypothesis: true correlation is not equal to 0
95 percent confidence interval:
 0.7369457 0.9689817
sample estimates:
    cor
0.90686
```

상관성에 대한 검정 결과 $p-$값 $=3.122\times10^{-6}<0.05$으로 유의수준 5%에서 H_0를 기각한다. 즉 기계, 간호사의 혈압 측정값간의 상관관계가 유의하다.

예 6.3 산점도에 주변분포 히스토그램을 같이 그려 보자.

이러한 그래프를 그리기 위해 산점도, 히스토그램과 그래프 조절 변수 등을 통한 프로그램을 다음과 같이 만들 수 있다. 결과로 <그림 6.6>에서는 이변량 산점도와 더불어 주변 분포를 동시에 볼 수 있다.

```
x = machine ; y = expert     # 데이터
zones = matrix(c(2,0,1,3), ncol=2, byrow=TRUE)
layout(zones,widths=c(2/3,1/3), heights=c(1/3,2/3))
xhist = hist(x, plot=FALSE)
yhist = hist(y, plot=FALSE)
top = max(c(xhist$counts, yhist$counts))
 xrange = c(min(x),max(x))  ;   yrange =c(min(y),max(y))
par(mar=c(6,6,1,1))          # <그림 6.6>
 plot(x, y, xlim=xrange, ylim=yrange)
par(mar=c(0,6,1,1))
barplot(xhist$counts,axes=FALSE,ylim=c(0, top),space=0, col="green")
  title("Scatterplot with marginal histograms")
par(mar=c(6,0,1,1))
barplot(yhist$counts, axes=FALSE, xlim=c(0, top), space=0,
        horiz=TRUE, col="yellow")
```

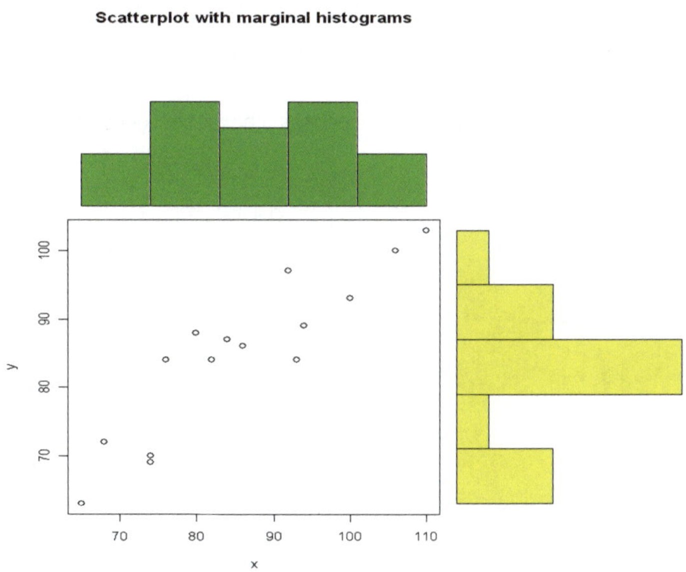

그림 6.6 혈압 데이터에 대한 주변 히스토그램을 포함한 산점도

이변량 데이터의 경우 두 변수간의 관계에 대해 관심 있는 경우 두 변수간의 관계식은 회귀분석을 통해 찾을 수 있으며 9장에서 다루기로 한다.

예 6.4 다음의 신체 데이터에 대해 Pearson 상관계수와 산점도를 구해 보자.

표 6.4 신체 데이터

id	age	weight	height	gender
1	58	38	38	M
2	103	87	43	M
3	87	50	48	M
4	138	98	61	M
5	82	47	47	F
6	52	30	24	F
7	28	24	29	M
8	79	45	48	F
9	107	144	59	M
10	45	24	24	M
11	58	40	40	F
12	6	15	27	M
13	7	20	26	F
14	3	10	29	F
15	8	19	29	F

```
> kid=read.table("c:/RR/kid.height.txt", header=TRUE)
> attach(kid)
> cor(height, weight)
[1] 0.8448334
```

Pearson 상관계수 값은 0.845로 키와 몸무게의 상관관계가 높은 편이다. 키와 몸무게의 산점도인 <그림 6.7>을 보면 키와 몸무게 사이에 양의 선형관계가 있어 보인다.

```
> plot(height, weight, pch=as.character(gender))    # <그림 6.7>
```

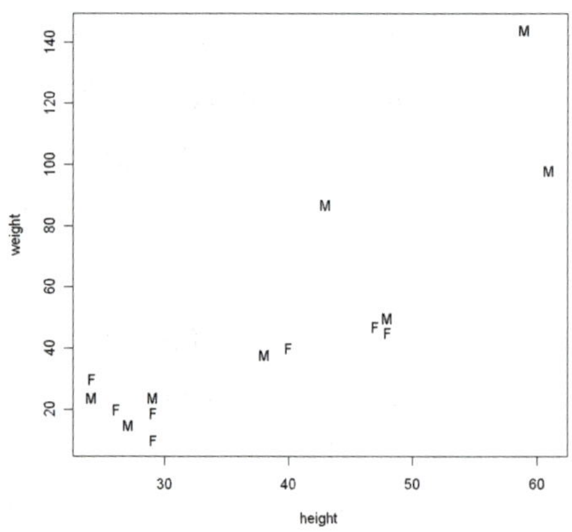

그림 6.7 성별이 표시된 산점도

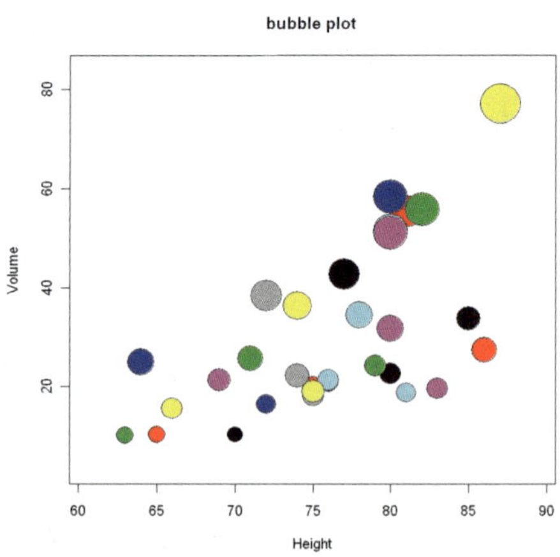

그림 6.8 크기 다른 원으로 그린 산점도

예 6.5 data(trees)를 이용하여 bubble plot을 그려 보자. Girth 값에 따라 표시되는 원의 크기를 다르게 한다.

```
data(trees)
attach(trees)
N = nrow(trees)              # <그림 6.8>
with(trees, {
   symbols(Height, Volume, circles=Girth/16, inches=FALSE, bg = 1:N,
   main="bubble plot ")
   palette("default")
})
```

6.3 상관계수에 대한 해석

연속형 두 개 변수 X, Y에 대한 산점도를 그렸을 때 상관성의 방향은 <그림 6.9>에서 양, 음 상관성과 무상관성의 경향을 보여준다. 상관관계(−1.0~1.0) 값의 해석은 <표 6.5>에 정리한다.

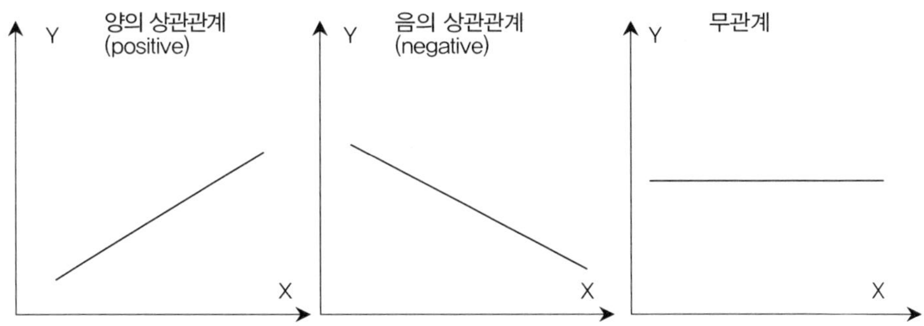

그림 6.9 두 변수 X, Y 상관관계의 방향성

표 6.5 상관계수에 대한 일반적인 해석

상관계수의 절댓값	의미	interpretation
0.9 ~ 1.0	매우 높은 편. 강한 양(음) 상관성	very high positive(negative)
0.7 ~ 0.9	상당히 높은 편, 뚜렷한 상관성	high
0.5 ~ 0.7	비교적 높은 편	moderate
0.1 ~ 0.3	약한 상관성	low
0.0 ~ 0.1	상관성 거의 없는 편	negligible

연습문제

01 다음은 턱 뼈 골절 환자들을 대상으로 골절 종류와 혈액임파구수를 조사한 데이터이다.

gender: 환자 성별 (1=male, 2=female)

fracture : 골절 종류 (1=one compound fracture,
2=two compound fracture, 3=one simple fracture)

age : 환자 나이

blood : 혈액임파구수

표 6.5 골절 데이터

gender	fracture	age	blood
1	1	42	35
1	1	42	43
1	1	38	35
1	1	35	33
1	1	25	31
1	1	46	36
1	2	37	27
1	2	45	28
1	2	17	30
1	2	24	31
2	2	35	39
2	2	67	34
2	2	49	37
2	2	50	29
2	2	55	35
2	2	34	39
2	2	46	29
2	3	54	43
2	3	45	30
2	3	22	52
2	3	45	51
2	3	37	48

(a) 환자 성별과 골절 종류의 빈도표를 만드시오.
(b) 환자 성별로 혈액임파구수 평균을 구하시오.
(c) 골절 종류별로 혈액임파구수 평균을 구하시오.
(d) 환자 나이와 혈액임파구수 간의 Pearson 상관계수를 구하시오.
(e) 환자 나이와 혈액임파구수 간의 Spearman 상관계수를 구하시오.
(f) 한 개의 그래프 평면 안에 골절 종류별로 혈액임파구수의 상자그림을 그리시오.
(g) 한 개의 그래프 평면 안에 환자 성별로 혈액임파구수의 상자그림을 그리시오.
(h) 환자 나이와 혈액임파구수 간의 산점도에 점이 골절종류를 나타내도록 그리시오.
(i) 환자 나이와 혈액임파구수 간의 산점도에 점이 환자 성별을 나타내도록 그리시오.

02 〈표 2.1〉의 데이터를 이용하여

(a) 빈도표를 만드시오.
(b) 비율표를 만드시오.
(c) 주변 빈도표를 만드시오.
(d) 투표대상별로 이념 성향에 대한 막대그래프를 그리고 비교하시오.

03 일정기간 강습 후 부부의 볼링 점수간에 연관성이 있는지 조사하기 위해 5명의 부부들이 시합한 결과 다음의 점수표를 얻었다. (X, Y)는 이변량 연속분포를 따른다고 할 수 있다.

	1	2	3	4	5
남편점수 (X)	147	158	131	142	180
아내점수 (Y)	122	128	125	123	115

(a) 남편과 아내의 볼링 점수간에 Pearson 상관계수를 구하고 해석하시오.
(b) 남편과 아내의 볼링 점수간에 Spearman 상관계수를 구하고 해석하시오.
(c) 남편과 아내의 볼링 점수에 대해 2개의 상자그림을 그리고 비교하시오.

04 다음은 지난 1년 동안 A 학과의 각 학년별 학과행사 참석 여부를 조사한 데이터이다.

	1	2	3	4
참석	40	30	35	20
불참	20	30	45	40

(a) 학년별로 참석 비율과 불참 비율을 구하고 학년별로 막대그래프를 그리시오.
(b) 전체 데이터에 대해 참석 비율과 불참 비율을 구하고 막대그래프를 그리시오.

05 당뇨병(diabetes) 환자의 특성 비교를 위해 환자들로부터 관련 변수를 측정하여 다음의 데이터를 얻었다.

$Y_1 =$ 상대 무게(relative weight)

$Y_2 =$ 공복시 혈당(fasting plasma glucose)

$X_1 =$ 글루코오즈 한계량(glucose intolerance)

$X_2 =$ 인슐린 반응성(insulin response to oral glucose)

$X_3 =$ 인슐린 저항성(insulin resistance)

표 6.6 당뇨병 환자의 자료

환자번호	Y_1	Y_2	X_1	X_2	X_3
1	0.81	80	356	124	55
2	0.95	97	289	117	76
3	0.94	105	319	143	105
4	1.04	90	356	199	108
5	1.00	90	323	240	143
6	0.76	86	381	157	165
7	0.91	100	350	221	119
8	1.10	85	301	186	105
9	0.99	97	379	142	98
10	0.78	97	296	131	94
11	0.90	91	353	221	53
12	0.73	87	306	178	66
13	0.96	78	290	136	142
14	0.84	90	371	200	93
15	0.74	86	312	208	68
16	0.98	80	393	202	102
17	1.10	90	364	152	76
18	0.85	99	359	185	37
19	0.83	85	296	116	60
20	0.93	90	345	123	50
21	0.95	90	378	136	47
22	0.74	88	304	134	50
23	0.95	95	347	184	91

(a) Y_1과 Y_2의 Pearson 상관계수를 구하고 해석하시오.

(b) X_1과 Y_2의 Pearson 상관계수를 구하고 해석하시오.

(c) 유의수준 5%에서 X_1과 Y_2의 상관성에 대한 검정을 하시오.

(d) Y_2가 90 이상인 빈도수와 90 미만인 빈도수를 구하고 파이그림을 그리시오.

(e) Y_1과 Y_2의 산점도를 그리시오.

(f) X_1과 Y_2의 산점도를 그리시오.

(g) 5개 변수간의 이변량 상관계수를 구하고 상관계수가 가장 높은 변수쌍과 상관계수값을 구하시오.

CHAPTER

07

유의성 검정

7.1 통계적 가설검정

7.2 일집단 t-검정

7.3 이집단 t-검정

7.4 이집단 분산비 F-검정

7.5 짝지어진 표본에 대한 t-검정

7.6 일집단 비율에 대한 검정

7.7 이집단 비율에 대한 검정

7.8 유의성 검정법에 대한 정리

7.9 위치모수에 대한 비모수적 방법

통계적 가설검정(statistical hypothese test) 또는 유의성 검정(significance test)은 통계적 추론의 대표적인 방법 중의 하나이다. 관심 있는 가설에 대해 표본에 근거하여 검정통계량과 p-값(p-value, significance probability, 유의확률)을 계산한 후 통계적 결정을 내린다.

7.1 통계적 가설검정

통계적 가설검정(statistical hypotheses testing)은 데이터에 근거하여 실험자가 주장하고 싶은 가설의 옳고 그름을 판정하는 통계적 절차이다. 귀무가설(null hypothesis)과 대립가설(alternative hypothesis)의 두 가설을 세우고 데이터에 포함된 정보를 이용하여 어느 한 가설을 받아들이는 결론을 취한다. 일반적으로 귀무가설은 H_0, 대립가설은 H_1으로 표기하며 실험자가 새롭게 주장하려는 바는 대부분의 경우 대립가설에 놓는다. 검정통계량을 계산하여 귀무가설을 기각(reject)하거나 채택(accept)한다.

표 7.1 제1종 오류와 제2종 오류

통계적 결정	귀무가설 H_0	
	참	거짓
H_0를 기각함	제1종 오류(type I error) α	옳은 결정 $1-\beta$
H_0를 채택함	옳은 결정 $1-\alpha$	제2종 오류(type II error) β

여기서

$$\alpha = \text{P[제1종 오류]} = \text{P[}H_0\text{가 참일 때 }H_0\text{를 기각]}$$

$$\beta = \text{P[제2종 오류]} = \text{P[}H_0\text{가 거짓일 때 }H_0\text{를 채택]}$$

$$1-\beta = \text{P[}H_0\text{가 거짓일 때 }H_0\text{를 기각]} = \text{검정력(power)}$$

이다.

α, β 오류의 두 확률을 동시에 작게 만들 수 없으므로 α를 0.10, 0.05, 0.01 등으로 고정시킨 다음 β를 최소화하도록 가설검정법을 만들게 된다. 이때의 α를 유의수준(significance level)이라고 하며 제1종 오류를 범할 확률의 최대 허용값이 된다. 유의수준을 다양하게 선택할 수 있으나 일반적으로 $\alpha = 0.05$이나 $\alpha = 0.01$을 선택한다. 대부분의 통계 소프트웨어에서는 유의확률을 출력하여 실험자가 선택한 유의수준에서 결과를 판정할 수 있도록 한다. 유의확률은 주어진 데이터로 검정통계량을 계산했을 때 귀무가설을 기각할 수 있는 유의수준을 나타낸다. 유의확률이 유의수준보다 작으면 귀무가설을 기각할 수 있다. 그러므로 유의확률(p-값)이 작을수록 귀무가설을 기각할 가능성이

커진다고 할 수 있다.

R에서는 다양한 검정 함수를 포함하고 있으며 가설검정 결과 p-값에 대해 <표 7.2>와 같이 별(*) 표시로 유의성에 대해 표시한다.

표 7.2 p-값 범위와 유의수준 설명

p-값 범위	R 결과에서 별 표시	일반적 설명
[0, .001]	***	극단적으로 유의함 (extremely significant)
(.001, .01]	**	매우 유의함 (highly significant)
(.01, .05]	*	통계적으로 유의함 (statistically significant)
(.05, .10]	.	유의할 수 있음 (could be significant)
(.10, 1.0]		유의하지 않음 (not significant)

7.2 일집단 t-검정

7.2.1 소표본 $(n < 30)$이며 모분산 σ^2을 모르는 경우

일변량 확률표본 $X_1, X_2, \cdots, X_n$이 서로 독립이며 평균 μ_0, 분산 σ^2인 정규분포 $N(\mu_0, \sigma^2)$를 따른다고 하자. 확률표본 $X_1, \cdots, X_n$에 대해 특정한 모평균에 대한 가설검정을 하기 위한 검정통계량

$$t = \frac{\overline{X} - \mu_0}{s/\sqrt{n}}$$

은 H_0 하에서 t_{n-1} 분포를 따른다. 여기서 $\overline{X}$ 는 표본평균, s는 표본표준편차이다. 모평균에 관한 가설들에 대해 검정법은 다음과 같다.

(i) $H_0 : \mu = \mu_0$에 대해 $H_1 : \mu \neq \mu_0$ (양측 검정: two-sided test)
유의수준 α에서 검정법은 $|t| \geq t_{n-1}(\alpha/2)$이면 H_0를 기각한다.

(ii) $H_0 : \mu = \mu_0$에 대해 $H_1 : \mu > \mu_0$ (단측 검정: one-sided test)
유의수준 α에서 검정법은 $t \geq t_{n-1}(\alpha)$이면 H_0를 기각한다.

(iii) $H_0 : \mu = \mu_0$에 대해 $H_1 : \mu < \mu_0$
유의수준 α에서 검정법은 $t \leq -t_{n-1}(\alpha)$이면 H_0를 기각한다.

여기서 $t_{n-1}(\alpha)$는 자유도가 $n-1$인 t 분포를 따르는 확률변수 T에 대해 $P(T \geq t_{n-1}(\alpha)) = \alpha$를 만족하는 값이다.

R에서는 `t.test()`를 이용해 t-검정을 수행한다.

예 7.1 다음은 암컷 원숭이의 몸무게를 조사한 자료이다(단위 kg). 원숭이 몸무게는 정규분포를 따른다고 할 수 있다고 한다.

8.30 9.50 9.60 8.75 8.40 9.10 8.15 8.80

(a) 암컷 원숭이의 평균 몸무게가 8.5kg이라고 할 수 있는지 검정하고자 한다.

(1) 통계적 가설

$H_0 : \mu = 8.5$ 에 대해 $H_1 : \mu \neq 8.5$

(2) t.test()를 이용한 일집단 양측 t-검정(one sample t-test)

```
> x=c( 8.30,  9.50,  9.60,  8.75,  8.40, 9.10,  8.15,  8.80)
> t.test(x, mu=8.5)
        One Sample t-test
data:  x
t = 1.6986, df = 7, p-value = 0.1332
alternative hypothesis: true mean is not equal to 8.5
95 percent confidence interval:
 8.372577 9.277423
sample estimates:
mean of x
    8.825
```

(3) 결론

$p-$값 $= 0.1332 > \alpha = 0.05$으로 H_0를 기각하지 못한다. 유의수준 5%에서 암컷 원숭이의 평균 몸무게가 8.5kg이 아니라고 할 수 있는 통계적 근거가 없다. 모평균 추정값은 8.825이고 모평균에 대한 95% 신뢰구간은 (8.372577, 9.277423) 이다.

(b) 암컷 원숭이의 평균 몸무게가 8.5kg보다 크다고 주장할 수 있는지 검정하고자 한다.

(1) 통계적 가설

$H_0 : \mu \leq 8.5$ 에 대해 $H_1 : \mu > 8.5$

(2) t.test()를 이용한 일집단 단측 t-검정(one sample t-test)

```
> x=c( 8.30,  9.50,  9.60,  8.75,  8.40, 9.10,  8.15,  8.80)
> t.test(x, mu=8.5, alt="greater")
        One Sample t-test
data:  x
t = 1.6986, df = 7, p-value = 0.0666
alternative hypothesis: true mean is greater than 8.5
95 percent confidence interval:
```

```
 8.46251      Inf
sample estimates:
mean of x
    8.825
```

(3) 결론

$p-$값 $=0.0666>\alpha=0.05$이므로 H_0를 기각하지 못한다. 유의수준 5%에서 암컷 원숭이의 평균 몸무게가 8.5kg 보다 크다고 주장할 수 있는 통계적 근거가 없다. 모평균 추정값은 8.825이고 가설검정 방향에 대한 모평균의 95% 신뢰구간은 $(8.46251,\infty)$ 이다.

(c) 암컷 원숭이의 평균 몸무게가 8.5kg보다 작다고 주장할 수 있는지 검정하고자 한다.

(1) 통계적 가설

$H_0:\mu\geq 8.5$ 에 대해 $H_1:\mu<8.5$

(2) t.test()를 이용한 일집단 단측 t-검정(one sample t-test)

```
> t.test(x, mu=8.5, alt="less")

        One Sample t-test

data:  x
t = 1.6986, df = 7, p-value = 0.9334
alternative hypothesis: true mean is less than 8.5
95 percent confidence interval:
    -Inf 9.18749
sample estimates:
mean of x
    8.825
```

(3) 결론

$p-$값 $=0.9334>\alpha=0.05$이므로 H_0를 기각하지 못한다. 유의수준 5%에서 암컷 원숭이의 평균 몸무게가 8.5kg보다 작다고 주장할 수 있는 통계적 근거가 없다. 모평균 추정값은 8.825이고 가설검정 방향에 대한 모평균의 95% 신뢰구간은 $(-\infty,9.18749)$이다.

7.2.2 모분산 σ^2을 아는 경우

일변량 확률표본 $X_1,X_2,\cdots,X_n$이 서로 독립이며 평균 μ_0, 분산 σ^2인 정규분포 $N(\mu_0,\sigma^2)$를 따를 때, 확률표본 $X_1,\cdots,X_n$에 대해 특정한 모평균에 대한 가설검정을 하기 위한 검정통계량

$$Z = \frac{\overline{X} - \mu_0}{\sigma / \sqrt{n}}$$

은 H_0 하에서 표준정규분포를 따르며 모평균에 관한 가설들에 대해 검정법은 다음과 같다.

(i) H_0 : $\mu = \mu_0$에 대해 H_1 : $\mu \neq \mu_0$

유의수준 α에서 검정법은 $|Z| \geq z(\alpha/2)$이면 H_0를 기각한다.

(ii) H_0 : $\mu = \mu_0$에 대해 H_1 : $\mu > \mu_0$

유의수준 α에서 검정법은 $Z \geq z(\alpha)$이면 H_0를 기각한다.

(iii) H_0 : $\mu = \mu_0$에 대해 H_1 : $\mu < \mu_0$

유의수준 α에서 검정법은 $Z \leq -z(\alpha)$이면 H_0를 기각한다.

여기서 $z(\alpha)$는 표준정규분포 $N(0,1)$를 따르는 확률변수 Z에 대해 $P(Z \geq z(\alpha)) = \alpha$를 만족하는 값이다.

예 7.2 다음은 암컷 원숭이의 몸무게를 조사한 자료이다(단위 kg). 원숭이 몸무게는 분산이 1.0인 정규분포를 따른다고 한다. 암컷 원숭이의 평균 몸무게가 8.5kg 이라고 할 수 있는지 검정하고자 한다.

8.30 9.50 9.60 8.75 8.40 9.10 8.15 8.80

(1) 통계적 가설

$H_0 : \mu = 8.5$에 대해 $H_1 : \mu \neq 8.5$

(2) z-검정

```
> x=c( 8.30,  9.50,  9.60, 8.75, 8.40, 9.10, 8.15, 8.80)
> z= (mean(x)-8.5 )/(1/sqrt(8))
> pz=pnorm(z, 0, 1)
```

\# $z > 0$일 경우, 양측검정에 대한 p-value= $2 \times P(Z \geq z)$

\# $z < 0$일 경우, 양측검정에 대한 p-value= $2 \times P(Z \leq z)$

\# z의 부호에 상관없이 양측검정에 대한 p-value= $2 \times P(Z \leq -|z|) = 2 \times P(Z \geq |z|)$

```
> pvalue=2* pnorm(-abs(z))
```

또는

```
> pvalue= 2* pnorm(abs(z), lower.tail=FALSE)
> pvalue
[1] 0.3579707
```

(3) 결론

$p-$값 $=0.3579>\alpha=0.05$이므로 H_0를 기각하지 못한다. 유의수준 5%에서 암컷 원숭이의 평균 몸무게가 8.5kg이 아니라고 할 수 있는 통계적 근거가 없다.

UsingR 패키지를 인스톨하고 패키지 내장함수 simple.z.test()를 이용하면 원하는 신뢰수준의 신뢰구간을 얻을 수 있다.

```
> library(UsingR)
> mean(x)
[1] 8.825
>  simple.z.test(x,1.0, conf.level=0.95)
[1] 8.132048 9.517952
```

정규분포를 이용한 모평균의 95% 신뢰구간은 (8.132048, 9.517952)이다. 모평균의 신뢰구간을 고려하여 모평균에 대한 가설검정을 할 수 있다. $\mu_0=8.5$가 신뢰구간에 포함되므로 즉 $8.5\in(8.132, 9.517)$이므로 유의수준 5%에서 H_0를 기각하지 못한다.

7.3 이집단 t-검정

7.3.1 일변량 표본으로 소표본($n<30$)에서 모분산을 모르며 $\sigma_1^2=\sigma_2^2=\sigma^2$인 경우

두 개의 모집단으로부터 서로 독립인 확률표본을 얻은 경우 모평균의 비교문제를 고려하고자 한다. 관련 모수와 추정통계량을 <표 7.3>과 같이 정리할 수 있다.

표 7.3 두 개의 집단으로부터 얻어진 일변량의 표본 정보

	모집단 1	모집단 2
모평균	μ_1	μ_2
모분산	σ_1^2	σ_2^2
확률표본	$X_{11}, X_{12}, \ldots, X_{1n_1}$	$X_{21}, X_{22}, \ldots, X_{2n_2}$
표본평균	$\overline{X_1}=\dfrac{\sum_{i=1}^{n_1} X_{1i}}{n_1}$	$\overline{X_2}=\dfrac{\sum_{i=1}^{n_2} X_{2i}}{n_2}$
표본분산	$s_1^2=\dfrac{\sum_{i=1}^{n_1}(X_{1i}-\overline{X_1})^2}{n_1-1}$	$s_2^2=\dfrac{\sum_{i=1}^{n_2}(X_{2i}-\overline{X_2})^2}{n_2-1}$

두 집단의 분산이 같으므로 합동분산추정량(pooled variance estimator)

$$s_p^2 = \frac{(n_1-1)s_1^2+(n_2-1)s_2^2}{n_1+n_2-2}$$

을 사용한다. 검정통계량

$$t = \frac{(\overline{X_1} - \overline{X_2}) - \delta_0}{s_p\sqrt{\dfrac{1}{n_1}+\dfrac{1}{n_2}}}$$

은 H_0 하에서 $t_{n_1+n_2-2}$ 분포를 따르며 두 집단 모평균에 관한 다음의 가설들에 대해 검정법은 다음과 같다.

(i) $H_0 : \mu_1 - \mu_2 = \delta_0$ 에 대해 $H_1 : \mu_1 - \mu_2 \neq \delta_0$

유의수준 α에서 검정법은 $|t| \geq t_{n_1+n_2-2}(\alpha/2)$이면 H_0를 기각한다.

(ii) $H_0 : \mu_1 - \mu_2 \leq \delta_0$ 에 대해 $H_1 : \mu_1 - \mu_2 > \delta_0$

유의수준 α에서 검정법은 $t \geq t_{n_1+n_2-2}(\alpha)$이면 H_0를 기각한다.

(iii) $H_0 : \mu_1 - \mu_2 \geq \delta_0$ 에 대해 $H_1 : \mu_1 - \mu_2 < \delta_0$

유의수준 α에서 검정법은 $t \leq -t_{n_1+n_2-2}(\alpha)$이면 H_0를 기각한다.

$\mu_1 - \mu_2 = \delta$에 대한 $100(1-\alpha)\%$ 신뢰구간은 :

$$\left[\overline{X_1} - \overline{X_2} \pm t_{n_1+n_2-2}(\alpha/2) \times s_p\sqrt{\frac{1}{n_1}+\frac{1}{n_2}}\right].$$

7.3.2 일변량 표본으로 소표본$(n < 30)$에서 모분산을 모르며 $\sigma_1^2 \neq \sigma_2^2$ 인 경우

검정통계량

$$t = \frac{\overline{X_1} - \overline{X_2} - \delta_0}{\sqrt{\dfrac{s_1^2}{n_1}+\dfrac{s_2^2}{n_2}}}$$

은 H_0 하에서 Satterthwaite 근사에 의해 자유도

$$df = \frac{\left[\frac{s_1^2}{n_1} + \frac{s_2^2}{n_2}\right]^2}{\frac{\{s_1^2/n_1\}^2}{n_1 - 1} + \frac{\{s_2^2/n_2\}^2}{n_2 - 1}}$$

인 t_{df} 분포를 따르며 두 집단 모평균에 관한 다음의 가설들에 대해 검정법은 다음과 같다.

(i) $H_0 : \mu_1 - \mu_2 = \delta_0$에 대해 $H_1 : \mu_1 - \mu_2 \neq \delta_0$

유의수준 α에서 검정법은 $|t| \geq t_{df}(\alpha/2)$이면 H_0를 기각한다.

(ii) $H_0 : \mu_1 - \mu_2 \leq \delta_0$에 대해 $H_1 : \mu_1 - \mu_2 > \delta_0$

유의수준 α에서 검정법은 $t \geq t_{df}(\alpha)$이면 H_0를 기각한다.

(iii) $H_0 : \mu_1 - \mu_2 \geq \delta_0$에 대해 $H_1 : \mu_1 - \mu_2 < \delta_0$

유의수준 α에서 검정법은 $t \leq -t_{df}(\alpha)$이면 H_0를 기각한다.

$\mu_1 - \mu_2$ 에 대한 $100(1-\alpha)\%$ 신뢰구간 :

$$\left[\overline{X_1} - \overline{X_2} \pm t_{df}(\alpha/2) \times \sqrt{\frac{s_1^2}{n_1} + \frac{s_2^2}{n_2}}\right].$$

예 7.3 다음은 지혈제 A와 B의 효과를 측정한 데이터이다. 실험 참여자에게 같은 상처를 낸 후 지혈될 때까지의 시간을 측정하였으며 모집단은 정규분포를 따른다고 한다. 지혈제 A와 B의 효과가 차이가 있는지 검정하고자 한다.

	지혈시간
지혈제 A	1.1 2.3 4.3 2.2 5.3
지혈제 B	2.3 4.3 3.5

(i) 두 집단의 분산이 같다고 가정할 경우 양측검정

(1) $H_0 : \mu_1 - \mu_2 = 0$에 대해 $H_1 : \mu_1 - \mu_2 \neq 0$

(2) 두 집단의 분산이 같을 경우 이집단 t-검정(two sample t-test)

```
> x1= c(1.1, 2.3, 4.3, 2.2, 5.3)
> x2= c(2.3,4.3,3.5)
```

```
> t.test(x1,x2, var.equal=TRUE, alternative="two.sided")  # default
        Two Sample t-test
data:  x1 and x2
t = -0.2956, df = 6, p-value = 0.7775
alternative hypothesis: true difference in means is not equal to 0
95 percent confidence interval:
 -3.030714  2.377381
sample estimates:
mean of x mean of y
 3.040000  3.366667
```

(3) 결론

$p-$값 $= 0.7775 > \alpha = 0.05$이므로 H_0를 기각하지 못한다. 유의수준 5%에서 지혈제 A와 B의 효과가 차이가 난다고 할 수 있는 통계적 근거가 없다. 모평균 차에 대한 95% 신뢰구간은 (−3.030714, 2.377381) 이다.

(ii) 두 집단의 분산이 다르다고 가정할 경우 양측검정

(1) $H_0 : \mu_1 - \mu_2 = 0$ 에 대해 $H_1 : \mu_1 - \mu_2 \neq 0$

(2) 두 집단의 분산이 다를 경우 이집단 t-검정

```
> t.test(x1,x2, var.equal=FALSE, conf.level=0.95)
        Welch Two Sample t-test
data:  x1 and x2
t = -0.34, df = 5.972, p-value = 0.7455
alternative hypothesis: true difference in means is not equal to 0
95 percent confidence interval:
 -2.680674  2.027341
sample estimates:
mean of x mean of y
 3.040000  3.366667
```

(3) 결론

$p-$값 $= 0.7455 > \alpha = 0.05$이므로 H_0를 기각하지 못한다. 유의수준 5%에서 지혈제 A와 B의 효과가 차이가 난다고 할 수 있는 통계적 근거가 없다.

(iii) 두 집단의 분산이 같다고 가정할 경우 단측검정 1

다음의 단측 가설

$$H_0 : \mu_1 \le \mu_2 \text{ 에 대해 } H_1 : \mu_1 > \mu_2$$

에 대한 단측검정을 할 경우에는 옵션으로 지정해 다음과 같이 사용할 수 있다.

```
> t.test(x1,x2, var.equal=TRUE, alt="greater")
        Two Sample t-test
data:  x1 and x2
t = -0.2956, df = 6, p-value = 0.6113
alternative hypothesis: true difference in means is greater than 0
95 percent confidence interval:
 -2.474048       Inf
sample estimates:
mean of x mean of y
 3.040000  3.366667
```

(iv) 두 집단의 분산이 같다고 가정할 경우 단측검정 2

$$H_0 : \mu_1 \ge \mu_2 \text{ 에 대해 } H_1 : \mu_1 < \mu_2$$

```
> t.test(x1,x2, var.equal=TRUE, alt="less")
        Two Sample t-test
data:  x1 and x2
t = -0.2956, df = 6, p-value = 0.3887
alternative hypothesis: true difference in means is less than 0
95 percent confidence interval:
     -Inf 1.820714
sample estimates:
mean of x mean of y
 3.040000  3.366667
```

예 7.4 다음은 두 가지 배양법에 따라 호박잎의 질소성분함량을 측정한 데이터이며 정규분포를 따른다고 가정할 수 있다고 한다. 두 배양법 간에 질소성분함량 평균 차이가 있는지 검정하고자 한다. 데이터는 method.txt 파일에 저장되어 있다.

표 7.4 method.txt

method	x
1	19.1
1	32.8
1	27.6
1	25.9
1	28.5
2	17.0
2	16.4
2	16.8
2	15.3

(1) $H_0 : \mu_1 = \mu_2$ 에 대해 $H_1 : \mu_1 \neq \mu_2$

(2) 이집단 t-검정

```
> dd=read.table("c:/RR/method.txt", header=T)
> t.test(x~method, var.equal=T, data=dd)
```

또는

```
> t.test(dd$x ~ dd$ method, var.equal=T)
        Two Sample t-test
data:  dd$x by dd$method
t = 4.0763, df = 7, p-value = 0.004712
alternative hypothesis: true difference in means is not equal to 0
95 percent confidence interval:
  4.369086 16.440914
sample estimates:
mean in group 1 mean in group 2
         26.780          16.375
```

(3) 결론

$p-$값 $= 0.004712 < \alpha = 0.05$ 으로 H_0를 기각한다. 유의수준 5%에서 배양법 1과 배양법 2는 질소성분함유량에 유의한 차이가 있다.

두 집단의 분산이 다르다고 할 경우에는 var.equal=F 옵션을 이용한다.

```
> t.test(x~method, var.equal=F, data=dd)
```

두 집단의 분산 동일성 검정(7.4절 참고)을 하고자 할 때는 다음과 같다.

```
> var.test(x~method, data=dd)
```

7.4 이집단 분산비 F-검정

이표본에서 모분산비(population variance ratio)에 대한 통계적 검정에 대해 알아보자. 모분산비 검정에 관심 있을 경우도 있으며 예를 들어, 이집단 t-검정을 할 경우, 두 집단의 분산 동일성 여부에 대한 검정을 한 후 t-검정통계량을 구하게 된다.

모분산비 검정을 위한 검정통계량

$$F = \frac{s_1^2}{s_2^2}$$

는 H_0 하에서 $F(n_1-1, n_2-1)$ 분포를 따른다. ($s_1^2 > s_2^2$일 때)

모분산비에 관한 다음의 가설들에 대해 유의수준 α에서의 검정법은 다음과 같다.

(i) $H_0 : \sigma_1^2 = \sigma_2^2$ 에 대해 $H_1 : \sigma_1^2 \neq \sigma_2^2$

만일 $F \geq F_{n_1-1,\, n_2-1}(\alpha/2)$ 또는 $F \leq F_{n_1-1,\, n_2-1}(1-\alpha/2)$이면 H_0를 기각한다.

(ii) $H_0 : \sigma_1^2 \leq \sigma_2^2$ 에 대해 $H_1 : \sigma_1^2 > \sigma_2^2$

만일 $F \geq F_{n_1-1,\, n_2-1}(\alpha)$이면 H_0를 기각한다.

var.test() 함수를 이용해 분산 동일성 검정을 할 수 있다.

예 7.5 [예 7.3] 문제에서 지혈제 A와 B의 분산이 동일한지 검정하고자 한다.

(1) 가설 $H_0 : \sigma_A^2 = \sigma_B^2$ 에 대해 $H_1 : \sigma_A^2 \neq \sigma_B^2$

분산비로 바꾸어 쓰면

$$H_0 : \frac{\sigma_A^2}{\sigma_B^2} = 1 \text{에 대해 } H_1 : \frac{\sigma_A^2}{\sigma_B^2} \neq 1$$

(2) 이집단 분산 동일성 검정

```
> x1= c(1.1, 2.3, 4.3, 2.2, 5.3)
> x2= c(2.3,4.3,3.5)
> var.test(x1,x2)

        F test to compare two variances

data:  x1 and x2
F = 2.8895, num df = 4, denom df = 2, p-value = 0.5465
alternative hypothesis: true ratio of variances is not equal to 1
```

```
95 percent confidence interval:
 0.07362013 30.77032496
sample estimates:
ratio of variances
          2.889474
```

(3) 결론

F-통계량은 2.8895이며 $p-$ 값 $= 0.5465 > \alpha = 0.05$ 이므로 H_0를 기각하지 못한다. 유의수준 5%에서 지혈제 A와 지혈제 B의 분산은 같다고 할 수 있다. 모분산비 σ_A^2/σ_B^2의 추정값은 2.889474이고 모분산비 σ_A^2/σ_B^2의 95% 신뢰구간은 (0.07362013, 30.77032496)이다.

7.5 짝지어진 표본에 대한 t-검정

각 개체에 대해 정규분포를 따르는 모집단으로부터 쌍(pair)으로 측정하여 확률표본 $(Y_{11}, Y_{21}), \ldots, (Y_{1n}, Y_{2n})$을 얻은 경우 두 집단(처리)의 모평균이 같은지 검정하고자한다. 관심있는 가설

$$H_0 : \mu_\delta = 0 \text{ 에 대해 } H_1 : \mu_\delta \neq 0$$

로 표현할 수도 있다. <표 7.5>는 짝지어진 표본의 자료구조를 보여 주며 각 개체에 따른 효과를 제거하기 위하여 각 개체에 대해 관측값의 차이를 구하여 이용한다.

표 7.5 짝지어진 표본의 자료구조

쌍	처리 1	처리 2	차이
1	Y_{11}	Y_{21}	$d_1 = Y_{11} - Y_{21}$
2	Y_{12}	Y_{22}	$d_2 = Y_{12} - Y_{22}$
⋮	⋮	⋮	⋮
n	Y_{1n}	Y_{2n}	$d_n = Y_{1n} - Y_{2n}$

여기서 $d_1, d_2, \cdots, d_n \sim iid \;\; N(\delta, \sigma_\delta^2)$이 되며 차이에 대한 평균과 분산의 추정량은 각각

$$\bar{d} = \frac{\sum_{i=1}^{n} d_i}{n}, \qquad s_d^2 = \frac{\sum_{i=1}^{n} (d_i - \bar{d})^2}{n-1}.$$

검정통계량

$$t = \frac{\bar{d} - \delta_0}{s_d / \sqrt{n}}$$

은 H_0 하에서 t_{n-1} 분포를 따른다. 모평균 차이에 관한 다음의 가설들에 대해 유의수준에서의 검정법은 다음과 같다.

(i) $H_0 : \delta = \delta_0$에 대해 $H_1 : \delta \neq \delta_0$
유의수준 α에서 검정법은 $|t| \geq t_{n-1}(\alpha/2)$이면 H_0를 기각한다.

(ii) $H_0 : \delta \leq \delta_0$에 대해 $H_1 : \delta > \delta_0$
유의수준 α에서 검정법은 $t \geq t_{n-1}(\alpha)$이면 H_0를 기각한다.

(iii) $H_0 : \delta \geq \delta_0$에 대해 $H_1 : \delta < \delta_0$
유의수준 α에서 검정법은 $t \leq -t_{n-1}(\alpha)$이면 H_0를 기각한다.

예 7.6 A 대학에서 10명의 학생을 대상으로 학습법 강좌 수강 전후의 B 과목 시험점수가 <표 7.6>에 정리되어 있다.

H_0 : 강좌 수강 전후 점수 차이가 없다.

에 대해

H_1 : 강좌 수강 전후 점수 차이가 있다.

표 7.6 강좌 수강 전후의 시험 점수

시험	점수
pre test	77 56 64 60 58 72 67 78 67 79
post test	99 80 78 65 59 67 65 85 74 80

(1) $H_0 : \mu_\delta = 0$에 대해 $H_1 : \mu_\delta \neq 0$

(2) 짝지어진 집단에 대한 t-검정(paired t-test)

```
> pre=c(77, 56, 64, 60, 58, 72, 67, 78, 67, 79)
> post=c(99, 80, 78, 65, 59, 67, 65, 85, 74, 80)
> t.test(post, pre, paired=T)
        Paired t-test
```

```
data:  post and pre
t = 2.3906, df = 9, p-value = 0.04052
alternative hypothesis: true difference in means is not equal to 0
95 percent confidence interval:
  0.3974552 14.4025448
sample estimates:
mean of the differences
                    7.4
```

(3) 결론

$p-$값 $=0.04052 < 0.05$이므로 유의수준 $\alpha=0.05$에서 H_0를 기각한다. 즉 강좌 수강 전후 점수 차이가 유의하므로 강좌 효과가 유의하다.

7.6 일집단 비율에 대한 검정

한 집단에 대해 어떤 사건에 대해 특정한 비율을 갖는다고 할 수 있는지에 대한 검정을 하고자 한다. n개에 대해 조사결과 x개가 특정성향을 갖는다고 하자. 특정성향 비율은 $\hat{p}=x/n$ 이다.

검정통계량

$$Z=\frac{\hat{p}-p_0}{\sqrt{p_0(1-p_0)/n}}$$

은 귀무가설하에서 근사적으로 표준정규분포를 따른다. 모비율 값 p_0에 관한 다음의 가설들에 대해 유의수준 α에서 검정법은 다음과 같다.

(i) $H_0\ :\ p=p_0$에 대해 $H_1\ : p \neq p_0$

유의수준 α에서 검정법은 $|Z| \geq z(\alpha/2)$이면 H_0를 기각한다.

(ii) $H_0\ :\ p \leq p_0$에 대해 $H_1\ : p > p_0$

유의수준 α에서 검정법은 $Z \geq z(\alpha)$이면 H_0를 기각한다.

(iii) $H_0\ :\ p \geq p_0$에 대해 $H_1\ : p < p_0$

유의수준 α에서 검정법은 $Z \leq -z(\alpha)$이면 H_0를 기각한다.

또한 $Z^2 \sim \chi_1^2$ 이므로 근사적인 카이제곱 검정을 할 수도 있으며 prop.test() 함수를 이용하여 모비율에 대한 카이제곱 검정을 제공한다.

예 7.7 A 살충제는 한 번 살포에 85% 살충효과가 있다고 선전한다. 150마리 모기에게 A 살충제를 살포하였더니 110 마리가 죽었다. A 살충제의 선전이 믿을만 한지 유의성 검정을 하고자 한다.

(i) 양측 대립 가설인 경우

(1) 통계적 가설

$H_0\ :\ p = 0.85$에 대해 $H_1\ : p \neq 0.85$

(2) 일집단 모비율 검정

```
> prop.test(x=110, n=150, p=0.85, alt="two.sided")
        1-sample proportions test with continuity correction
data:  110 out of 150, null probability 0.85
X-squared = 15.1111, df = 1, p-value = 0.0001014
alternative hypothesis: true p is not equal to 0.85
95 percent confidence interval:
 0.6538678 0.8006060
sample estimates:
        p
0.7333333
```

(3) 결론

$p-$값 $= 0.0001014 < 0.05$이므로 유의수준 $\alpha = 0.05$에서 H_0를 기각한다. 즉 살충효과가 85%가 아니라는 통계적 근거가 있다.

또는 다음과 같이 z-검정통계량과 p-값을 계산할 수 있다.

```
> p0=0.85 ; n=150 ; x=110
> sd=sqrt(p0*(1-p0)/n)
> z=(x/n -p0 )/sd
> pvalue=2*pnorm(-abs(z) )
> pvalue
[1] 6.290665e-05
```

(ii) 단측 대립 가설인 경우

(1) 통계적 가설

H_0 : $p \geq 0.85$에 대해 H_1 : $p < 0.85$

(2) 일집단 모비율 검정

```
> prop.test(x=110, n=150, p=0.85, alt="less")

	1-sample proportions test with continuity correction

data:  110 out of 150, null probability 0.85
X-squared = 15.1111, df = 1, p-value = 5.068e-05
alternative hypothesis: true p is less than 0.85
95 percent confidence interval:
 0.000000 0.791249
sample estimates:
        p
0.7333333
```

(3) 결론

$p-$값 $= 5.068 \times 10^{-5} < 0.05$이므로 유의수준 $\alpha = 0.05$에서 H_0를 기각한다. 즉 살충효과가 85%보다 작다는 통계적 근거가 있다.

7.7 이집단 비율에 대한 검정

두 집단에서 어떤 사건에 대한 비율이 같다고 할 수 있는지에 대한 검정을 하고자한다.

집단1에서 n_1명 중 x_1명이 관심을 보였고

집단2에서는 n_2명 중 x_2명이 관심을 보였다고 한다.

두 집단에서 관심비율이 같다고 할 수 있는지 검정하고자 한다.

검정통계량

$$Z = \frac{\hat{p_1} - \hat{p_2}}{\sqrt{\hat{p}(1-\hat{p})\left(\frac{1}{n_1} + \frac{1}{n_2}\right)}}$$

여기서 $\hat{p} = \dfrac{x_1 + x_2}{n_1 + n_2}$은 H_0 하에서 모비율 추정량이고 $\hat{p_1} = \dfrac{x_1}{n_1}$, $\hat{p_2} = \dfrac{x_2}{n_2}$이다.

검정통계량 Z는 귀무가설 하에서 근사적으로 표준정규분포를 따른다. 모비율 차이에 관한 다음의 가설들에 대해 유의수준 α에서 검정법은 다음과 같다.

(i) H_0 : $p_1 = p_2$에 대해 H_1 : $p_1 \neq p_2$(양측 검정: two-sided test)

유의수준 α에서 검정법은 $|Z| \geq z(\alpha/2)$이면 H_0를 기각한다.

(ii) H_0 : $p_1 \leq p_2$에 대해 H_1 : $p_1 > p_2$(단측 검정: one-sided test)

유의수준 α에서 검정법은 $Z \geq z(\alpha)$이면 H_0를 기각한다.

(iii) H_0 : $p_1 \geq p_2$에 대해 H_1 : $p_1 < p_2$

유의수준 α에서 검정법은 $Z \leq -z(\alpha)$이면 H_0를 기각한다.

여기서 $z(\alpha)$는 표준정규분포 $N(0,1)$를 따르는 확률변수 Z에 대해 $P(Z \geq z(\alpha)) = \alpha$를 만족하는 값이다.

또한 $Z^2 \sim \chi_1^2$이므로 근사적인 카이제곱 검정을 할 수 있으며 R에서는 prop.test()함수를 이용하여 모비율에 대한 카이제곱 검정을 할 수 있다.

예 7.8 A 도시에서는 300명 중 100명이, B 도시에서는 400명 중 170명이 D 후보를 지지한다고 조사되었다. A 도시와 B 도시의 D 후보 지지 비율이 같다고 할 수 있는지 통계적 검정을 하고자 한다.

(1) 통계적 가설

H_0 : $p_1 = p_2$에 대해 H_1 : $p_1 \neq p_2$

(2) 이집단 모비율 검정

```
> phat=c(100/300, 170/400)
> n=c(300, 400)
> prop.test(n*phat, n, alt="two.sided")
2-sample test for equality of proportions with continuity correction
data:  n * phat out of n
X-squared = 5.6988, df = 1, p-value = 0.01698
alternative hypothesis: two.sided
95 percent confidence interval:
 -0.16664176 -0.01669158
sample estimates:
   prop 1    prop 2
0.3333333 0.4250000
```

(3) 결론

$p-$값 $= 0.01698 < 0.05$ 으로 유의수준 $\alpha = 0.05$에서 H_0를 기각한다. 즉 A와 B 도시 간에 D 후보 지지율에 유의한 차이가 있다.

7.8 유의성 검정법에 대한 정리

데이터의 상황과 관심 모수에 따라 검정법이 다르므로 적절한 선택을 위해 통계적 가정과 함께 정리하고자 한다. R에서 검정 수행 결과 p-값을 출력하며 p-값에 대해 유의수준을 정하여 다음과 같이 판단한다:

p-값(유의확률) < α(유의수준)이면 H_0를 기각한다.

7.8.1 평균에 대한 검정

(1) 일집단 모평균 검정

확률표본 (데이터) $\{X_1, X_2, \cdots, X_n\}$에 대해 확률변수 $X_i \sim N(\mu, \sigma^2)$이다.

표본평균과 표본분산:

$$\overline{X} = \frac{1}{n}\sum_{i=1}^{n} X_i, \quad s^2 = \frac{\sum_{i=1}^{n}(X_i - \overline{X})^2}{n-1}.$$

표 7.7 일집단 모평균에 대한 유의성 검정 정리

통계적 가정	통계적 가설	검정통계량	유의수준 α에서 검정법
소표본($n < 30$) 정규분포 σ^2 모르는 경우	$H_0 : \mu = \mu_0$(특정값) $H_1 : \mu \neq \mu_0$	$t = \frac{\overline{X} - \mu_0}{s/\sqrt{n}}$	$\lvert t \rvert \geq t_{n-1}(\alpha/2)$이면 H_0를 기각한다.
소표본($n < 30$) 정규분포 σ^2 아는 경우	$H_0 : \mu = \mu_0$ $H_1 : \mu \neq \mu_0$	$Z = \frac{\overline{X} - \mu_0}{\sigma/\sqrt{n}}$	$\lvert Z \rvert \geq z(\alpha/2)$이면 H_0를 기각한다.
대표본($n \geq 30$) 정규분포 σ^2 모르는 경우	$H_0 : \mu = \mu_0$ $H_1 : \mu \neq \mu_0$	$Z = \frac{\overline{X} - \mu_0}{s/\sqrt{n}}$	$\lvert Z \rvert \geq z(\alpha/2)$이면 H_0를 기각한다.
대표본($n \geq 30$) 정규분포 σ^2 아는 경우	$H_0 : \mu = \mu_0$ $H_1 : \mu \neq \mu_0$	$Z = \frac{\overline{X} - \mu_0}{\sigma/\sqrt{n}}$	$\lvert Z \rvert \geq z(\alpha/2)$이면 H_0를 기각한다.
대표본($n \geq 30$) 연속분포 σ^2 모르는 경우	$H_0 : \mu = \mu_0$ $H_1 : \mu \neq \mu_0$	$Z = \frac{\overline{X} - \mu_0}{s/\sqrt{n}}$ (중심극한정리 기반)	근사적인 검정 $\lvert Z \rvert \geq z(\alpha/2)$이면 H_0를 기각한다.

▶ R에서 `t.test()` 함수를 이용한다.

[예] `t.test(x)`

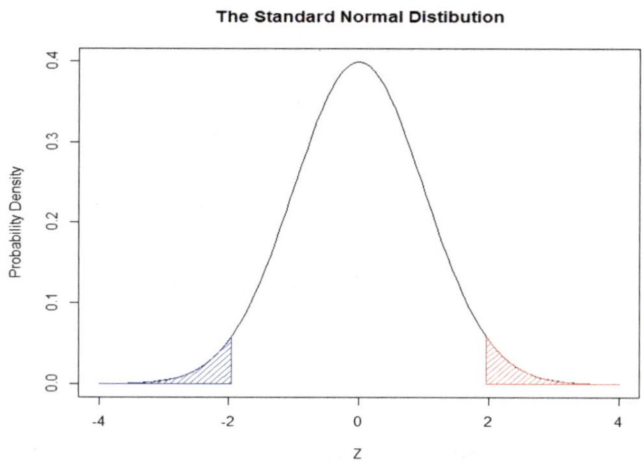

$P(Z \geq z(\alpha)) = \alpha$

$\uparrow -z(\alpha/2)$ $\qquad\qquad$ $\uparrow z(\alpha/2)$

그림 7.1 표준정규분포와 기각값

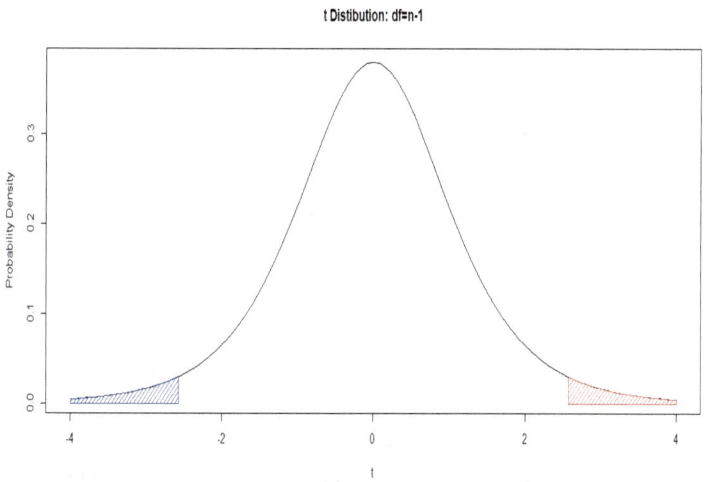

$P(t \geq t_{n-1}(\alpha)) = \alpha$

$\uparrow -t_{n-1}(\alpha/2)$ $\qquad\qquad$ $\uparrow t_{n-1}(\alpha/2)$

그림 7.2 자유도 $n-1$인 t 분포와 기각값

▶ 모평균 μ에 대한 $100(1-\alpha)\%$ 신뢰구간(σ를 모르는 경우):

$$\left[\overline{X} \pm t_{n-1}(\alpha/2) \times \frac{s}{\sqrt{n}} \right]$$

또는

$$\left[\overline{X} \pm z(\alpha/2) \times \frac{s}{\sqrt{n}} \right].$$

(2) 이집단 모평균 검정

이집단에서의 확률표본은 서로 독립이며 다음과 같다:

확률표본 $\{X_{11}, X_{12}, \cdots, X_{1n_1}\}$에 대해 확률변수 $X_{1i} \sim N(\mu_1, \sigma_1^2)$, $i = 1, \ldots, n_1$이다.

확률표본 $\{X_{21}, X_{22}, \cdots, X_{2n_2}\}$에 대해 확률변수 $X_{2j} \sim N(\mu_2, \sigma_2^2)$, $j = 1, \ldots, n_2$이다.

각 집단의 표본평균과 표본분산:

$$\overline{X_1} = \frac{1}{n_1}\sum_{i=1}^{n_1} X_{1i}, \quad \overline{X_2} = \frac{1}{n_2}\sum_{i=1}^{n_2} X_{2i}$$

$$s_1^2 = \frac{\sum_{i=1}^{n_1}(X_{1i} - \overline{X_1})^2}{n_1 - 1}, \qquad s_2^2 = \frac{\sum_{j=1}^{n_2}(X_{2j} - \overline{X_2})^2}{n_2 - 1}.$$

표 7.8 이집단 모평균에 대한 유의성 검정 정리

통계적 가정	통계적 가설	검정통계량	유의수준 α에서 검정법
소표본 $n_1 < 30, n_2 < 30$, 정규분포 $\sigma_1^2 = \sigma_2^2 = \sigma^2$ 가정 σ_1^2, σ_2^2 모르는 경우	$H_0 : \mu_1 - \mu_2 = 0$ $H_1 : \mu_1 - \mu_2 \neq 0$ 즉, $H_0 : \mu_1 = \mu_2$ $H_1 : \mu_1 \neq \mu_2$	$t = \dfrac{(\overline{X_1} - \overline{X_2})}{s_p\sqrt{\dfrac{1}{n_1} + \dfrac{1}{n_2}}}$ $s_p^2 = \dfrac{(n_1-1)s_1^2 + (n_2-1)s_2^2}{n_1 + n_2 - 2}$	$\lvert t \rvert \geq t_{n_1+n_2-2}(\alpha/2)$ 이면 H_0를 기각한다.
소표본 $n_1 < 30, n_2 < 30$, 정규분포 $\sigma_1^2 \neq \sigma_2^2$ 가정 σ_1^2, σ_2^2 모르는 경우	$H_0 : \mu_1 - \mu_2 = 0$ $H_1 : \mu_1 - \mu_2 \neq 0$	$t = \dfrac{\overline{X_1} - \overline{X_2}}{\sqrt{\dfrac{s_1^2}{n_1} + \dfrac{s_2^2}{n_2}}}$ $df = \dfrac{\left[\dfrac{s_1^2}{n_1} + \dfrac{s_2^2}{n_2}\right]^2}{\dfrac{\{s_1^2/n_1\}^2}{n_1 - 1} + \dfrac{\{s_2^2/n_2\}^2}{n_2 - 1}}$	$\lvert t \rvert \geq t_{df}(\alpha/2)$이면 H_0를 기각한다.
대표본 $n_1 \geq 30, n_2 \geq 30$, 정규분포 $\sigma_1^2 = \sigma_2^2 = \sigma^2$ 가정 σ_1^2, σ_2^2 모르는 경우	$H_0 : \mu_1 - \mu_2 = 0$ $H_1 : \mu_1 - \mu_2 \neq 0$	$Z = \dfrac{(\overline{X_1} - \overline{X_2})}{s_p\sqrt{\dfrac{1}{n_1} + \dfrac{1}{n_2}}}$	근사적인 검정 $\lvert Z \rvert \geq z(\alpha/2)$이면 H_0를 기각한다.
대표본 $n_1 \geq 30, n_2 \geq 30$, 정규분포 $\sigma_1^2 \neq \sigma_2^2$ 모르는 경우	$H_0 : \mu_1 - \mu_2 = 0$ $H_1 : \mu_1 - \mu_2 \neq 0$	$Z = \dfrac{\overline{X_1} - \overline{X_2}}{\sqrt{\dfrac{s_1^2}{n_1} + \dfrac{s_2^2}{n_2}}}$	근사적인 검정 $\lvert Z \rvert \geq z(\alpha/2)$이면 H_0를 기각한다.

▶ R에서 `t.test()` 함수를 이용한다.

[예]
```
t.test(x1, x2,  var.equal=TRUE)
t.test(x1, x2,  var.equal=FALSE)
```

▶ 모평균 차 $\mu_1 - \mu_2$에 대한 $100(1-\alpha)\%$ 신뢰구간(두 집단의 분산 같은 경우):

$$\left[\overline{X_1} - \overline{X_2} \pm t_{n_1+n_2-2}(\alpha/2) \times s_p \sqrt{\frac{1}{n_1} + \frac{1}{n_2}}\ \right].$$

▶ 모평균 차 $\mu_1 - \mu_2$에 대한 $100(1-\alpha)\%$ 신뢰구간(두 집단의 분산 다른 경우):

$$\left[\overline{X_1} - \overline{X_2} \pm t_{df}(\alpha/2)\ \times \sqrt{\frac{s_1^2}{n_1} + \frac{s_2^2}{n_2}}\ \right].$$

7.8.2 분산에 대한 검정

(1) 일집단 모분산 검정

확률표본 (데이터) $\{X_1, X_2, \cdots, X_n\}$에 대해 확률변수 $X_i \sim N(\mu, \sigma^2)$ 정규분포를 따른다.

표본평균과 표본분산:

$$\overline{X} = \frac{1}{n}\sum_{i=1}^{n} X_i,\ \ s^2 = \frac{\sum_{i=1}^{n}(X_i - \overline{X})^2}{n-1}.$$

표 7.9 일집단 모분산에 대한 유의성 검정 정리

통계적 가정	통계적 가설	검정통계량	유의수준 α에서 검정법
정규분포 μ를 모르는 경우	$H_0 : \sigma^2 = \sigma_0^2$(특정값) $H_1 : \sigma^2 \neq \sigma_0^2$	$\chi_0^2 = \frac{(n-1)s^2}{\sigma_0^2} = \frac{\sum_{i=1}^{n}(X_i - \overline{X})^2}{\sigma_0^2}$	$\chi_0^2 \geq \chi_{n-1}^2(\alpha/2)$ 또는 $\chi_0^2 \leq \chi_{n-1}^2(1-\alpha/2)$이면 H_0를 기각한다.
정규분포 μ를 아는 경우	$H_0 : \sigma^2 = \sigma_0^2$(특정값) $H_1 : \sigma^2 \neq \sigma_0^2$	$\chi_0^2 = \frac{\sum_{i=1}^{n}(X_i - \mu)^2}{\sigma_0^2}$	$\chi_0^2 \geq \chi_n^2(\alpha/2)$ 또는 $\chi_0^2 \leq \chi_n^2(1-\alpha/2)$이면 H_0를 기각한다.

▶ R에서 `varTest()` 함수를 이용한다.

[예]
```
library(EnvStats)
varTest(x, sigma.squared =3, alternative = "two.sided", conf.level = 0.95)
```

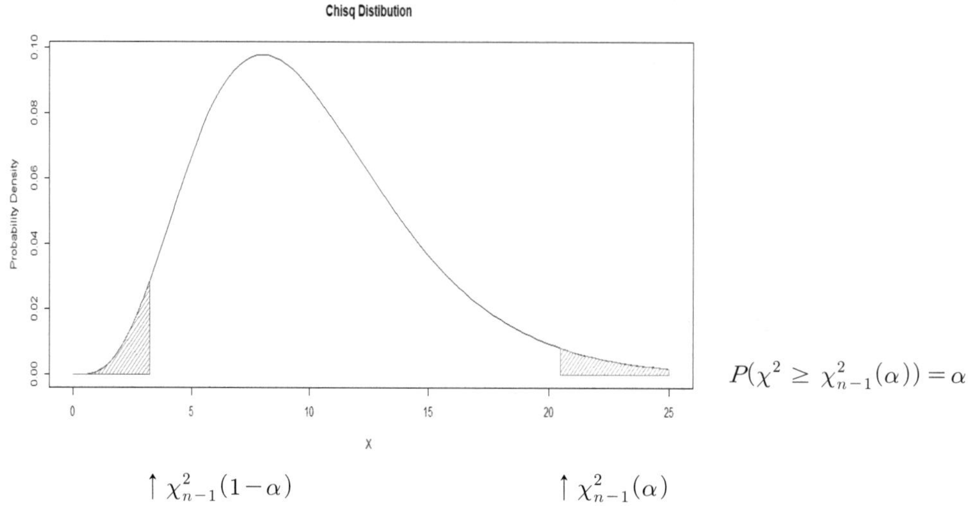

그림 7.3 자유도 n−1인 카이제곱 분포와 기각값

▶ 모분산 σ^2 에 대한 $100(1-\alpha)\%$ 신뢰구간(μ를 모르는 경우):

$$\left[\frac{(n-1)s^2}{\chi^2_{n-1}(\alpha/2)},\ \frac{(n-1)s^2}{\chi^2_{n-1}(1-\alpha/2)}\right].$$

(2) 이집단 모분산 검정

이집단에서의 확률표본은 서로 독립이며 다음과 같다:

확률표본 $\{X_{11}, X_{12}, \cdots, X_{1n_1}\}$에 대해 확률변수 $X_{1i} \sim N(\mu_1, \sigma_1^2)$이다.

확률표본 $\{X_{21}, X_{22}, \cdots, X_{2n_2}\}$에 대해 확률변수 $X_{2i} \sim N(\mu_2, \sigma_2^2)$이다.

표 7.10 이집단 분산에 대한 유의성 검정 정리

통계적 가정	통계적 가설	검정통계량	유의수준 α에서 검정법
정규분포 μ를 모르는 경우	$H_0 : \sigma_1^2 = \sigma_2^2$ $H_1 : \sigma_1^2 \neq \sigma_2^2$ 즉, $H_0 : \frac{\sigma_1^2}{\sigma_2^2} = 1$ $H_1 : \frac{\sigma_1^2}{\sigma_2^2} \neq 1$	$F = \frac{s_1^2}{s_2^2}$ 여기서 $s_1^2 = \frac{1}{n_1 - 1}\sum_{i=1}^{n_1}(X_{1i} - \overline{X_1})^2$ $s_2^2 = \frac{1}{n_2 - 1}\sum_{i=1}^{n_2}(X_{2i} - \overline{X_2})^2$	$F \geq F_{n_1-1,\, n_2-1}(\alpha/2)$ 또는 $F \leq F_{n_1-1,\, n_2-1}(1-\alpha/2)$이면 H_0를 기각한다. 여기서 $F_{n_1-1,\, n_2-1}$: 분자 자유도 $n_1 - 1$, 분모 자유도 $n_2 - 1$ 인 F-분포

▶ R에서 `var.test()` 함수를 이용한다.

[예] `var.test(x1, x2)`

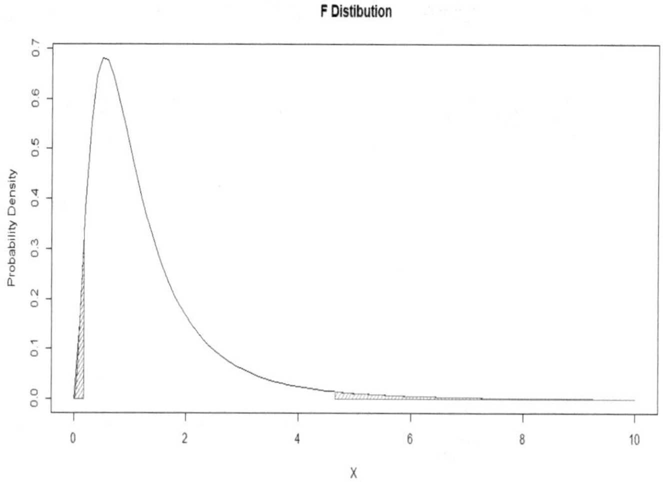

$P(F \geq F_{n_1-1,n_2-1}(\alpha)) = \alpha$

$\uparrow F_{n_1-1,n_2-1}(1-\alpha/2)$ $\uparrow F_{n_1-1,n_2-1}(\alpha/2)$

그림 7.4 분자자유도 n_1-1, 분모자유도 n_2-1 인 F-분포와 기각값

▶ 모분산비 $\dfrac{\sigma_1^2}{\sigma_2^2}$ 에 대한 $100(1-\alpha)\%$ 신뢰구간:

$$\left[\frac{s_1^2}{s_2^2}\cdot\frac{1}{F_{n_1-1,n_2-1}(\alpha/2)},\quad \frac{s_1^2}{s_2^2}\cdot F_{n_1-1,n_2-1}(\alpha/2)\right].$$

7.8.3 비율에 대한 검정

(1) 일집단 모비율 검정

확률표본 $\{X_1, X_2, \cdots, X_n\}$, $X_i \sim B(1,p)$는 성공확률 p를 갖는 이항분포를 따른다.

$$x = \sum_{i=1}^{n} X_i, \quad \overline{X} = \frac{1}{n}\sum_{i=1}^{n} X_i$$

표본비율:

$$\hat{p} = \frac{x}{n}$$

기댓값과 분산을 구하면

$$E(X_i) = p, \quad Var(X_i) = p(1-p)$$

$$E\left(\frac{x}{n}\right) = p, \quad Var\left(\frac{x}{n}\right) = \frac{np(1-p)}{n^2} = \frac{p(1-p)}{n}.$$

표 7.11 일집단 모비율에 대한 유의성 검정 정리

통계적 가정	통계적 가설	검정통계량	유의수준 α에서 검정법
이항분포	$H_0 \ : p = p_0$(특정값) $H_1 \ : p \neq p_0$	$Z = \dfrac{\hat{p} - p_0}{\sqrt{p_0(1-p_0)/n}}$ $\hat{p} = x/n$	근사적인 검정. $\lvert Z \rvert \geq \ z(\alpha/2)$이면 H_0를 기각한다.
이항분포	$H_0 \ : p = p_0$(특정값) $H_1 \ : p \neq p_0$	$\chi_0^2 = Z^2$	근사적인 검정. $\chi_0^2 \geq \chi_{n-1}^2(\alpha/2)$ 또는 $\chi_0^2 \leq \chi_{n-1}^2(1-\alpha/2)$이면 H_0를 기각한다.

▶ R에서 `prop.test()` 함수를 이용한다.

[예] `prop.test(x, p=0.3)`

▶ 모비율 p 에 대한 근사적인 $100(1-\alpha)\%$ 신뢰구간:

$$\left[\ \hat{p} \ \pm \ z(\alpha/2) \ \times \sqrt{\frac{\hat{p}(1-\hat{p})}{n}}\ \right].$$

(2) 이집단 모비율 검정

이집단에서의 확률표본은 서로 독립이며 다음과 같다:

$\{X_{11}, X_{12}, \cdots, X_{1n_1}\}$, $X_{1i} \sim B(1, p_1)$ 성공확률 p_1인 이항분포를 따른다.

$\{X_{21}, X_{22}, \cdots, X_{2n_2}\}$, $X_{2i} \sim B(1, p_2)$ 성공확률 p_2인 이항분포를 따른다.

$$x_1 = \sum_{i=1}^{n_1} X_{1i} \ , \qquad x_2 = \sum_{i=1}^{n_2} X_{2i}$$

각 집단의 표본비율:

$$\widehat{p_1} = \frac{x_1}{n_1}, \quad \widehat{p_2} = \frac{x_2}{n_2}$$

기댓값과 분산을 구하면,

$$E\left(\frac{x_1}{n_1}\right) = p_1, \quad E\left(\frac{x_2}{n_2}\right) = p_2$$

$$Var\left(\frac{x_1}{n_1}\right) = \frac{p_1(1-p_1)}{n_1}, \qquad Var\left(\frac{x_2}{n_2}\right) = \frac{p_2(1-p_2)}{n_2}.$$

표 7.12 이집단 모비율에 대한 유의성 검정 정리

통계적 가정	통계적 가설	검정통계량	유의수준 α에서 검정법
이항분포	$H_0 : p_1 = p_2$ $H_1 : p_1 \neq p_2$	$Z = \dfrac{\widehat{p_1} - \widehat{p_2}}{\sqrt{\hat{p}(1-\hat{p})\left(\dfrac{1}{n_1} + \dfrac{1}{n_2}\right)}}$ 여기서 $\hat{p} = \dfrac{x_1 + x_2}{n_1 + n_2}$ $\widehat{p_1} = \dfrac{x_1}{n_1}, \ \widehat{p_2} = \dfrac{x_2}{n_2}$	근사적인 검정 $\lvert Z \rvert \geq z(\alpha/2)$이면 H_0를 기각한다.
이항분포	$H_0 : p_1 = p_2$ $H_1 : p_1 \neq p_2$	$\chi_0^2 = Z^2$	근사적인 검정. $\chi_0^2 \geq \chi_{n-1}^2(\alpha/2)$ 또는 $\chi_0^2 \leq \chi_{n-1}^2(1-\alpha/2)$이면 H_0를 기각한다.

▶ R에서 prop.test() 함수를 이용한다.

[예] prop.test(x1, x2)

▶ 모비율 차 $p_1 - p_2$ 에 대한 근사적인 $100(1-\alpha)\%$ 신뢰구간:

$$\left[\widehat{p_1} - \widehat{p_2} \ \pm \ z(\alpha/2) \ \times \sqrt{\frac{\widehat{p_1}(1-\widehat{p_1})}{n_1} + \frac{\widehat{p_2}(1-\widehat{p_2})}{n_2}} \ \right].$$

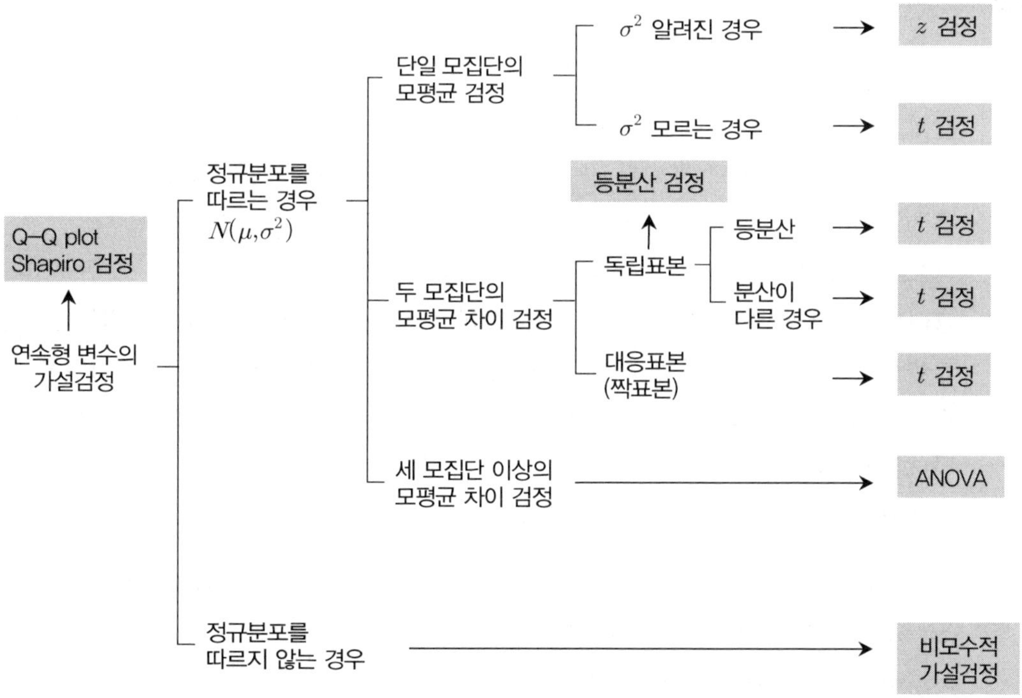

그림 7.5 모집단 평균(위치모수)에 대한 유의성 검정법 종류

<그림 7.5>에서 통계적 가정에 따른 모평균(위치모수)에 대한 검정법 종류를 보여준다.

모집단이 정규분포를 따르는지에 대한 그래프적 검토는 Q-Q 그림(Quantile-Quantile plot)으로 수행한다(4.3절 참조). R에서는 `qqnorm() ; qqline()` 함수를 이용한다.

모집단이 정규분포를 따르는지에 대한 검정법으로는 Shapiro 검정을 수행한다(4.3절 참조).

$$H_0$: 정규분포를 따른다. 에 대해 H_1: 정규분포를 따르지 않는다.

R에서는 `shapiro.test()` 함수를 이용한다.

$p-$값 $\geq \alpha$(유의수준) 이면 H_0를 기각하지 못한다. 그러므로 해당 데이터는 정규분포를 따른다고 할 수 있다.

모집단이 정규분포를 따르지 않더라도 표본의 크기가 충분히 크면(≥ 30) 정규분포 근사를 기반으로 Z-검정을 할 수 있다.

모집단이 정규분포를 따르지 않는 경우 비모수적 검정(nonparametric test)을 할 수 있으며 비모수적 방법은 7.9절에서 설명한다.

세 개 이상의 모집단에서 모평균 차이에 대한 검정은 분산분석법(analysis of variance)으로 8장에서 설명한다.

7.9 위치모수에 대한 비모수적 방법

모수적(parametric) 방법은 모집단이 특정 분포를 따른다고 가정하에서 유도된 방법이고 비모수적(nonparametric) 방법은 모집단이 특정 분포를 따른다는 가정 없이 완화된 가정하에서 유도된 방법이다. 여기서 완화된 가정은 모집단이 연속분포를 따른다. 또는 분포의 형태가 대칭이다 등 분포함수에 대한 가정이다.

모집단이 정규분포를 따를 때의 모수적 방법은 비모수적 방법보다 효율적이다. 그러나 모집단이 정규분포에서 멀어질수록 비모수적 방법이 모수적 방법에 비해 효율적이다. 모수적 방법은 특정 분포를 따른다고 가정하에서 유도된 방법이고 비모수적 방법은 모집단이 특정 분포를 따른다는 가정 없이 완화된 가정하에서 유도된 방법이다.

비모수적 방법은 다음의 상황에서 유용하다:

(i) 모집단의 분포가 알려지지 않고 표본의 크기가 소표본(small sample)인 경우
(ii) 데이터가 순위척도로 주어진 경우
(iii) 비모수적 방법은 직관적으로 이해하기 쉬운 편이다.

7.9.1 일집단 위치모수 0에 대한 검정: 부호검정

확률표본 $\{X_1, \ldots, X_n\}$에 대하여

X_i의 부호함수(sign)는

$$\psi_i = \begin{cases} 1, & X_i > 0 \\ 0, & X_i \le 0 \end{cases}$$

이다.

X_i의 순위함수(rank)는 다음과 같다:

$$R_i = \text{ 확률표본 } \{X_1, \ldots, X_n\}\text{에서 } X_i\text{의 순위.}$$

R에서 부호함수는 `sign()`을 사용하며 출력값은 -1과 1이다.

예 7.9 다음의 데이터에 대해 부호함수와 순위함수를 구해보시오.

표 7.13 데이터에 대한 부호함수와 순위함수

데이터	$x_1 = 2.1$	$x_2 = 1.7$	$x_3 = 2.4$	$x_4 = -0.5$
부호함수 값	$\psi_1 = 1$	$\psi_2 = 1$	$\psi_3 = 1$	$\psi_4 = 0$
순위함수 값	$R_1 = 3$	$R_2 = 2$	$R_3 = 4$	$R_4 = 1$

확률표본 $X_1, \ldots, X_n \sim F(x-\theta)$, 여기서 θ는 위치모수이고 $F(\cdot)$은 연속 분포함수로서 θ에 관하여 대칭이라고 가정한다.

위치모수로서 중앙값 θ에 대한 가설이 다음과 같을 때

$$H_0 : \theta = 0\text{에 대해 } H_1 : \theta > 0$$

귀무가설하에서

$$P_0(\psi_i = 1) = P_0(X_i > 0) = \frac{1}{2}$$

이므로

$$B = \sum_{i=1}^{n} \psi_i = \text{관측값 중 양의 부호의 개수} \sim B(n, 1/2)$$

이다. 즉 모집단의 분포와 무관한 이항분포를 따른다. 그러므로 검정통계량 B를 이용하여 분포무관(distribution-free) 검정을 할 수 있다.

예 7.10 $B \sim B(10, 1/2)$일 때 $P_0(B \ge 8) = 0.0547$이므로 유의수준 $\alpha = 0.0547$에서 기각역은 $B \ge 8$이 된다.

예 7.11 [예 7.9] 데이터에 대해 부호검정을 하고자 한다.

$$H_0 : \theta = 0 \text{에 대해 } H_1 : \theta > 0$$

R에서 부호검정을 위한 함수는 binom.test()를 사용한다.

```
# ex 7.11 : signed test
x=c(2.1, 1.7, 2.4, -0.5)
sign(x)
rank(x)
s=sign(x)  #-1, 1
s
ss=sum( s>=1)
ss
binom.test(ss, 4, p=0.5, alternative="greater", conf.level=0.95)
```

```
> x=c(2.1, 1.7, 2.4, -0.5)
> sign(x)
[1]  1  1  1 -1
> rank(x)
[1] 3 2 4 1
> ss=sum( s>=1)
> binom.test(ss, 4, p=0.5, alternative="greater", conf.level=0.95)
        Exact binomial test
data:  ss and 4
number of successes = 3, number of trials = 4, p-value = 0.3125
alternative hypothesis: true probability of success is greater than 0.5
95 percent confidence interval:
 0.2486046 1.0000000
sample estimates:
probability of success
                  0.75
```

검정통계량=3, p-값$= 0.31 > \alpha = 0.05$로 유의수준 5%에서 H_0를 기각하지 못한다. 그러므로 기존 페인트와 새 페인트의 차는 유의하지 않다.

7.9.2 일집단 위치모수 θ에 대한 검정: 부호검정

모집단으로부터 크기 n인 확률표본 $\{X_1, ..., X_n\}$에 대하여

(1) 통계적 가정(assumption)

A1. $X_i = \theta + e_{i,}$, $i = 1, ..., n$

여기서 θ는 미지의(unknown) 위치모수(location parameter)이고 e_i는 오차항이다.

A2. 오차항 e_i는 서로 독립이다.

A3. 오차항 e_i는 중앙값 0을 갖는 동일한 연속분포를 따른다.

(2) 위치모수 θ에 대한 추정량: 중앙값

확률표본 $\{X_1, ..., X_n\}$에 대해 $X_{(1)} \leq \ ... \ \leq X_{(n)}$은 순서통계량(order statistic)을 나타낸다.

$$\begin{aligned}\hat{\theta} &= med\{X_i, \quad i = 1, 2, ..., n\} \\ &= \begin{cases} X_{(k+1)}, & n = 2k+1 \quad (odd) \\ \dfrac{X_{(k)} + X_{(k+1)}}{2}, & n = 2k \quad (even) \end{cases}\end{aligned}$$

(3) 부호검정(Sign test)을 위한 검정통계량

$$B = \sum_{i=1}^{n} \psi_i$$

은 H_0하에서 이항분포를 따른다. 여기서 지시변수(indicator variable)는

$$\psi_i = \begin{cases} 1, & X_i > \theta_0 \\ 0, & X_i \leq \theta_0 \end{cases}$$

로 정의한다.

(4) 부호검정(Sign test)에 대한 가설과 검정법은 다음과 같다:

(i) $H_0 : \theta = \theta_0$에 대해 $H_1 : \theta > \theta_0$

만일 $B \geq b(\alpha, n, \frac{1}{2})$이면 H_0를 기각한다.

(ii) $H_0 : \theta = \theta_0$에 대해 $H_1 : \theta < \theta_0$

만일 $B < b(\alpha, n, \frac{1}{2})$이면 H_0를 기각한다.

(iii) $H_0 : \theta = \theta_0$에 대해 $H_1 : \theta \neq \theta_0$

만일 $B \geq b(\frac{\alpha}{2}, n, \frac{1}{2})$ 또는 $B < b(1 - \frac{\alpha}{2}, n, \frac{1}{2})$이면 H_0를 기각한다.

여기서 $B \sim B(n, \frac{1}{2})$ 이항분포를 따르며 $P\left(B \geq b(\frac{\alpha}{2}, n, \frac{1}{2})\right) = \frac{\alpha}{2}$를 만족한다.

(5) 대표본 근사

H_0 : $\theta=\theta_0$ 하에서 기댓값과 분산은

$$E_0(B)=\frac{n}{2}, \qquad Var_0(B)=\frac{n}{4}$$

이다. n이 충분히 크면($n\to\infty$)

$$Z_B=\frac{B-E_0(B)}{\sqrt{Var_0(B)}}=\frac{B-n/2}{\sqrt{n/4}} \sim N(0,\ 1)$$

근사적으로 정규분포를 따른다. 대표본 근사일 경우 Z-검정을 할 수 있다.

각 가설에 대한 검정법은 다음과 같다:

(i) 만일 $Z_B \ge z_\alpha$이면 H_0를 기각한다.

(ii) 만일 $Z_B \le -z_\alpha$이면 H_0를 기각한다.

(iii) 만일 $|Z_B| \ge z_{\alpha/2}$이면 H_0를 기각한다.

(6) 동점 처리

표본 크기를 그 개수만큼 줄인 후 검정을 시행(동점 데이터를 표본에서 제외)한다.

예 7.12 다음의 7개 전구 수명을 조사한 결과 얻은 데이터에 대해 $\alpha=0.05$에서 부호검정을 하고자 한다.

$$H_0 : \theta=35 \text{ 에 대해 } H_1 : \theta>35$$

표 7.14 전구 수명 데이터에 대한 부호함수

	X_1	X_2	X_3	X_4	X_5	X_6	X_7
데이터	25	16	44	62	36	58	38
ψ_i	0	0	1	1	1	1	1

```
# ex 7.12 : signed test
x<-c(25,16,44,62,36,58,38)
xnew<-x-35  #theta0=35
s<-sign(xnew)
s
ss=sum( s>=1)
ss
binom.test(ss, n=7, p=0.5, alternative="greater", conf.level=0.95)
```

```
> s
[1] -1 -1  1  1  1  1  1
> ss=sum( s>=1)
> ss
```

```
[1] 5
> binom.test(ss, n=7, p=0.5, alternative="greater", conf.level=0.95)
        Exact binomial test
data:  ss and 7
number of successes = 5, number of trials = 7, p-value = 0.2266
alternative hypothesis: true probability of success is greater than 0.5
95 percent confidence interval:
 0.3412614 1.0000000
sample estimates:
probability of success
            0.7142857
```

검정통계량=5, p-값$=0.22>\alpha=0.05$로 유의수준 5%에서 H_0를 기각하지 못한다. 그러므로 전구 수명은 35라고 할 수 있다.

7.9.3 일집단 위치모수에 대한 검정: 윌콕슨 부호순위검정

모집단으로부터 크기 n인 확률표본 $\{X_1,\ldots,X_n\}$에 대하여

(1) 통계적 가정

A1. $X_i=\theta+e_{i,}$, $i=1,\ldots,n$

여기서 θ는 미지의(unknown) 위치모수이고 e_i는 오차항이다.

A2. 오차항 e_i는 서로 독립이다.

A3. 오차항 e_i는 중앙값 0을 갖는 동일한 연속분포를 따른다.

A4. 오차항 e_i는 중앙값 0에 대하여 대칭인 분포 따른다.

(2) 위치모수 θ에 대한 윌콕슨 부호순위검정 기반 추정량

Walsh 평균은 다음과 같이 정의한다:

$$W_{ij}=\frac{1}{2}(X_i+X_j),\ \ 1\le i\ \le\ j\le n.$$

$\{W_{ij}\}$의 순서통계량 $\{W_{(1)},\ldots,\ W_{(M)}\}$을 구한다. $M=\dfrac{n(n+1)}{2}$이다.

위치모수 θ에 대한 추정량은 $\{W_{ij}\}$의 중앙값으로 구한다.

$$\hat{\theta} = med\{ W_{ij}, \quad i \le j \}$$
$$= \begin{cases} W_{(k+1)}, & M = 2k+1 \ (odd) \\ \dfrac{W_{(k)} + W_{(k+1)}}{2}, & M = 2k \ (even) \end{cases}$$

이러한 통계량은 Hodges-Lehmann one-sample estimator로 부른다.

(3) 윌콕슨 부호순위 검정통계량

$$Z_i = X_i - \theta_0, \ i = 1,2,\ldots,n$$

$R_i^+ = \{ |Z_1|,\ldots,|Z_n| \}$ 에서 $|Z_i|$의 순위

윌콕슨 부호순위 검정통계량(Wilcoxon signed rank statistic)은

$$W^+ = \sum_{i=1}^{n} \psi_i R_i^+$$

이다.

여기서 $\psi_i = \begin{cases} 1, & Z_i > 0 \\ 0, & Z_i \le 0. \end{cases}$

(4) 윌콕슨 부호순위검정(Wilcoxon signed rank test)에 대한 가설과 검정법

(i) $H_0 : \theta = \theta_0$에 대해 $H_1 : \theta > \theta_0$

만일 $W^+ \ \ge \ W^+(\alpha,n)$이면 H_0를 기각한다.

(ii) $H_0 : \theta = \theta_0$에 대해 $H_1 : \theta < \theta_0$

만일 $W^+ \ < \ W^+(1-\alpha,n)$이면 H_0를 기각한다.

(iii) $H_0 : \theta = \theta_0$에 대해 $H_1 : \theta \ne \theta_0$

만일 $W^+ \ \ge \ W^+(\alpha/2, n)$ 또는 $W^+ \ < \ W^+(1-\alpha/2, n)$이면 H_0를 기각한다.

여기서 W^+는 H_0 하에서 윌콕슨 부호순위 분포를 따른다.

$$P_0\{W^+ \ \ge \ W(\alpha, n)\} = \alpha$$ 를 만족한다.

(5) 윌콕슨 부호순위 검정통계량 대표본 근사

$H_0 : \ \theta = \theta_0$ 하에서 기댓값과 분산은

$$E_0(W^+) = \frac{n(n+1)}{4}, \qquad Var_0(W^+) = \frac{n(n+1)(2n+1)}{24}$$

이다.

n이 충분히 크면,

$$Z_{W^+} = \frac{W^+ - E_0(W^+)}{\sqrt{Var_0(W^+)}} = \frac{W^+ - n(n+1)/4}{[n(n+1)(2n+1)/24]^{1/2}} \ \sim \ N(0,1)$$

귀무가설하에서 표준정규분포를 따른다.

(6) 동점 처리

θ_0와 같은 값을 갖는 데이터는 관측치를 표본에서 제외한다. 즉, 표본크기를 줄여 다룬다.

[참고] 두 연속분포 F, G 를 따르는 확률변수 X, Y 가 동일한 값을 갖는 확률은 0이다. 그러나 실제 상황에서는 측정 문제 등으로 인해 동일한 값이 발생한다. 비모수적 방법을 적용하기위해서는 이와 같이 동점(ties)이 발생하는 경우 근사 개념을 기반으로 보정하는 대안이 필요하다.

예 7.13 다음은 알콜중독자의 IQ를 조사한 데이터이다. 평균 IQ가 107이라고 할 수 있는지 유의수준 5%에서 윌콕슨 부호순위검정(Wilcoxon signed rank test)를 수행하고자 한다.

$$H_0 : \theta = 107 \text{에 대해 } H_1 : \theta \neq 107$$

표 7.15 알콜중독자의 IQ 데이터에 대한 윌콕슨 부호순위 검정을 위한 통계량

i	약물중독자 IQ Z_i	$Z_i - 107$	$\lvert Z_i \rvert$	ψ_i	R_i^+
1	99	−8	8	0	7
2	100	−7	7	0	6
3	90	−17	17	0	11
4	94	−13	13	0	10
5	135	+28	28	1	14
6	108	+1	1	1	1
7	107				
8	110	+3	3	1	4.5
9	119	+12	12	1	9
10	104	−3	3	0	4.5
11	127	+20	20	1	13
12	109	+2	2	1	2.5
13	117	+10	10	1	8
14	105	−2	2	0	2.5
15	125	+18	18	1	12

R에서 윌콕슨 부호순위검정을 위한 함수는 `wilcox.test(x)`를 사용한다.

```
# ex 7.13 : Wilcoxon signed test
x=c(99, 100, 90, 94, 135, 108, 107, 110, 119, 104, 127, 109, 117, 105, 125)
wilcox.test(x, alternative="two.sided", mu=107, conf.level=0.95)
wilcox.test(x, alternative="two.sided", mu=107, conf.level=0.95,
correct=FALSE)
# correct=FALSE: p-value 계산 시 Holm 방법 적용여부 선택,
# 디폴트는 correct=T
# conf.int=TRUE : confidence interval output
```

```
> wilcox.test(x, alternative="two.sided", mu=107,conf.int=T)
        Wilcoxon signed rank test with continuity correction
data:  x
V = 64, p-value = 0.4896
alternative hypothesis: true location is not equal to 107
95 percent confidence interval:
 101.9999 117.9999
sample estimates:
(pseudo)median
```

검정통계량=64, p-값$=0.4896>\alpha=0.05$ 로 유의수준 5%에서 H_0를 기각하지 못한다. 그러므로 알콜중독자의 IQ 평균은 107이라고 할 수 있다.

7.9.3 이집단 위치모수에 대한 검정: 윌콕슨 순위합검정

두 모집단으로부터 확률표본 $\{X_1,...,X_m\}$과 $\{Y_1\ ...,Y_n\}$를 얻었다.

$N=n+m$ 로 표기하고 편의상 $m\geq n$ 으로 놓는다.

(1) 통계적 가정

A1. $X_i=\theta+e_{i,},\ i=1,\ ...,\ m$

$Y_j=\theta+\Delta+e_{(m+j)},\ \ j=1,\ ...,\ n$

여기서 θ는 미지의(unknown) 위치모수, Δ는 두 집단 위치모수차, e_i는 오차항이다.

A2. N개 오차항은 서로 독립이다.

A3. 오차항 e_i는 중앙값 0을 갖는 동일한 연속분포를 따른다.

(2) 위치모수 θ에 대한 윌콕슨 순위합검정 기반 추정량

(i) $V_{ij}=Y_j-X_i,\ \ \forall i,j,\ \ i=1,...,m,\ j=1,...,n$

(ii) V_{ij}의 순서통계량 $\{V_{(1)},\ \cdots,V_{(mn)}\}$

$$\hat{\Delta}=med\{V_{ij},\ i=1,...,m\ ,\ j=1,...,n\}$$
$$=\begin{cases} V_{(k+1)}, & mn=2k+1\ \ (odd) \\ \dfrac{V_{(k)}+V_{(k+1)}}{2}, & mn=2k\ \ (even) \end{cases}$$

(Hodges Lehmann two-sample estimator)

(3) 윌콕슨 순위합 검정통계량

$$W = \sum_{j=1}^{n} R_j$$

혼합표본 $\{X_1, \ldots, X_m,\ Y_{m+1}, \ldots, Y_{m+n}\}$에서 Y_j의 순위를 R_j로 구한다.

(4) 윌콕슨 순위합 검정(Wilcoxon rank sum test)에 대한 가설과 검정법

(i) $H_0 : \Delta = 0$에 대해 $H_1 : \Delta > 0$

만일 $W \geq W(\alpha, m, n)$ 이면 H_0를 기각한다.

(ii) $H_0 : \Delta = 0$에 대해 $H_1 : \Delta < 0$

만일 $W < W(\alpha, m, n)$ 이면 H_0를 기각한다.

(iii) $H_0 : \Delta = 0$에 대해 $H_1 : \Delta \neq 0$

만일 $W \geq W(\alpha/2, m, n)$ 또는 $W < W(1-\alpha/2,\ m, n)$ 이면 H_0를 기각한다.

여기서 W는 H_0 하에서 윌콕슨 순위합 분포를 따른다.

$P_0\{W \geq W(\alpha,\ m,\ n)\} = \alpha$를 만족한다.

(5) 윌콕슨 순위합 검정통계량 대표본 근사

H_0 하에서 기댓값과 분산은

$$E_0(W) = \frac{n(m+n+1)}{2}, \qquad Var_0(W) = \frac{nm(m+n+1)}{12}$$

이다. $m,\ n$ 이 충분히 크면, 다음의 통계량은 근사적으로 정규분포를 따른다:

$$Z_W = \frac{W - E_0 W}{\sqrt{Var_0 W}} \sim N(0,\ 1).$$

그러므로 근사적인 Z-검정을 할 수 있다.

(6) 동점 처리

혼합표본에서 동점이 있는 경우 평균순위를 사용하여 통계량 W를 계산한다.

(7) $H_0 : \Delta = \Delta_0$ $(\Delta_0 \neq 0)$인 경우

$$Y_j' = Y_j - \Delta_0,\ j = 1, \ldots, n$$

혼합표본 $\{X_i, Y_j'\}_{i=1,\ldots,m,\ j=1,\ldots,n}$에서 Y_j' 의 순위를 R_j로 구하고 검정법을 적용한다.

예 7.14 페인트에 새로운 첨가제를 넣어 만든 페인트가 기존의 페인트보다 빨리 마른다고 통계적 검정을 통해 주장하고자 한다.

기존 페인트 : 6.6 5.8 7.8 5.7 6.0 8.4
새 페인트 : 6.4 6.8 5.4 5.5 5.3

(1) 유의수준 5%에서 순위합 검정을 하고자 한다(가설, 검정통계량, 기각역, p-값, 결론).
(2) 페인트 마르는 시간 차이에 대한 순위합 검정에 기초한 점추정을 하시오.

R에서 윌콕슨 순위합검정을 위한 함수는 `wilcox.test(x,y)`를 사용한다.

```
wilcox.test(x, y,
            alternative = c("two.sided", "less", "greater"),
            mu = 0, paired = FALSE, exact = NULL, correct = TRUE,
            conf.int = FALSE, conf.level = 0.95)
```

```
# ex 7.14 : Wilcoxon signed rank sum test
x=c(6.6, 5.8, 7.8, 5.7, 6.0, 8.4)
y=c(6.4, 6.8, 5.4, 5.5, 5.3 )
wilcox.test(x,y, correct=FALSE, conf.int=T)
```

```
> wilcox.test(x,y, correct=FALSE, conf.int=T)
        Wilcoxon rank sum exact test
data:  x and y
W = 23, p-value = 0.1775
alternative hypothesis: true location shift is not equal to 0
95 percent confidence interval:
 -0.7  2.5
sample estimates:
difference in location
                  0.55
```

검정통계량=23, p-값$=0.18>\alpha=0.05$ 이므로 유의수준 5%에서 H_0를 기각하지 못한다. 그러므로 기존 페인트와 새 페인트의 차는 유의하지 않다.

7.9.4 짝지어진 집단에 대한 비모수적 대응비교 검정: 차에 대한 검정

하나의 실험단위에 두 처리를 적용하여 쌍의 관측값을 얻은 경우, 각 쌍의 관측값의 차를 이용하여 두 위치모수의 차에 관한 추론을 한다.

각 개체에 대해 연속분포를 따르는 모집단으로부터 쌍(pair)으로 측정하여 확률표본 $(Y_{11}, Y_{21}),...,(Y_{1n}, Y_{2n})$을 얻은 경우 자료구조는 <표 7.16>에서 보여준다. 두 집단(처리)의 위치모수가 같은지 검정하고자 한다.

표 7.16 짝지어진 표본의 자료구조

쌍	처리 1	처리 2	차이
1	Y_{11}	Y_{21}	$Z_1 = Y_{11} - Y_{21}$
2	Y_{12}	Y_{22}	$Z_2 = Y_{12} - Y_{22}$
⋮	⋮	⋮	⋮
n	Y_{1n}	Y_{2n}	$Z_n = Y_{1n} - Y_{2n}$

(1) 통계적 가정

A1. $Z_i = Y_i - X_i = \theta + e_{i,}\ \ i = 1,...,n$

여기서 θ는 미지의(unknown) 위치모수이고 e_i는 오차항이다.

A2. 오차항 e_i는 서로 독립이다.

A3. 오차항 e_i는 중앙값 0을 갖는 동일한 연속분포를 따른다.

(2) 추정법과 검정법

쌍별로 차를 구한 후 일집단 위치모수에 대한 검정을 수행한다.

예 7.15 (a) 7쌍의 일란성 쌍둥이에게 상대방에 대한 공격 성향 측정하는 심리 검사 후 점수 데이터(높은 점수가 더 공격적)를 얻었다. 쌍둥이들의 공격 성향 차이가 유의한지 분석하고자 한다.

(b) 피부보호를 위한 자외선 차단 크림 A와 B의 효과를 비교하고자 한다. 10명의 각 사용자에게 왼팔에는 A, 오른팔에는 B를 바르고 일정 시간 지난 후, 자외선 차단 효과를 측정하여 데이터를 얻었다.

예 7.16 5명의 흡연자들을 대상으로 금연하게 한 후 5주 뒤에 나타나는 체중의 증감을 나타낸 자료이다. (단위: kg)

금연 전:	66	80	69	52	75
금연 후:	71	82	68	50	63

(1) 체중 증가의 차이에 대한 비모수적 점추정을 하시오.

(2) 체중 증가량이 0이라고 할 수 있는지 비모수적 대응비교검정을 하시오.

```
# ex 7.16 paired test : signed rank test
x.pre=c(66, 80, 69, 52, 75)
x.post=c(71, 85, 78, 68, 80)
wilcox.test( x.post,x.pre, paired = TRUE, alternative = "greater", conf.int=T)
```

```
> wilcox.test( x.post,x.pre, paired = TRUE, alternative = "greater", conf.int=T)

        Wilcoxon signed rank test with continuity correction

data:  x.post and x.pre
V = 15, p-value = 0.02724
alternative hypothesis: true location shift is greater than 0
80 percent confidence interval:
   5 Inf
sample estimates:
(pseudo)median
      6.999921
```

검정통계량=15, p-값$= 0.027 < \alpha = 0.05$ 이므로 유의수준 5%에서 H_0를 기각한다. 그러므로 금연 전후 체중 증가량이 0보다 크다고 할 수 있다.

연습문제

01 전기기구를 고치는 데 걸리는 시간은 정규분포를 따른다고 할 수 있으며 다음과 같이 10개의 기구의 수리시간에 대한 데이터를 얻었다. (단위 : 시간)

159 280 101 121 224 222 379 179 250 170

(a) 평균 수리시간이 225시간을 넘는다고 할 수 있는지 알고자 한다. 적절한 통계적 가설을 세우시오.
(b) 평균, 중앙값, 분산, 표준편차를 구하시오.
(c) 평균 수리시간에 대한 95% 신뢰구간을 구하시오.
(d) (a)에서 세운 가설에 대해 유의수준 $\alpha = 0.05$로 검정하고 결론을 쓰시오.
(e) 평균 수리시간에 대한 90% 신뢰구간을 구하시오.
(f) 수리시간 값에 log를 취한 변수 Y를 생성하시오.
(g) Y의 평균과 분산을 구하시오.

02 다음의 전구 수명 자료를 이용하시오.

25 16 44 62 36 58 38

(a) 평균 전구 수명을 구하시오.
(b) 전구 수명 분산을 구하시오
(c) 전구 수명 표준편차를 구하시오
(d) 상자그림을 그리시오
(e) 몇 개의 옵션을 추가해서 상자그림을 그리시오.

03 두 종류 기계로 플라스틱 병에 쥬스를 500ml 채우는 작업을 하였을 때, 쥬스의 양은 정규분포를 따른다고 가정할 수 있다고 한다.

기계 A : 501, 502, 495, 498, 499, 506

기계 B : 508, 510, 503, 504, 500, 504, 505

(a) 두 기계의 분산이 같다고 할 수 있는지 유의수준 5%에서 F−검정하시오.

(b) (a) 결과를 참고하여 두 기계의 평균이 같다고 할 수 있는지 검정하기 위한 적절한 통계적 가설을 세우고 유의수준 5%에서 검정하시오.

(c) 기계별로 평균, 중앙값, 분산, 표준편차를 구하시오.

04 G 제약회사에서 다이어트 약의 효과가 있는지 알아보고자 랜덤 추출한 10명의 사람을 대상으로 약 투여 전후의 몸무게를 조사하였다. 몸무게는 정규분포를 따른다고 할 수 있다.

표 7.7 다이어트 약의 효과 데이터

표본 번호	약 투여 전	약 투여 후	차이
1	55	54	
2	60	55	
3	70	64	
4	75	73	
5	66	61	
6	78	70	
7	80	76	
8	83	65	
9	88	78	
10	73	72	
표본평균			
표본분산			
표본표준편차			

(a) <표 7.7>의 빈 칸을 채우시오.

(b) 약의 효과가 있다고 할 수 있는지 검정통계량 p-값을 구하여 유의수준 5%에서 가설검정하시오.

05 12명의 학생들이 각각 두 군데에 위치한 단어를 찾는 데 걸리는 시간을 조사해서 〈표 7.8〉을 얻었다. 각 변수는 정규분포를 따른다고 할 수 있다.

(a) X_1, X_2 각 변수에 대해 평균, 분산, 표준편차를 구하시오.

(b) $H_0 : \mu_{X_1} = 30$ 대해 $H_1 : \mu_{X_1} \neq 30$를 유의수준 5%에서 검정하시오.

(c) $H_0 : \mu_{X_2} = 25$ 대해 $H_1 : \mu_{X_2} \neq 25$를 유의수준 5%에서 검정하시오.

표 7.8 학생들이 두 군데 단어를 찾는 데 걸린 시간

학생번호	X_1	X_2	학생번호	X_1	X_2
1	51	36	7	41	22
2	27	20	8	38	21
3	37	22	9	36	23
4	42	36	10	26	31
5	27	18	11	29	20
6	43	32	12	35	30

06 지난 달 B 정당의 지지도는 50% 이었다. 이번 달에 여론 조사 결과 300명 중 120명이 B 정당을 지지한다고 했다.

(a) B 정당의 지지도가 지난 달의 수준을 유지하고 있다고 주장할 수 있는지 유의수준 5%에서 유의성 검정을 하시오.

(b) B 정당의 지지도가 지난 달의 수준보다 떨어졌다고 주장할 수 있는지 유의수준 5%에서 유의성 검정을 하시오.

07 P 보험회사에서 지난 2년간 A, B 두 생명보험에 대해 계약 해지 비율을 조사하였다. A, B 두 생명보험에 대해 계약 해지 비율이 같다고 할 수 있는지 유의수준 5%에서 통계적 검정을 하시오.

	총 계약자 수	계약 해지자 수
A	3500	500
B	2800	200

08 K 음료의 선호도는 20%로 알려져 있다. 칼슘을 보충하여 출시된 K 음료의 선호도를 조사하였더니 200명 중 50명이 선호한다고 답하였다. K 음료 선호도에 변화가 있다고 할 수 있는지 유의수준 5%에서 통계적 검정을 하시오.

09 지난 한 달간 A, B 두 도시에서 지하철 이용비율을 조사하였다. B 도시에서 지하철 이용 비율이 높다고 할 수 있는지 유의수준 5%에서 통계적 검정을 하시오.

	출근자 수	지하철 이용 출근자 수
A	5500	3000
B	3000	2000

10 정상 여자 어른 10명과 빈혈이 있는 여자 어른 12명의 plasma hemoglobin 수치(단위: g/dl)를 조사하여 얻은 데이터이다.

	plasma hemoglobin 수치											
정상군	14	15	16	13	12	17	15	13	16	13		
빈혈군	8	11	9	8	10	11	7	9	6	8	7	10

(a) 정상군의 평균과 표준편차를 구하시오.

(b) 빈혈군의 평균과 표준편차를 구하시오.

(c) 정상군과 빈혈군간의 헤모글로빈 평균 차이가 있다고 주장할 수 있는지 유의수준 5%에서 검정하시오.

11 심장질환으로 고생하는 환자 중에서 두 그룹으로 나누어 서로 다른 치료방법을 사용하였다. 그룹1에는 방사선치료를, 그룹2는 외과수술을 실시한 후 일정기간의 치료 후에 심장박동수를 측정하여 정상인과 비교한 심장박동비율을 조사하여 다음의 결과를 얻었다. 두 그룹간의 심장박동비율(%)에 차이가 있는지 유의수준 5%에서 t-검정하시오.

그룹	심장박동비율					
그룹1	67	79	57	66	71	78
그룹2	42	61	64	76	45	58

12 13명의 백혈병 환자들을 대상으로 새로운 혈청이 생존연수를 얼마나 증가시키는가를 조사한 데이터이다. 혈청 주입여부에 따라 생존년수간에 차이가 있는지 유의수준 5%에서 t-검정하시오.

혈청주입한 경우	혈청주입하지 않은 경우
2.1	1.9
5.0	0.5
1.4	2.8
4.6	3.1
3.0	2.7
4.3	1.8
3.2	

13 각 시음자에게 두 음료 A, B에 대하여 시음하게 한 후 맛을 점수화한 데이터이다. 두 음료의 맛에 차이가 있다고 할 수 있는지 유의수준 5%에서 짝지어진 t-검정하시오.

시음자	1	2	3	4	5	6	7	8
A	90	88	78	65	78	60	89	73
B	80	78	75	69	73	62	79	70

14 다음은 기존 자외선 차단 로션 E와 새로 개발한 자외선 차단 로션 F에 대하여 효과 차이가 있는지 알아보고자 한다. 5명의 여성에게 왼쪽 팔에는 E 로션을, 오른쪽 팔에는 F 로션을 바르고 일정 시간 지난 후 피부 그을린 정도를 측정하여 데이터를 얻었다. 두 로션 간의 차이가 있다고 할 수 있는지 유의수준 5%에서 비모수적 검정을 하시오.

	1	2	3	4	5
E (왼쪽 팔)	30	45	35	45	38
F (오른쪽 팔)	20	30	25	36	33

15 다음의 데이터에 부호함수(0,1)와 순위함수 값을 구하여 칸을 채우시오.

데이터	$x_1=2.1$	$x_2=1.7$	$x_3=2.4$	$x_4=-0.5$	$x_5=-1.5$
부호함수 값					
순위함수 값					

16 다음의 데이터에 R에서의 sign() 함수와 rank() 함수를 이용하여 칸을 채우시오.

데이터	$x_1=2.1$	$x_2=1.7$	$x_3=2.4$	$x_4=-0.5$	$x_5=-1.5$
부호함수 값					
순위함수 값					

17 우리나라 대학생의 IQ 중앙값은 115이다. D 대학 학생의 IQ 중앙값이 115 이상이라고 주장한다. 이 주장이 옳은지를 확인하기 위해서 임의로 15명을 추출하여 IQ를 조사한 자료는 다음과 같다.

128 125 119 110 108 130 116 115 105 118
125 122 115 117 120

(1) 위치모수에 대한 추정값으로 중앙값을 구하시오.

(2) 유의수준 0.05에서 비모수적 방법으로 검정하시오.

18 유전 연구에서 두 인종그룹으로부터 혈액 표본을 수집하여 MSCE(mean sister chromatid exchange) 데이터를 얻었다. 두 인종 간의 MSCE 차이가 있다고 할 수 있는지 유의수준 10%에서 비모수적 검정을 하시오.

Native American	Caucasian
8.5	8.9
9.4	8.5
8.6	7.8
8.1	8.1
7.7	7.2
8.6	

19 옥수수(corn) 수확에서 잡초(weed)의 양이 미치는 영향을 실험하기 위해 8개 같은 크기의 작은땅(plot)에 옥수수를 심고 잡초가 없는 경우(weed0)와 잡초를 약간 심은 경우(weed3) 수확량을 비교하고자 한다. 4개씩 랜덤하게 배정하여 다음의 수확량 데이터를 얻었다. 잡초여부에 따라 옥수수 수확량에 차이가 있다고 할 수 있는지 유의수준 5%에서 비모수적 검정을 하시오.

	1	2	3	4
weed0	188	177	173	176
weed3	158	176	153	156

CHAPTER

08

카이제곱 검정

8.1 카이제곱 독립성 검정
8.2 카이제곱 적합도 검정

8.1 카이제곱 독립성 검정

이산형 또는 범주형 데이터에 대해서는 표의 형태로 자료를 정리해 봄으로써 분포에 대한 정보를 얻을 수 있다. 두 개의 변수에 대해 다항반응인 경우 이원분할표(two-way contingency table)로 정리해 보고 또한 두 개의 범주형 변수간에 관련성에 대해 알아보고자 한다. 이런 통계표로부터 독립성 검정에는 행범주간 열범주의 비율을 비교하는 문제가 된다. 이러한 범주형 변수가 세 개 이상일 경우에는 로그 선형 또는 로지스틱 회귀모형 등을 통해 관련성을 파악해야 한다.

두 변수간의 독립성 여부에 대한 검정을 하고자 할 때 카이제곱 검정(chi-square test)을 한다. 카이제곱 독립성 검정에 대한 통계적 가설은 다음과 같다.

H_0 : 2개의 범주형 변수간에 독립이다.

에 대해

H_1 : 2개의 범주형 변수간에 독립이 아니다.

다음과 같이 행의 범주가 r개 있는 행 변수와 열의 범주가 c개 있는 열 변수의 두 개 범주형 변수에 대해 관측도수 O_{ij}가 관측되었다고 하자.

		열변수 Y					
		1	$\cdots$	j	$\cdots$	c	합
행변수 X	1	O_{11}	$\cdots$	O_{1j}	$\cdots$	O_{1c}	O_{1+}
	$\vdots$	$\vdots$		$\vdots$		$\vdots$	
	i	O_{i1}	$\cdots$	O_{ij}	$\cdots$	O_{ic}	O_{i+}
	$\vdots$	$\vdots$		$\vdots$		$\vdots$	
	r	O_{r1}	$\cdots$	O_{rj}	$\cdots$	O_{rc}	O_{r+}
	합	O_{+1}	$\cdots$	O_{+j}	$\cdots$	O_{+c}	N

여기서 $O_{i+} = \sum_{j=1}^{c} O_{ij}$, $O_{+j} = \sum_{i=1}^{r} O_{ij}$이다.

(X, Y) 가 (i, j) 번째 범주에 속할 확률을 p_{ij}, X가 i번째 범주에 속할 확률을 p_{i+}, Y가 j번째 범주에 속할 확률을 p_{+j}라고 하자. 카이제곱 독립성 검정을 위한 통계적 가설을 확률로 표현하면 다음과 같이 나타낼 수 있다.

$$H_0 : p_{ij} = p_{i+} \cdot p_{+j} \text{에 대해 } H_1 : \text{not } H_0$$

즉, 귀무가설은 X와 Y가 독립임을 나타낸다.

각 범주에서 귀무가설이 참일때 기대빈도수 E_{ij}를 구해 보자. 귀무가설이 참이면 즉 두 변수가 서로 독립이면 각 범주에 대해

$$p_{ij} = p_{i+} \cdot p_{+j}$$

이 성립한다. 그러므로 (i,j)번째 범주에서 기대도수는

$$Np_{ij} = Np_{i+} \cdot p_{+j}$$

(i,j)번째 범주에서 관측도수 O_{ij}로부터 (i,j)번째 범주에 대한 기대빈도수는

$$E_{ij} = N \cdot \frac{O_{i+}}{N} \cdot \frac{O_{+j}}{N} = \frac{O_{i+}O_{+j}}{N}$$

으로 구한다.

행변수는 r개 범주, 열변수는 c개 범주를 가질 때 카이제곱 검정통계량은

$$X^2 = \sum_{i=1}^{r}\sum_{j=1}^{c}\frac{(O_{ij}-E_{ij})^2}{E_{ij}}$$

자유도 $df = (r-1)(c-1)$

여기서

O_{ij} : 행변수 i번째, 열변수 j번째 범주에서 관측도수

E_{ij} : 귀무가설이 사실일 때 행변수 i번째, 열변수 j번째 범주에서 기대도수.

귀무가설 하에서 X^2은 근사적으로 자유도가 df인 카이제곱분포를 따른다.

유의수준 α에서 기각값(critical value)이 주어진 경우 검정법은

$X^2 \geq \chi^2_{df}(\alpha)$이면 H_0를 기각한다.

여기서 $\chi^2_{df}(\alpha)$는 자유도 df인 카이제곱분포를 따르는 확률변수 X^2에 대해 $P(X^2 \geq \chi^2_{df}(\alpha)) = \alpha$을 만족하는 값이다.

참고로 카이제곱 검정에서 소표본 기대도수를 가질 경우 검정통계량의 근사 분포의 유효성 문제가 다음과 같이 제기된다.

$k=2$, $df=1$일 때 각 칸의 기대도수가 5 이상이어야 카이제곱 검정이 유효하다. $k>2$, $df>1$일 때 전체 칸의 20% 이상이 기대도수 5 이하를 갖는다면 카이제곱 검정이 유효하지 않다.

R에서는 `chisq.test()`를 이용하여 카이제곱 검정을 할 수 있다.

`x`가 표 또는 행렬로 주어진 경우에는 `chisq.test(x)`로 쓰며, 각 개체별로 두 변수 `x,y` 값이 주어진 경우에는 `chisq.test(x,y)` 또는 `chisq.test(table(x,y))` 로 쓴다.

8.1.1 데이터가 빈도표로 주어진 경우

<표 8.1>과 같이 이원분할표로 주어진 경우 두 변수간의 독립성에 대해 알아보고자 한다. <표 8.1> 데이터에 대해 고등학교 졸업여부와 수입 관련이 있는지 카이제곱 검정하고자 한다. chisq.test()를 이용한다.

표 8.1 고등학교 졸업 여부와 수입

	고등학교 졸업 여부	
	Yes	No
고수입(high income)	54	45
저수입(low income)	63	65

H_0 : 고등학교 졸업여부와 수입은 서로 독립이다. (관련 없다)

H_1 : 고등학교 졸업여부와 수입은 서로 독립이 아니다. (관련 있다)

```
> x = matrix(c(54, 63, 45, 65), nc = 2)
> chi=chisq.test(x)
> chi

        Pearson's Chi-squared test with Yates' continuity correction

data:  x
X-squared = 0.4388, df = 1, p-value = 0.5077
```

카이제곱 검정 결과 통계량값은 0.4388이고 $p-\text{값} = 0.5077 > \alpha = 0.05$이므로 유의수준 5%하에서는 귀무가설을 기각하지 못한다. 그러므로 고등학교 졸업 여부와 수입은 서로 독립이라고 할 수 있다.

카이제곱검정 결과가 저장되어 있는 chi 객체에는 attributes(chi)에서 볼 수 있는 결과들을 포함하고 있다. 관심 있는 결과를 보고자 할 때는, 예를 들어 각 칸의 기대도수를 알고자 할 때 chi$expected를 이용한다.

```
> attributes(chi)
$names
[1] "statistic" "parameter" "p.value"   "method"    "data.name"
[6] "observed"  "expected"  "residuals"
$class
[1] "htest"
> chi$observed
     [,1] [,2]
[1,]   54   45
[2,]   63   65
```

```
> chi$expected
          [,1]     [,2]
[1,] 51.02643 47.97357
[2,] 65.97357 62.02643
> chi$residuals
            [,1]       [,2]
[1,]  0.4162750 -0.4293158
[2,] -0.3660943  0.3775631
```

8.1.2 데이터가 개체에 대한 정보로 주어진 경우

이번에는 각 개체에 대한 조사 데이터에 대해 카이제곱 검정을 하고자 한다.

A 학과 지원생에 대한 데이터로 입학 여부와 성별간에 관계가 있다고 할 수 있는지 카이제곱 검정을 하고자 한다.

표 8.2 성별과 입학 여부 데이터

학생번호	성별	입학 여부
1	M	Y
2	M	Y
3	M	Y
4	M	Y
5	M	N
6	M	Y
7	F	Y
8	F	Y
9	F	N
10	F	N
11	F	Y
12	M	Y

```
> x=seq(1, 12)
> gender=c("M","M","M","M","M","M","F","F","F","F","F","M")
> admit=c( "Y", "Y", "Y", "Y", "N","Y", "Y", "Y","N","N", "Y", "Y")
> y=cbind(x,gender, admit)
> table(gender, admit)
      admit
gender N Y
     F 2 3
     M 1 6
```

```
> chisq.test(gender, admit)

        Pearson's Chi-squared test with Yates' continuity correction

data:  gender and admit
X-squared = 0.1143, df = 1, p-value= 0.7353
Warning message:
In chisq.test(gender, admit) : Chi-squared approximation may be        incorrect
```

각 칸의 기대도수가 5이하인 범주가 있을 때 Warning message가 나온다.

예 8.1 <표 8.3>은 A 회사 직장인을 대상으로 음주와 흡연에 대해 조사한 데이터이다. 음주 빈도와 흡연 빈도가 서로 관련 있다고 할 수 있는지 검정하고자 한다. 빈도 수준 변수로 1은 매일 또는 매우 자주, 5는 전혀 이용하지 않음을 나타낸다.

표 8.3 음주와 흡연 빈도 데이터

음주 빈도 수준	흡연 빈도 수준				
	1	2	3	4	5
1	20	30	20	25	30
2	20	20	35	37	31
3	16	29	40	45	30
4	9	10	35	37	31
5	10	10	26	39	40

(1) 통계적 가설

H_0 : 흡연 빈도와 음주 빈도가 서로 독립이다.

H_1 : 흡연 빈도와 음주 빈도가 서로 독립이 아니다.

(2) R 프로그램

```
y= matrix( c(20, 30, 20, 25,30,
             20, 20, 35, 37, 31,
             16, 29, 40, 45, 30,
              9, 10, 35, 37, 31,
             10, 10, 26, 39, 40), nr=5 )
chi_sa=chisq.test(y)
chi_sa
```

```
> chi_sa
        Pearson's Chi-squared test
data:  y
X-squared = 36.9249, df = 16, p-value = 0.002149
```

(3) 결론

카이제곱 통계량은 36.9249이고 $p-$값 $= 0.002149 < \alpha = 0.05$이므로 H_0를 기각하므로 유의하다. 즉 흡연 빈도와 음주 빈도간에 관련이 있다고 할 수 있다.

8.2 카이제곱 적합도 검정

k개 범주가 있고 범주 번호를 $1, 2, \ldots, k$로 놓고 각 범주에 대한 확률을 $p_1, p_2, \ldots, p_k$라고 할 때 $\sum_{i=1}^{k} p_i = 1$이다. 이때 범주를 선택하는 사건은 확률변수로 표현되고 n 번 반복 사건에 대해 표로 정리할 수 있으며 각 범주에 속한 도수 $Y_1, Y_2, \ldots, Y_k$는 다항분포(multinomial distribution)를 따른다. 여기서 $\sum_{i=1}^{k} Y_i = n$이다.

$Y_1, Y_2, \ldots, Y_k$는 범주에 속하는 도수를 나타내는, 다항분포를 따르는 확률변수일 때 어떤 특정 확률분포를 따르는지에 대한 카이제곱 적합도 검정(goodness-of-fit test)을 할 수 있다.

특정한 확률값 π_i라고 하자.

$$H_0 : p_1 = \pi_1,\ p_2 = \pi_2,\ \cdots,\ p_k = \pi_k$$

에 대해

$$H_1 : \text{적어도 한 개의 } p_i \neq \pi_i,\ i = 1, \ldots, k$$

카이제곱 검정통계량은

$$X^2 = \sum_{i=1}^{k} \frac{(Y_i - n\pi_i)^2}{n\pi_i} = \sum_{i=1}^{k} \frac{(O_i - E_i)^2}{E_i}$$

자유도 $df = k - 1$

여기서

O_i : i번째 범주에서 관측도수

E_i : 귀무가설이 사실일 때 i번째 범주에서 기대도수.

귀무가설 하에서 X^2은 근사적으로 자유도가 $k-1$인 카이제곱분포를 따른다.

유의수준 α에서 검정법은

$X^2 \geq \chi^2_{k-1}(\alpha)$이면 H_0를 기각한다.

이와 같은 카이제곱 검정은 chisq.test()를 이용하여 수행한다.

예 8.2 알사탕 100개가 들어있는 한 봉지에서 빨강(1), 노랑(2), 파랑(3), 초록색(4) 각각의 사탕 개수를 세어 보니 30, 20, 27, 23이었다.

$$H_0 : p_1 = 0.25,\ p_2 = 0.25,\ p_3 = 0.25,\ p_4 = 0.25$$

에 대해

$$H_1 : \text{적어도 한 개의 } p_i \neq 0.25,\ i = 1,\ldots,4$$

가설에 대한 카이제곱 검정을 하고자 한다.

```
> y=c(30,20,27,23)
> pr=c(0.25,0.25, 0.25, 0.25)
> chisq.test(y, p=pr)
        Chi-squared test for given probabilities
data:  y
X-squared = 2.32, df = 3, p-value = 0.5087
```

$p-$값 $= 0.5087 > \alpha = 0.05$이므로 H_0를 기각하지 못하므로 유의하지 않다. 즉 4가지 색깔의 분포는 균일분포를 따른다고 할 수 있다.

예 8.3 UsingR 패키지에 내장된 데이터셋 pi2000은 무리수인 원주율 π의 2000자리 숫자들의 집합이다.

```
> library(UsingR)
> data(pi2000)
```

(a) table() 함수를 이용하여 각 숫자의 분포표를 얻는다.

```
> table(pi2000)
pi2000
  0   1   2   3   4   5   6   7   8   9
181 213 207 189 195 205 200 197 202 211
```

(b) 각 숫자의 분포가 같다고 할 수 있는지 통계적 가설을 쓰고 카이제곱 적합도 검정을 하고자 한다.

관심있는 통계적 가설은

$$H_0 : p_0 = 0.1,\ \ p_1 = 0.1,\ \ \cdots,\ \ p_9 = 0.1$$

에 대해

$$H_1 : \text{적어도 한 개의 } p_i \neq 0.1,\ i = 0,1,\ldots,9$$

```
> chisq.test(table(pi2000),p=c(0.1,0.1,0.1,0.1,0.1,0.1,0.1,0.1,0.1,0.1))
        Chi-squared test for given probabilities
data:  table(pi2000)
X-squared = 4.42, df = 9, p-value = 0.8817
```

$p-$값 $=0.8817>\alpha=0.05$이므로 유의수준 5%에서 H_0를 기각하지 못하므로 유의하지 않다. 즉 각 숫자의 발생 확률이 동일하다고 할 수 있다.

예 8.4 samhda 데이터셋에 포함되어 있는 변수 중 amt.smoke는 고등학생이 지난달 담배를 피운 빈도 변수로 1은 매일, 7은 전혀 피우지 않음을 나타낸다. amt.alcohol은 음주 빈도 변수이며 결측값에는 98, 99가 입력되어 있다.

(a) 범주별 흡연 빈도가 다음과 같다고 할 수 있는지 검정하고자 한다.

0.2, 0.15, 0.05, 0.05, 0.1, 0.15, 0.3

```
> library(UsingR)
> data(samhda)
> attach(samhda)
> y=table(amt.smoke[amt.smoke<98])
> y
 1   2   3   4   5   6   7
32   7  13  10  14  43 105
> p=c(0.2, 0.15, 0.05, 0.05, 0.1, 0.15, 0.3)
> chisq.test(y, p=p)
        Chi-squared test for given probabilities
data:  y
X-squared = 52.1756, df = 6, p-value = 1.719e-09
```

$p-$값 $=1.719\times10^{-9}<\alpha=0.05$이므로 유의수준 5%에서 H_0를 기각한다. 즉 각 범주의 확률이 주어진 상황과 같다고 할 수 없다.

(b) 범주별 음주 빈도가 다음과 같다고 할 수 있는지 검정하고자 한다.

0.01, 0.04, 0.05, 0.1, 0.1, 0.3, 0.4

```
> z=table(amt.alcohol[amt.alcohol<98])
> z
1  2  3  4  5  6  7
2  2 16 24 39 90 90
> pz=c( 0.01, 0.04, 0.05, 0.1, 0.1, 0.3, 0.4)
> a=chisq.test(z, p=pz)
```

```
Warning message:
In chisq.test(z, p = pz) : 카이제곱 근사는 부정확할지도 모른다.
> a

        Chi-squared test for given probabilities

data:  z
X-squared = 17.7605, df = 6, p-value = 0.00686
> a$expected
     1      2      3      4      5      6      7
  2.63  10.52  13.15  26.30  26.30  78.90 105.20
```

$p-$값 $=0.00686<\alpha=0.05$이므로 유의수준 5%에서 H_0를 기각한다. 즉 각 범주의 확률이 주어진 상황과 같다고 할 수 없다. 각 칸의 기대도수가 5 미만인 경우가 있어 결과에 Warning message가 나왔다. a$expected를 출력하면 각 범주의 기대도수를 알 수 있다.

연습문제

01 다음은 B 공대에 지원한 남녀 학생 수를 나타낸다.

Y	gender (X) Male	Female
Admit	30	10
Deny	30	10

(a) 입학 여부와 성별간에 관계가 있다고 할 수 있는지 예측하시오.

(b) 입학 여부와 성별간에 관계가 있다고 할 수 있는지 유의수준 0.05에서 검정하시오.

02 다음은 C 공대에 지원한 남녀 학생 수를 나타낸다.

Y	gender (X) Male	Female
Admit	30	20
Deny	30	10

(a) 입학 여부와 성별간에 관계가 있다고 할 수 있는지 예측하시오.

(b) 입학 여부와 성별간에 관계가 있다고 할 수 있는지 유의수준 0.05에서 검정하시오.

03 지난 1년 동안 A 학과의 각 학년별 학과행사 참석 여부를 조사한 데이터이다. 학년과 참석 여부가 서로 독립인지 유의수준 5%에서 검정하시오.

	1	2	3	4
참석	40	30	35	20
불참	20	30	45	40

04 주사위를 200번 던진 결과 1의 눈이 30번, 2가 20번, 3이 40번, 4는 10번, 5는 40번, 6이 60번 나왔다. 각 수가 나올 확률이 각각 1/6 이라고 할 수 있는지 유의수준 5%에서 카이제곱 적합도 검정을 하시오.

05 2003년 미국 미시간 주에서 일어난 살인사건수를 요일별로 정리한 결과이다. 요일별 살인 사건 발생 확률이 같다고 할 수 있는지 유의수준 5%에서 검정하시오.

일요일	월요일	화요일	수요일	목요일	금요일	토요일
53	42	51	45	36	37	65

06 부모와 자녀의 안전벨트 착용 여부에 관해 조사한 데이터이다.

부모	자녀 안전벨트 착용	착용하지 않음
안전벨트 착용	60	10
착용하지 않음	5	20

(a) 부모의 안전벨트 착용여부와 자녀의 안전벨트 착용 여부가 독립이라고 할 수 있는지 유의수준 0.05에서 검정하시오.

(b) 각 칸의 기대도수를 구하시오.

07 A과목 수강결과 (Pass/Fail)로 주어졌다. 수강결과 성적과 성별(Male/Female)간에 관계가 있다고 할 수 있는지 유의수준 5%에서 카이제곱 검정을 하시오.

학생번호	성별	수강결과
1	M	P
2	M	P
3	M	F
4	M	F
5	M	F
6	M	F
7	F	P
8	F	P
9	F	P
10	F	F
11	F	P
12	M	P
13	F	P
14	F	F

08 임의의 한국인 105명에서 대립유전형질 M과 N을 가지는 혈액형을 조사하여 데이터를 얻었다. 유전자형 분포가 동일하다고 할 수 있는지 유의수준 5%에서 검정하시오.

유전자형	MM	MN	NN
관찰도수	20	55	30

09 성별과 좌우 손 사용과의 관계가 있는지 알아보기 위해 조사를 하여 다음의 분할표를 얻었다.

	남	여
오른손 사용	27 (A)	18 (B)
왼손 사용	7 (C)	10 (D)

(a) (A), (B), (C), (D)에 전체도수 중 차지하는 퍼센트를 계산하시오.

(b) (A), (B), (C), (D)에 카이제곱 검정을 위한 기대도수를 계산하시오.

(c) 성별과 좌우 손 사용과의 관계에 대한 유의수준 0.05에서 독립성 검정을 하고 결론을 쓰시오.

10 대통령 선거 관련 여론조사 결과 빈도 데이터를 이용하여 대통령후보와 이념성향이 독립인지 유의수준 5%에서 검정하시오.

		투표 대상		
		이회창	노무현	행합
이념 성향	진보	115	395	510
	중도	169	221	390
	보수	225	125	350
	열합	509	741	1250

11 여성 화장품 신제품 출시 후 일정량을 바르게 한 후 구매 여부에 대한 의견을 조사하여 정리한 데이터이다. 유의수준 5%에서 여성 나이대와 구매 여부에 대한 독립성 검정을 하시오.

구매여부	여성 나이대 20대	 30대	 40대
안하겠다	24	20	50
고려해보겠다	32	30	20
하겠다	54	60	15

CHAPTER

09

회귀분석

9.1 단순 선형회귀모형
9.2 다중 선형회귀모형
9.3 비모수적 회귀모형

회귀분석(regression analysis)이란 관찰된 연속형 변수에 대해 독립변수와 종속변수 사이의 관계식을 구하고 그 식을 이용하여 독립변수가 주어졌을 때 종속변수를 예측하는 분석방법이다. 한 개의 종속변수와 한 개의 독립변수 사이의 관계를 분석할 경우를 단순회귀분석(simple regression analysis), 한 개의 종속변수와 여러 개 독립변수 사이의 관계를 규명하고자 할 경우를 다중회귀분석(multiple regression analysis)이라고 한다.

일반적인 회귀분석의 가정은 다음과 같다:

(1) 등분산성(homoscedasticity): 오차항은 동일한 분산을 갖는다.

(2) 독립성(independence of error): 오차항간에는 상관관계가 없다.

(3) 정규성(normality): 오차항의 평균은 0이며 분산은 σ^2인 정규분포를 따른다.

(4) 비다중공선성(nomulticolinearity): 독립변수(설명변수)가 여러 개 있을 경우, 독립변수 상호간에는 상관관계가 없다.

9.1 단순 선형회귀모형

한 개의 설명변수(독립변수) X와 한 개의 반응변수(종속변수) Y 간의 선형관계식을 구하고자 하며 일차 선형모형을 적합하고자 한다.

이변량 관측벡터 $(X_1, Y_1), (X_2, Y_2), \cdots, (X_n, Y_n)$에 대해 단순회귀모형은

$$Y_i = \beta_0 + \beta_1 X_i + \epsilon_i$$

로 표현할 수 있으며, 여기서 회귀모수(regression parameter)로 β_0는 절편(intercept), β_1은 기울기(slope), 오차항 $\epsilon_i \sim iid\ N(0, \sigma^2)$을 가정한다.

오차제곱합을 최소로 하는 최소제곱법(least squares method)

$$\text{minimizing} \quad \sum \epsilon_i^2 = \sum (Y_i - \beta_0 - \beta_1 X_i)^2$$

을 이용하여 회귀모수를 추정할 수 있으며, 추정식은

$$\hat{Y} = \hat{\beta_0} + \hat{\beta_1} X$$

이고 추정된 모수는

$$\hat{\beta}_1 = \frac{\sum_{i=1}^{n}(X_i - \overline{X})(Y_i - \overline{Y})}{\sum_{i=1}^{n}(X_i - \overline{X})^2}, \qquad \hat{\beta}_0 = \overline{Y} - \hat{\beta}_1 \overline{X}$$

여기서

$$\overline{X} = \frac{1}{n}\sum_{i=1}^{n} X_i, \quad \overline{Y} = \frac{1}{n}\sum_{i=1}^{n} Y_i \quad .$$

반응 추정값은

$$\hat{Y}_1 = \hat{\beta}_0 + \hat{\beta}_1 X_1, \quad \hat{Y}_2 = \hat{\beta}_0 + \hat{\beta}_1 X_2, \quad ..., \quad \hat{Y}_n = \hat{\beta}_0 + \hat{\beta}_1 X_n$$

이고 오차의 추정값인 잔차(residual)는

$$e_1 = Y_1 - \hat{Y}_1, \; e_2 = Y_2 - \hat{Y}_2, \; ..., \; e_n = Y_n - \hat{Y}_n$$

와 같이 구한다.

총 변동(TSS)을 회귀식에 의한 변동(SSR)과 오차 변동(SSE)으로 분해하면

$$\sum_{i=1}^{n}(Y_i - \overline{Y})^2 = \sum_{i=1}^{n}(\hat{Y}_i - \overline{Y})^2 + \sum_{i=1}^{n}(Y_i - \hat{Y}_i)^2$$

$$TSS \quad = \quad SSR \quad + \quad SSE$$

이 된다.

추정된 회귀식의 설명력에 대한 측도로 결정계수(determination coefficient) R^2를 사용한다. R^2는 전체 변동에 대해 추정된 회귀식에 의해 설명되는 양으로

$$R^2 = \frac{SSR}{TSS} = \frac{\sum_{i=1}^{n}(\hat{Y}_i - \overline{Y})^2}{\sum_{i=1}^{n}(Y_i - \overline{Y})^2}$$

으로 정의되며 $0 \le R^2 \le 1$이고 R^2 값이 높을수록 추정된 회귀식의 설명력이 높다고 할 수 있다. 설명변수 개수가 증가할수록 R^2는 무조건 증가한다. 이런 점을 수정한 수정된 결정계수(adjusted R^2)는

$$R^2_{adj} = 1-(1-R^2)\left(\frac{n-1}{n-k-1}\right) = 1-\frac{SSE/(n-k-1)}{TSS/(n-1)}$$

으로 정의된다. 여기서 n은 관측 개체수이고 k는 설명변수의 개수이다.

총 변동을 회귀모형과 오차 요인으로 분해하여 분산분석표로 정리하면 다음과 같다.

표 9.1 단순회귀모형 분산분석표

요인(source)	자유도(df)	제곱합 (SS)	평균제곱합 (MS)	F-통계량	기각값
model (모형)	1	SSR	$MSR = \frac{SSR}{1}$	$F_{\text{model}} = \frac{MSR}{MSE}$	$F_{1,n-2}(\alpha)$
error (오차)	$n-2$	SSE	$MSE = \frac{SSE}{n-2}$		
Total (총합)	$n-1$	TSS			

여기서 $F_\alpha(1,n-2)$는 분자 자유도가 1이고 분모 자유도가 $n-2$인 F 분포를 따르는 확률변수 F에 대해 $P(F \geq F_\alpha(1,n-2)) = \alpha$를 만족하는 값이다.

회귀계수(regression coefficient)에 대한 유의성 검정으로 특정하게 주어진 β_{10}에 대해 다음의 가설

$$H_0 : \beta_1 = \beta_{10} \qquad \text{에 대해} \qquad H_1 : \beta_1 \neq \beta_{10}$$

에 대한 검정을 하고자 한다. 검정통계량

$$t = \frac{\hat{\beta}_1 - \beta_{10}}{[\widehat{Var}(\hat{\beta}_1)]^{1/2}} = \frac{\hat{\beta}_1 - \beta_{10}}{\left[\frac{MSE}{\sum_{i=1}^{n}(X_i - \overline{X})^2}\right]^{1/2}}$$

은 H_0 하에서 t_{n-2} 분포를 따르며 회귀계수에 관한 가설들에 대해 유의수준 α에서 검정법은 다음과 같다.

(i) $H_0 : \beta_1 = \beta_{10}$에 대해 $H_1 : \beta_1 \neq \beta_{10}$

만일 $|t| \geq t_{n-2}(\alpha/2)$이면 H_0를 기각한다.

(ii) $H_0 : \beta_1 = \beta_{10}$에 대해 $H_1 : \beta_1 > \beta_{10}$

만일 $t \geq t_{n-2}(\alpha)$이면 H_0를 기각한다.

(iii) $H_0 : \beta_1 = \beta_{10}$에 대해 $H_1 : \beta_1 < \beta_{10}$

만일 $t \le -t_{n-2}(\alpha)$이면 H_0를 기각한다.

여기서 $t_{n-2}(\alpha)$는 자유도가 $n-2$인 t 분포를 따르는 확률변수 T에 대해 $P(T \ge t_{n-2}(\alpha)) = \alpha$를 만족하는 값이다.

일반적으로 회귀분석의 진행 단계는 다음과 같다.

(1) 산점도(scatterplot)를 그려 변수간의 관계를 살펴보고 예측한다.
(2) 모수 추정: 최소제곱법 등을 이용해 모형에 포함된 모수를 추정한다.
(3) 회귀계수에 대한 유의성 검정
(4) 모형 적합도: R^2(결정계수), R^2_{adj}(수정된 결정계수) 등 여러 가지 통계량들을 이용하여 모형의 적합성에 대해 판단한다.
(5) 모형 진단(model diagnostics): 추정한 모형의 적합도를 진단하여 적절한 모형여부를 판단하게 된다. 잔차 그래프를 통해 독립성, 등분산성을 검토하고 Q–Q 그림 등을 통해 정규성에 대해 알아본다.

설명변수 x, 반응변수 y가 다음과 같을 때 lm() 안에 적합하고자 하는 회귀모형을 쓰고 summary()를 이용하면 추정된 회귀계수, 회귀계수에 대한 유의성 검정, 결정계수, 수정된 결정계수 등 회귀분석 관련 통계량들이 출력된다. predict()를 사용하여 원하는 설명변수값에서 반응변수의 추정값을 얻을 수 있다.

lm() 안에 통계적 모형을 쓸 때의 규칙은 다음과 같다. 반응변수와 설명변수 관계는 사이에 ~ 를 넣어 반응변수 ~ 설명변수 즉 lm(y~x)와 같이 쓴다. 모형내 포함되는 항에 대한 표현과 의미는 다음과 같다.

표 9.2 모형에 포함되는 항에 대한 표현

모형 표현	모형에 포함된 효과
A+B	A와 B의 주효과
A:B	A와 B의 상호작용 효과
A*B	A+B+A:B를 통합한 표현

이변량 데이터 (x,y)를 포함한 벡터 x, y는 다음과 같을 때 회귀분석을 해 보자.

```
> x=c(1.9, 0.8, 1.1, 0.1, -0.1, 4.4, 4.6, 1.6, 5.5, 3.4)
> y=c(0.7,-1.0, -0.2, -1.2, -0.1, 3.4, 0.0, 0.8, 3.7, 2.0)
> out = lm(y ~ x)          # 회귀분석 결과를 out에 저장
> summary(out)             # 회귀분석 결과 출력
> plot(x, y)               # 산점도
> abline(out)              # 추정된 회귀직선 그리기
```

원래 데이터 x 값에서의 추정값을 얻고자 할 경우

```
> pred_y= predict(out, newdata = data.frame(x = x))   # 예측값 구하기
> pred_y
          1           2           3           4           5           6
 0.51543194 -0.23811424 -0.03260165 -0.71764364 -0.85465203  2.22803692
          7           8           9          10
 2.36504531  0.30991935 2.98158310  1.54299493
```

x=2.3에서의 반응 추정값을 얻고자 할 경우

```
> pred_1 = predict(out, newdata = data.frame(x = 2.3))
> pred_1
[1] 0.7894487
```

x=1, 2.2, 6.7에서 각각 반응 추정값을 얻고자 할 경우

```
> pred = predict(out, newdata = data.frame(x =c(1, 2.2, 6.7)) )
> pred
         1          2          3
-0.1011058  0.7209445  3.8036335
```

예 9.1 책의 부피(설명변수, X)에 대한 무게(반응변수, Y)에 대해 회귀분석을 하고자 한다. 단순선형회귀모형

$$Y = \beta_0 + \beta_1 X + \epsilon, \quad \epsilon \sim iid \quad N(0, \sigma^2)$$

을 적합시키고자 한다.

표 9.3 책의 부피와 무게 데이터

volume	weight
412	250
953	700
929	650
1492	975
419	350
1010	950
595	425
1034	725

```
## Simple Linear Regression    ##
volumn = c(412,953,929,1492,419,1010,595,1034)
weight = c(250, 700,650, 975,350,950,425,725)
book.lm = lm(weight ~ volumn )        # weight = alpha + beta*volumn
summary(book.lm)
par(mfrow=c(2,2))                     # <그림 9.1>
plot(volumn, weight)                  # scatterplot
lines(volumn, book.lm$fitted.values)
plot( book.lm, which=1)
plot( book.lm, which=2, pch=16)
```

```
lm(formula = weight ~ volumn)
Residuals:
    Min      1Q  Median      3Q     Max
-89.674 -39.888 -25.005   9.066 215.910
Coefficients:
            Estimate Std. Error t value Pr(>|t|)
(Intercept)  41.3725    97.5588   0.424 0.686293
volumn        0.6859     0.1059   6.475 0.000644 ***
---
Signif. codes:  0 '***' 0.001 '**' 0.01 '*' 0.05 '.' 0.1 ' ' 1
Residual standard error: 102.2 on 6 degrees of freedom
Multiple R-Squared: 0.8748,     Adjusted R-squared: 0.8539
F-statistic: 41.92 on 1 and 6 DF,  p-value: 0.0006445
```

추정 결과, 추정식 $\hat{Y} = 41.3725 + 0.6859X$ 즉 $\widehat{weight} = 41.3725 + 0.6859 \times volumn$을 얻었으며 $R^2 = 0.8748$로 추정된 회귀직선의 설명력이 높은 편이다.

회귀계수의 유의성 검정으로

$$H_0 : \beta_1 = 0 \text{에 대해 } H_1 : \beta_1 \neq 0$$

에 대한 t-검정통계량은 6.475이며 $p-$값$= 0.000644 < 0.05$으로 유의수준 5%에서 H_0를 기각하게 되므로 추정된 회귀계수는 유의하다.

회귀분석 결과를 포함한 객체 book.lm의 속성은 다음과 같이 나타난다.

```
> attributes(book.lm)
$names
 [1] "coefficients"  "residuals"     "effects"       "rank"
 [5] "fitted.values" "assign"        "qr"            "df.residual"
 [9] "xlevels"       "call"          "terms"         "model"
```

```
$class
 [1] "lm"
```

회귀계수, 잔차, 추정값들을 다음과 같이 구할 수 있다.

```
> book.lm$coef
(Intercept)       volumn
 41.3724757    0.6858592
> book.lm$residuals
        1          2         3         4          5          6         7         8
-73.94646  5.00373 -28.53565 -89.67436  21.25253 215.90976 -24.45868 -25.55086
> book.lm$fitted.values
        1          2         3         4          5          6         7         8
 323.9465  694.9963  678.5356 1064.6744  328.7475  734.0902  449.4587  750.5509
```

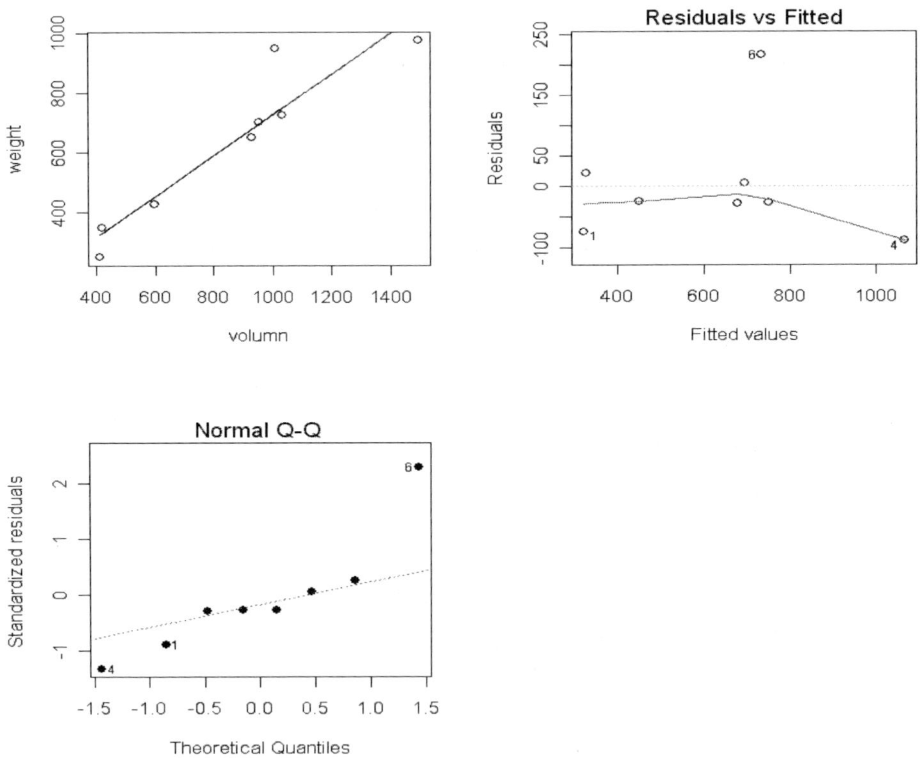

그림 9.1 책의 부피와 무게 데이터에 대한 회귀분석 결과 그래프

예 9.2 <표 9.3> 데이터에 대해 다음의 이차항이 포함된 선형회귀모형

$$Y=\beta_0+\beta_1 X+\gamma X^2+\epsilon, \quad \epsilon \sim iid\ N(0,\sigma^2)$$

을 적합하고자 한다.

```
> book.lm2 = lm(weight ~ volumn + I(volumn^2) )
                  # weight = alpha+ beta * volumn+ gamma *volumn^2
> summary(book.lm2)
Call:
lm(formula = weight ~ volumn + I(volumn^2))
Residuals:
     1      2      3      4      5      6      7      8
-33.60 -34.19 -68.42 -10.21  59.30 179.92 -33.29 -59.52
Coefficients:
              Estimate Std. Error t value Pr(>|t|)
(Intercept) -1.930e+02  2.085e+02  -0.926   0.3970
volumn       1.297e+00  4.966e-01   2.611   0.0476 *
I(volumn^2) -3.400e-04  2.705e-04  -1.257   0.2643
---
Signif. codes:  0 '***' 0.001 '**' 0.01 '*' 0.05 '.' 0.1 ' ' 1
Residual standard error: 97.59 on 5 degrees of freedom
Multiple R-Squared: 0.9049,     Adjusted R-squared: 0.8668
F-statistic: 23.78 on 2 and 5 DF,  p-value: 0.002792
```

회귀분석 결과, 추정회귀식

$$\hat{Y}=-193+1.297X-0.00034X^2$$

을 구했으며 $R^2=0.9049$로 추정된 회귀직선의 설명력이 매우 높은 편이다.

일차 회귀계수의 유의성 검정으로

$$H_0: \beta_1=0\text{에 대해 } H_1: \beta_1 \neq 0$$

에 대한 t-검정통계량은 2.611이며 $p-값=0.0467<0.05$으로 유의수준 5%에서 H_0를 기각하게 된다. 즉 추정된 회귀계수는 유의하다.

이차 회귀계수의 유의성 검정으로

$$H_0 : \gamma = 0 \text{에 대해 } H_1 : \gamma \neq 0$$

에 대한 t-검정통계량은 -1.257이며 $p-$값$=0.2643 > 0.05$으로 유의수준 5%에서 H_0를 기각하지 못한다. 즉 추정된 회귀계수값이 유의하지 않다.

예 9.3 <표 9.3> 데이터에 대해 원점을 지나는 회귀직선을 구하고자 한다. 즉 절편이 0인 단순 선형회귀모형 $Y = \beta X + \epsilon,\ \epsilon \sim iid\ N(0, \sigma^2)$ 을 적합하고자 한다.

```
> book.lm0=lm(weight~0+volumn)     #  regression with intercept=0
> summary(book.lm0)
Call:
lm(formula = weight ~ 0 + volumn)
Residuals:
    Min       1Q  Median       3Q      Max
-110.56  -32.93  -16.92   16.24  215.14
Coefficients:
       Estimate Std. Error t value Pr(>|t|)
volumn  0.72759    0.03686   19.74 2.14e-07 ***
---
Signif. codes:  0 ‘***’ 0.001 ‘**’ 0.01 ‘*’ 0.05 ‘.’ 0.1 ‘ ’ 1
Residual standard error: 96.03 on 7 degrees of freedom
Multiple R-Squared: 0.9823,     Adjusted R-squared: 0.9798
F-statistic: 389.6 on 1 and 7 DF,  p-value: 2.141e-07
```

추정 결과, 추정회귀식 $\hat{Y} = 0.72759\ X$ 를 구했으며 $R^2 = 0.9823$ 로 추정된 회귀직선의 설명력이 높은 편이다. 일차 회귀계수의 유의성 검정에 대한 t-검정통계량은 19.74이며 $p-$값$=2.14 \times 10^{-7} < 0.05$으로 유의수준 5%에서 H_0를 기각하게 된다. 그러므로 추정된 회귀계수는 유의하다.

```
> par(mfrow=c(2,2))
> plot(book.lm0)          # 4 diagnostic plots  〈그림 9.2〉
```

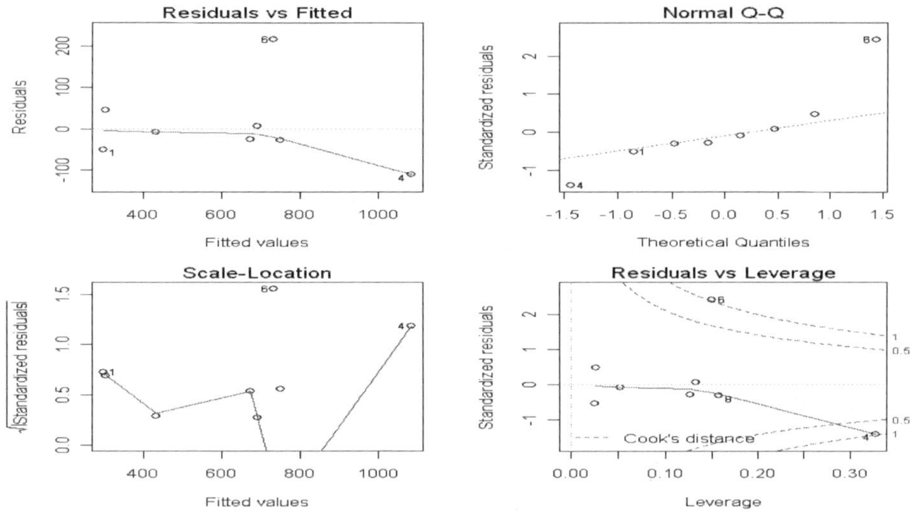

그림 9.2 책의 부피와 무게 데이터에 대한 회귀분석 결과 잔차에 대한 그래프

9.2 다중 선형회귀모형

p 개의 설명변수 $X_1, X_2, \ldots, X_p$ 와 한 개의 반응변수간의 선형관계식을 구하고자 하며 다음과 같은 일차 선형모형을 적합시키고자 한다.

$$Y = \beta_0 + \beta_1 X_1 + \beta_2 X_2 + \cdots + \beta_p X_p + \epsilon.$$

각 개체에 대해 다변량 벡터 $(Y, X_1, X_2, \ldots, X_p)$가 얻어진 경우이며 다음의 선형모형을 사용한다.

$$Y_i = \beta_0 + \beta_1 X_{1i} + \beta_2 X_{2i} + \cdots + \beta_p X_{pi} + \epsilon_i$$

여기서 $\epsilon \sim iid\ N(0, \sigma^2)$이다.

오차 제곱합을 최소로하는 최소제곱법(least squares method)

$$\text{minimizing} \quad \sum \epsilon_i^2 = \sum (Y_i - \beta_0 - \beta_1 X_{1i} - \beta_2 X_{2i} - \cdots - \beta_p X_{pi})^2$$

을 이용하여 $\widehat{\beta_0}, \widehat{\beta_1}, \ldots, \widehat{\beta_p}$를 구한다. 적합한 모형은

$$\widehat{Y_i} = \widehat{\beta_0} + \widehat{\beta_1} X_{1i} + \widehat{\beta_2} X_{2i} + \cdots + \widehat{\beta_p} X_{pi}, \qquad i = 1, 2, \ldots, n$$

과 같이 구한다.

잔차는

$$e_1 = Y_1 - \widehat{Y}_1,\ e_2 = Y_2 - \widehat{Y}_2,\ \ldots,\ e_n = Y_n - \widehat{Y}_n$$

으로 구하며 잔차를 이용해 모형의 적합성에 대한 검정을 할 수 있다.

회귀계수의 유의성 검정으로 $j = 1, \ldots, p$ 인 경우 다음의 통계적 가설

$$H_0 : \beta_j = 0 \text{에 대해 } H_1 : \beta_j \neq 0$$

에 대한 t-검정을 한다.

예 9.4 온도와 압력에 따른 제품 강도를 나타내는 회귀식을 구하고자 한다.

표 9.4 온도와 압력에 따른 제품 강도 데이터

temperature	pressure	intensity
195	57	81.4
179	61	122.2
205	60	170.7
204	62	175.6
167	61	150.3
184	59	96.8
187	62	169.8

설명변수가 2개인 다중 회귀모형 $Y = \beta_0 + \beta_1 X_1 + \beta_2 X_2 + \epsilon,\ \epsilon \sim iid\ N(0, \sigma^2)$을 적합하고자 한다.

```
## Multiple Linear Regression ##
 temp = c(195, 179,205,204,167,184,187)
 pressure = c(57,61,60,62,61,59,62)
 intensity = c(81.4, 122.2, 170.7, 175.6, 150.3, 96.8, 169.8)
 all = cbind(temp, pressure, intensity)
 library(lattice)        # for scatterplot matrix
 splom(~all, pch=8)      # <그림 9.3>
 prod.lm = lm(intensity ~ temp + pressure )
        # intensity = alpha + beta1 * temp+ beta2 * pressure
 summary(prod.lm)
 par(mfrow=c(2,2))
 plot(prod.lm)           # <그림 9.4>
```

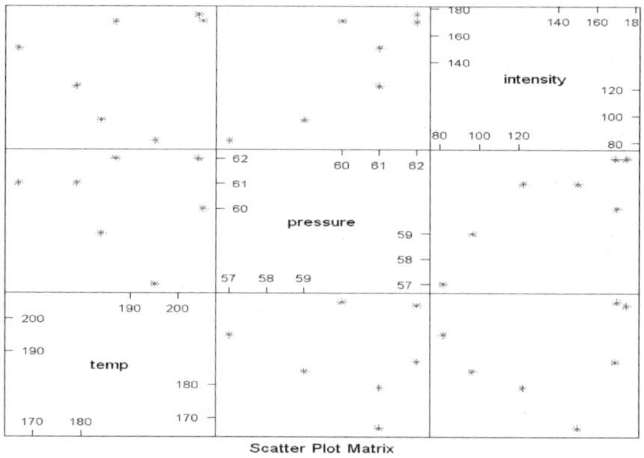

그림 9.3 제품강도 데이터의 3×3 산점도행렬

```
> summary(prod.lm)
Call:
lm(formula = intensity ~ temp + pressure)
Residuals:
      1       2       3      4       5       6       7
 -1.339 -19.650  21.748 -9.870  20.385 -12.511   1.238

Coefficients:
              Estimate Std. Error t value Pr(>|t|)
(Intercept) -1180.2817   304.1691  -3.880   0.0178 *
temp            0.9945     0.5869   1.695   0.1654
pressure       18.7559     4.4745   4.192   0.0138 *
---
Signif. codes:  0 '***' 0.001 '**' 0.01 '*' 0.05 '.' 0.1 ' ' 1
Residual standard error: 19.57 on 4 degrees of freedom
Multiple R-squared: 0.8258,     Adjusted R-squared: 0.7388
F-statistic: 9.484 on 2 and 4 DF,  p-value: 0.03033
```

추정 결과, 추정회귀식

$$\widehat{intensity} = -1180.2817 + 0.9945 \times temp + 18.7559 \times pressure$$

을 얻었으며 $R^2 = 0.8258$로 추정된 회귀직선의 설명력이 어느 정도 있는 편이다.

temp 변수에 대한 회귀계수의 유의성 검정으로

$H_0 : \beta_1 = 0$에 대해 $H_1 : \beta_1 \neq 0$

에 대한 t-검정통계량은 1.695이며 $p-$값$=0.1654>\alpha=0.05$으로 유의수준 5%에서 H_0를 기각하지 못하므로 temp에 대한 회귀계수는 유의하지 않다.

pressure 변수에 대한 회귀계수의 유의성 검정으로

$$H_0:\beta_2=0 \text{에 대해 } H_1:\beta_2\neq 0$$

에 대한 t-검정통계량은 4.192이며 $p-$값$=0.0138<\alpha=0.05$이므로 유의수준 5%에서 H_0를 기각한다. 그러므로 pressure에 대한 회귀계수는 유의하다.

plot()을 이용해 잔차그림, 표준화잔차에 대한 Q-Q 그림 등을 출력한다.

```
> plot(prod.lm)
```

temp=200, pressure=63일 경우의 예측값을 구하고자 하면 predict()를 다음과 같이 이용한다.

```
> predict(prod.lm, newdata=data.frame(temp=200, pressure=63) )
[1] 200.2472
```

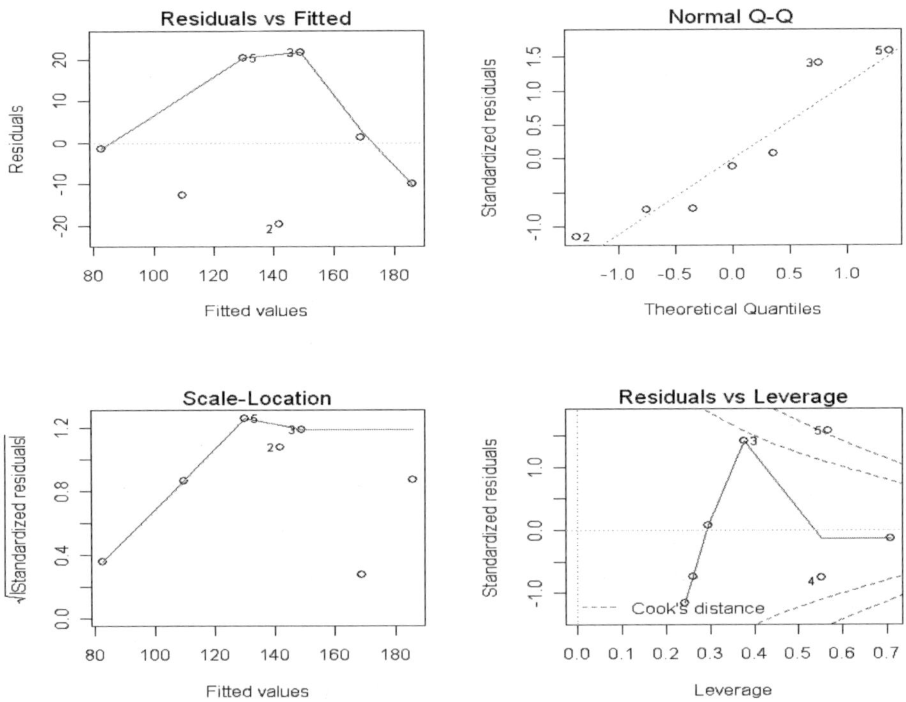

그림 9.4 제품 강도 데이터의 회귀분석 결과 잔차에 대한 그래프

예 9.5 <표 9.4> 데이터에 대해 설명변수 2개와 두 변수의 상호작용(interaction)이 포함된 다중회귀식

$$Y=\beta_0+\beta_1 X_1+\beta_2 X_2+\beta_{12} X_1 X_2+\epsilon,\ \epsilon \sim iid\ N(0,\sigma^2)$$

을 추정하고자 한다.

두 변수 사이에 " : "를 넣어 상호작용항을 만들어 모형에 포함시킨다.

```
> prod.lm2<-lm(intensity ~ temp + pressure +temp:pressure )
> summary(prod.lm2)
Call:
lm(formula = intensity ~ temp + pressure + temp * pressure)
Residuals:
       1        2        3        4        5        6        7
 -6.2543 -21.5397  12.5716   0.3022  17.1601   3.5026  -5.7425

Coefficients:
                Estimate Std. Error t value Pr(>|t|)
(Intercept)   -1.176e+04  8.394e+03  -1.401    0.256
temp           5.564e+01  4.332e+01   1.284    0.289
pressure       1.926e+02  1.379e+02   1.397    0.257
temp:pressure -8.977e-01  7.116e-01  -1.261    0.296
Residual standard error: 18.27 on 3 degrees of freedom
Multiple R-squared: 0.8862,     Adjusted R-squared: 0.7724
F-statistic: 7.788 on 3 and 3 DF,  p-value: 0.06289
```

temp와 pressure의 상호작용에 대한 회귀계수의 유의성 검정으로

$$H_0 : \beta_{12}=0 \quad \text{에 대해} \quad H_1 : \beta_{12} \neq 0$$

에 대한 t-검정통계량은 -1.261이며 $p-$값$=0.296>\alpha=0.05$으로 유의수준 5%에서 H_0를 기각하지 못한다. 그러므로 상호작용에 대한 회귀계수는 유의하지 않다.

예 9.6 <표 9.4> 데이터에 대해 각 변수에 log를 취한 값으로 다중회귀식

$$\log Y=\beta_0+\beta_1 \log X_1+\beta_2 \log X_2+\epsilon, \quad \epsilon \sim iid\ N(0,\sigma^2)$$

을 추정하고자한다.

lm() 안의 log 함수를 취한 변수로 모형을 쓰면 된다.

```
> llm= lm( log(intensity)~ log(temp) + log(pressure))
> summary(llm)
```

```
Call:
lm(formula = log(intensity) ~ log(temp) + log(pressure))
Residuals:
        1         2         3         4         5         6         7
-0.020177 -0.136979  0.188985 -0.078791  0.152091 -0.095691 -0.009438
Coefficients:
              Estimate Std. Error t value Pr(>|t|)
(Intercept)   -39.0390    10.1841  -3.833   0.0186 *
log(temp)       1.1831     0.8571   1.380   0.2396
log(pressure)   9.2060     2.0852   4.415   0.0116 *
---
Signif. codes:  0 '***' 0.001 '**' 0.01 '*' 0.05 '.' 0.1 ' ' 1
Residual standard error: 0.1529 on 4 degrees of freedom
Multiple R-squared: 0.8341,     Adjusted R-squared: 0.7511
F-statistic: 10.05 on 2 and 4 DF,  p-value: 0.02754
```

추정회귀식 $\widehat{\log}(intensity) = -39.04 + 1.18 \times \log(temp) + 9.21 \times \log(pressure)$을 구했으며 $R^2 = 0.8341$로 추정된 회귀직선의 설명력이 높은 편이다.

log(temp)에 대한 회귀계수의 유의성 검정에 대한 t-검정통계량은 1.380이며 $p-$값$= 0.2396 > \alpha = 0.05$으로 유의수준 5%에서 H_0를 기각하지 못한다. 그러므로 log(temp)에 대한 회귀계수는 유의하지 않다.

log(pressure)에 대한 회귀계수의 유의성 검정에 대한 t-검정통계량은 4.415이며 $p-$값$= 0.0116 < \alpha = 0.05$이므로 유의수준 5%에서 H_0를 기각한다. 그러므로 log(pressure)에 대한 회귀계수는 유의하다.

9.3 비모수적 회귀모형

설명변수와 반응변수의 관계식은 앞절에서 설명한 방법외에 LOESS(locally weighted regression), 커널함수 회귀(kernel regression), 스플라인 평활법(spline smoothing) 등 다양한 비모수적(nonparametric) 방법으로도 찾을 수 있다. 이러한 방법에 대한 자세한 설명은 생략하고 R에서 제공하는 함수 ksmooth(), loess(), spline()을 이용해 회귀식을 찾고 추정한 곡선을 그려 보고 비교해 본다.

```
 data(cars)
 attach(cars)
 op= par(mfrow=c(2,2))                          # <그림 9.5>
 cars.lm = lm(dist ~ speed)                     # 단순선형회귀모형
 plot(speed, dist, main="Simple linear regression") # scatterplot
lines(speed, cars.lm$fitted.values)
 plot(speed, dist, main="Kernel smoothing")
   lines(ksmooth(speed, dist, "normal", bandwidth=2), col="red")
   lines(ksmooth(speed, dist, "normal", bandwidth=5), col="green")
                                                # kernel 함수 추정
 cars.lo = loess(dist ~ speed, cars)            # loess 추정
 pp = predict(cars.lo, data.frame(speed), se = TRUE)
 plot(speed, dist, main="Local polynomial regression ")
   lines(speed, pp$fit)
 plot(speed, dist, main ="Cubic spline interpolation" )
   lines(spline(speed, dist))                   # spline 함수 추정
 par(op)
 detach(cars)
```

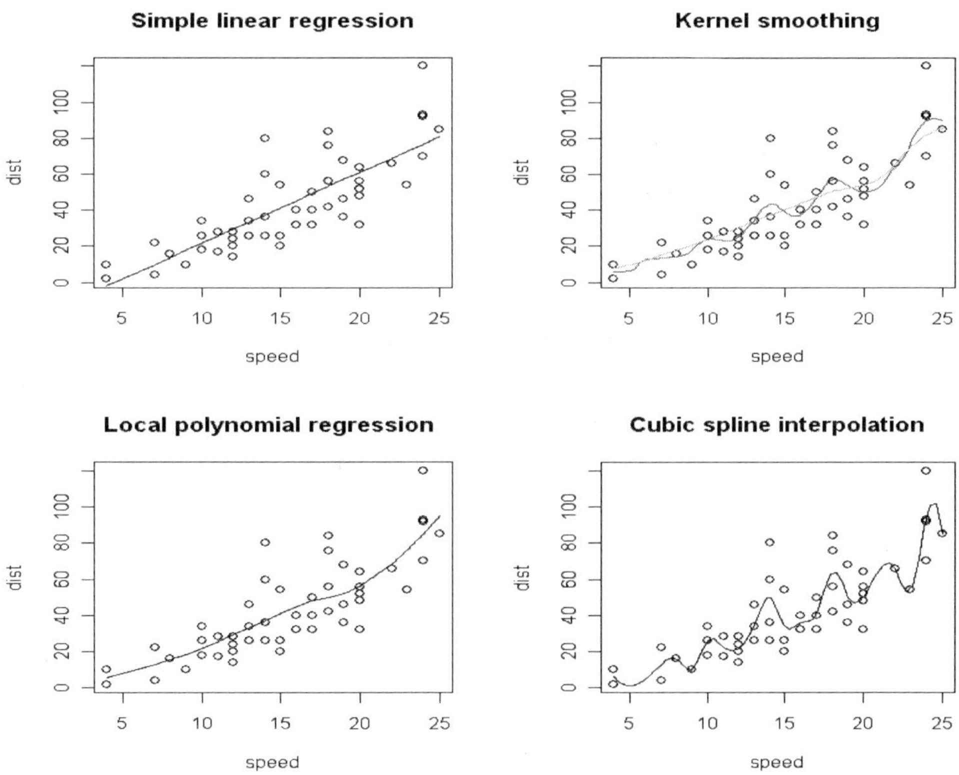

그림 9.5 cars 데이터에 대한 여러 가지 비모수적 회귀 추정선

연습문제

01 다음의 주어진 데이터를 이용하시오.

X	10	5	7	19	11	8
Y	15	9	3	25	7	13

(a) 선형회귀모형 $Y_j = \beta_0 + \beta_1 X_j + \epsilon_j,\ \ j = 1, 2, \ldots, 6$ 에 대해 회귀식을 구하시오.

(b) 적합된 회귀식을 이용하여 각 X 점에서 추정값 $\hat{Y}$을 구하시오.

(c) 관측값 Y 와 추정값 $\hat{Y}$을 이용하여 잔차 $\hat{\epsilon}$을 구하시오.

(d) 잔차제곱합을 구하시오.

(e) 회귀제곱합을 구하시오.

(f) 결정계수를 구하고 해석하시오.

(g) $(Y, \hat{\epsilon})$ 그림을 그리고 오차의 독립성에 대해 설명하시오.

02 〈표 9.5〉 데이터를 이용하여 Irrigation에 따른 Yield에 대한 회귀분석을 하시오.

표 9.5 목화수확량 데이터

Irrigation	Yield
1.8	260
1.9	370
2.5	450
1.4	160
1.3	90
2.1	440
2.3	380
1.5	280
1.5	230
1.2	180
1.3	220
1.8	180
3.5	400
3.5	650

03 다음의 주어진 데이터를 이용하시오.

X_1	10	5	7	19	11	18
X_2	2	3	3	6	7	9
Y	15	9	3	25	7	13

(a) 선형회귀모형 $Y_j = \beta_1 X_{1j} + \beta_2 X_{2j} + \epsilon_j,\ j = 1, 2, ..., 6$에 대해 회귀식을 구하시오.

(b) 적합된 회귀식을 이용하여 각 (X_1, X_2) 점에서 추정값 $\hat{Y}$을 구하시오.

(c) 관측값 Y와 추정값 $\hat{Y}$을 이용하여 잔차 $\hat{\epsilon}$들을 구하시오.

(d) 잔차제곱합과 회귀제곱합을 구하시오.

(e) 결정계수를 구하고 해석하시오.

04 어떤 특수한 종류의 상품을 팔고 있는 회사에서 그 회사의 대리점의 판매액이 각 대리점의 광고료와 어떤 관계인가를 조사하기 위하여, 10개의 대리점을 랜덤추출하여 연간 광고료 X (100만 원)와 총판매액 Y (1000만 원)를 알아보니 다음 자료가 얻어졌다.

X	4	6	6	8	8	8	9	9	10	12
Y	9	10	18	20	15	17	20	22	25	30

(a) 산점도를 그리고, 추정회귀직선을 구하여 산점도에 함께 나타내시오.

(b) 잔차의 산점도를 그리고 선형성을 점검하여 단순선형회귀모형의 적용 가능성을 검토하시오. 또한 결정계수의 값을 구하고 그 의미를 설명하시오.

(c) 기울기 회귀계수에 대하여 다음 가설을 유의수준 1%에서 검정하시오.

$$H_0 : \beta_1 = 1.5 \qquad H_1 : \beta_1 > 1.5$$

05 〈표 9.6〉 은 수용액에서의 농도(X) 와 색채측정기로 측정한 채도값(Y)이다.

표 9.6 수용액의 농도와 채도

X	Y
40	69
50	175
60	272
70	335
80	490
90	415
40	72
60	265
80	492
50	180

(a) (X, Y) 산점도를 그리고 설명하시오.

(b) 통계적 모형 $Y = \beta_0 + \beta_1 X + \varepsilon$에 적합하시오.

(c) $H_0 : \beta_1 = 0$, $H_1 : \beta_1 \neq 0$에 대해 유의수준 5%에서 검정하시오.

(d) 결정계수를 구하고 해석하시오.

(e) (b)번의 모형을 이용하여 각 X에 대응하는 $\hat{Y}$을 추정하시오.

(f) 각 Y에 대응하는 $\hat{\epsilon}$을 추정하시오.

(g) $(\hat{Y}, \hat{\epsilon})$ 그림을 그리고 독립성과 등분산성에 대해 설명하시오.

(h) 잔차가 정규분포를 따른다고 할 수 있는지 Q-Q plot을 그리고 설명하시오.

(i) X의 평균값에서 Y를 추정하시오.

06 〈표 9.7〉 데이터에 대해

(a) (X, Y) 산점도를 그리시오.

(b) 통계적 모형 $Y = \beta_1 X + \varepsilon$에 적합하시오.

(c) $H_0 : \beta_1 = 0$에 대해 $H_1 : \beta_1 \neq 0$, 유의수준 5%에서 t-검정하시오.

(d) 결정계수를 구하고 해석하시오.

(e) (b)번의 모형을 이용하여 각 X에 대응하는 $\hat{Y}$을 추정하시오.

(f) 각 Y에 대응하는 $\hat{\epsilon}$을 추정하시오.

(g) $(\hat{Y}, \hat{\epsilon})$ 그림을 그리고 독립성과 등분산성에 대해 설명하시오.

(h) 잔차가 정규분포를 따른다고 할 수 있는지 Q-Q plot을 그리고 설명하시오.

(i) $X = 5.3$에서 $\hat{Y}$을 구하시오.

표 9.7 비누 중량과 거품 높이 데이터

비누의 중량 (grams) X	비누거품의 높이 Y
3.5	24.4
4.0	32.1
4.5	37.1
5.0	40.4
5.5	43.3
6.0	51.4
6.5	61.9
7.0	66.1
7.5	77.2
8.0	79.2

07 섬유를 만들 때의 온도(X)와 물이 닿았을 때의 섬유수축량(Y)에 대한 실험결과 데이터가 〈표 9.8〉에 주어졌다.

(a) (X, Y) 산점도를 그리시오.

(b) 통계적 모형 $Y = \beta_0 + \beta_1 X + \varepsilon$에 적합하시오.

(c) $H_0 : \beta_1 = 0$에 대해 $H_1 : \beta_1 \neq 0$ 검정을 위한 t−통계량과 p-값을 쓰고 유의수준 5%에서 검정하시오.

(d) 결정계수를 구하고 해석하시오.

(e) (b)번의 모형을 이용하여 각 X에 대응하는 $\hat{Y}$을 추정하시오.

(f) 각 Y에 대응하는 $\hat{\epsilon}$을 추정하시오.

(g) $(\hat{Y}, \hat{\epsilon})$ 그림을 그리고 독립성과 등분산성에 대해 설명하시오.

(h) 잔차가 정규분포를 따른다고 할 수 있는지 Q−Q 그림을 그리고 설명하시오.

(i) $X = 400$에서 섬유수축량을 추정하시오.

표 9.8 섬유수축량 데이터

batch no.	온도 X	수축량 Y
1	280	2.1
2	250	3.0
3	300	3.2
4	320	1.4
5	310	2.6
6	280	3.9
7	320	1.3
8	300	3.4
9	320	2.8

08 `> data(cars)` 데이터를 이용하여

(a) $dist = \beta_0 + \beta_1 speed + \varepsilon$ 회귀모형을 적합하고 분석하시오.

(b) $dist = \beta_0 + \beta_1 speed + \beta_2 speed^2 + \varepsilon$ 회귀모형을 적합하고 분석하시오.

(c) $dist = \beta_1 speed + \varepsilon$ 회귀모형을 적합하고 분석하시오.

09 〈표 9.9〉는 A 대학 재학생과 관련한 데이터이다. 각 학생에 대해 측정된 4개 변수는 다음과 같다.

Y : College GPA

X_1 : High school GPA

X_2 : SAT Total

X_3 : Quality of letters of recommendation

(a) (X_1, Y), (X_2, Y), (X_3, Y) 각각 산점도를 그리시오.

(b) 통계적 모형 $Y = \beta_0 + \beta_1 X_1 + \beta_2 X_2 + \beta_3 X_3 + \varepsilon$에 적합하시오.

(c) $H_0 : \beta_1 = 0$, $H_1 : \beta_1 \neq 0$에 대해 유의수준 0.05로 검정하시오.

(d) $H_0 : \beta_2 = 0$, $H_1 : \beta_2 \neq 0$에 대해 t−통계량과 p-값을 구하고 유의수준 0.05로 검정하시오.

(e) $H_0 : \beta_3 = 0$, $H_1 : \beta_3 \neq 0$에 대해 유의수준 0.05로 검정하시오.

(f) 결정계수를 구하고 해석하시오.

표 9.9 대학교 입학성적 자료와 입학 후 학점

Y	X_1	X_2	X_3	Y	X_1	X_2	X_3
2.04	2.01	1070	5	2.03	1.64	886	4
2.56	3.40	1254	6	1.99	2.83	1126	7
3.75	3.68	1466	6	2.24	1.76	1158	4
1.10	1.54	706	4	0.45	1.81	676	6
3.00	3.32	1160	5	2.31	2.68	1214	7
0.05	0.33	756	3	2.41	2.55	1136	6
1.38	0.36	1058	2	2.56	2.70	1264	6
1.50	1.97	1008	7	2.50	1.66	1116	3
1.38	2.03	1104	4	2.92	2.23	1292	4
4.01	2.05	1200	7	2.35	2.01	604	5
1.50	2.13	896	7	2.82	1.24	854	6
1.29	1.34	848	3	1.80	1.95	814	6
1.90	1.51	958	5	1.29	1.73	778	3
3.11	3.12	1246	6	1.68	1.08	800	2
1.92	2.14	1106	4	3.44	3.46	1424	7
0.81	2.60	790	5	1.90	3.01	950	6
1.01	1.90	954	4	2.06	0.54	1056	3
3.66	3.06	1500	6	3.30	3.20	956	8
2.00	1.60	1046	5	1.80	1.50	1352	5
2.05	1.96	1054	4	2.00	1.71	852	5
2.60	1.96	1198	6	1.68	1.99	1168	5
2.55	1.56	940	3	1.94	2.76	970	6
0.38	1.60	456	6	0.97	1.56	776	4
2.48	1.92	1150	7	1.12	1.78	854	6
2.74	3.09	636	6	1.31	1.32	1232	5
1.77	0.78	744	5	1.68	0.87	1140	6
1.61	2.12	644	5	3.09	1.75	1084	4
0.99	1.85	842	3	1.87	1.41	954	2
1.62	1.78	852	5	2.00	2.77	1000	4
2.03	1.03	1170	3	2.39	1.78	1084	4
3.50	3.44	1034	10	1.50	1.34	1058	4
3.18	2.42	1202	5	1.82	1.52	816	5
2.39	1.74	1018	5	1.80	2.97	1146	7
1.48	1.89	1180	5	2.01	1.75	1000	6
1.54	1.43	952	3	1.88	1.64	856	4
1.57	1.64	1038	4	1.64	1.80	798	4
2.46	2.69	1090	6	2.42	3.37	1324	6
2.42	1.79	694	5	0.22	1.15	704	6
2.11	2.72	1096	6	2.31	1.72	1222	5
2.04	2.15	1114	5	0.95	2.27	948	6

10 〈표 9.10〉 데이터를 이용하여

(a) <표 9.10>의 빈칸에 해당하는 기초통계량을 구하시오.

(b) 100m와 200m 기록간의 상관관계를 구하시오.

(c) 100m와 마라톤 기록간의 상관관계를 구하시오.

(d) 3000m와 마라톤 기록간의 상관관계를 구하시오.

표 9.10 LA 올림픽 달리기 경기 자료 (단위: 초)

국가명	100m	200m	400m	800m	1500m	3000m	마라톤
Austria	11.43	23.09	50.62	1.99	4.22	9.34	159.37
Belgium	11.41	23.04	52.00	2.00	4.14	8.88	157.85
Brazil	11.31	23.17	52.80	2.10	4.49	9.77	168.75
Canada	11.00	22.25	50.06	2.00	4.06	8.81	149.45
China	11.95	24.41	54.97	2.08	4.33	9.31	168.48
Denmark	11.42	23.52	53.60	2.03	4.18	8.71	151.75
France	11.15	22.59	51.73	2.00	4.14	8.98	155.27
Greece	11.79	24.08	54.93	2.07	4.35	9.87	182.20
Hungary	11.45	23.06	51.50	2.01	4.14	8.98	156.37
India	11.95	24.28	53.60	2.10	4.32	9.98	188.03
Italy	11.29	23.00	52.01	1.96	3.98	8.63	151.82
Japan	11.73	24.00	53.73	2.09	4.35	9.20	150.50
Kenya	11.73	23.88	52.70	2.00	4.15	9.20	181.05
Korea	11.96	24.49	55.70	2.15	4.42	9.62	164.65
Malays	12.23	24.21	55.09	2.19	4.69	10.46	182.17
Mexico	11.89	23.62	53.76	2.04	4.25	9.59	158.53
Philippines	11.76	23.54	54.60	2.19	4.60	10.16	200.37
Poland	11.13	22.21	49.29	1.95	3.99	8.97	160.82
Portugal	11.81	24.22	54.30	2.09	4.16	8.84	151.20
Rumania	11.44	23.46	51.20	1.92	3.96	8.53	165.45
Singapore	12.30	25.00	55.08	2.12	4.52	9.94	182.77
Spain	11.80	23.98	53.59	2.05	4.14	9.02	162.60
Sweden	11.16	22.82	51.79	2.02	4.12	8.84	154.48
Usa	10.79	21.83	50.62	1.96	3.95	8.50	142.72
기초통계량							
평균							
분산							
표준편차							
중앙값							
최대값							
최소값							

11 〈표 9.11〉의 데이터를 이용하여 회귀분석을 하시오.
변수의 이름과 의미는 다음과 같다.

salary = 1999 salary + bonuses

tenure = number of years as CEO (=0 if less than 6 months)

age = age of CEO

sales = total 1998 sales revenue of firm i

profits = 1998 profits for firm i

assets = total assets of firm i in 1998

(a) profit에 따른 CEO의 salary에 대한 단순 선형회귀식을 구하고 분석하시오.
(b) profit과 age에 따른 CEO의 salary의 회귀식을 구하고 분석하시오.
(c) profit, age, sales에 따른 CEO의 salary의 회귀식을 구하고 분석하시오.
(d) profit, age, sales, tenure에 따른 CEO의 salary의 회귀식을 구하고 분석하시오.
(e) profit, age, sales, tenure, assests에 따른 CEO의 salary의 회귀식을 구하고 분석하시오. CEO의 salary에 가장 큰 영향을 미치는 설명변수는 무엇인가?

표 9.11 1999년 미국 회사의 CEO와 성과 데이터

firm	salary	tenure	age	sales	profits	assets
1	3030	7	61	161315.0	2956.0	257389.0
2	6050	0	51	144416.0	22071.0	237545.0
3	3571	11	63	139208.0	4430.0	49271.0
4	3300	6	60	100697.0	6370.0	92630.0
5	0000	18	63	100469.0	9296.0	355935.0
6	9375	6	57	81667.0	6328.0	86100.0
7	9525	15	60	76431.0	5807.0	668641.0
8	5000	5	61	57813.0	5372.0	59920.0
9	999	3	57	56154.0	1120.0	36672.0
10	3300	2	60	53588.0	6398.0	59550.0
11	3500	16	63	50777.0	5165.0	617679.0
12	2493	5	61	47678.0	1704.0	42754.0
13	1911	7	58	47061.0	2945.0	33673.0
14	2130	4	59	41322.0	1048.0	37675.0
15	1185	0	56	37154.0	3780.0	30966.0
16	5236	2	60	35853.0	1259.0	299804.0
17	1990	4	60	33674.0	568.0	14166.0
18	6000	32	74	33296.0	3765.6	194398.0
19	6229	5	63	32379.0	3782.0	365875.0
20	1523	3	56	31707.0	578.0	28570.0

CHAPTER

10

분산분석법

10.1 일원배치 분산분석

10.2 이원배치 분산분석

여러 모집단의 평균을 동시에 비교 검토해야 할 경우가 있다. 모집단이 정규분포를 따를 때, 단일 표본과 이표본에서 평균에 대한 검정은 주로 t-검정을 이용한다. 셋 이상의 표본에서 평균들간의 비교 및 검정 문제에 대해서는 분산분석법을 이용한다. 예를 들어 서로 다른 광고매체에 따라 각각의 광고효과는 차이가 있는 것인가? 여러 작업환경에 따라 작업능률에 차이가 나는가? 여러 온도에 따라 강도에 차이가 있는가? 여러 조합의 온도와 압력에 따라 강도에 차이가 나는가? 세 가지 교육 방법에 따라 성적에 차이가 있는가? 네 종류의 자동차 회사에 따라 연비에 차이가 있는가? 등에 대한 문제를 통계적으로 해결해야 할 필요가 있다.

셋 이상 집단의 표본정보를 이용하여 이들이 추출된 셋 이상의 모집단들이 갖는 평균들이 서로 같은가를 확인할 필요가 발생하는데 이러한 문제해결에 사용되는 통계적 추론방법이 분산분석(ANOVA: ANalysis Of VAriance)이다.

10.1 일원배치 분산분석

k개 모집단에서 각각 독립적으로 크기 n_i인 랜덤표본을 얻는다. 각 처리를 실험단위에 배치할 때 확률화 원리를 충실하게 따라야 한다.

처리요인이 한 개인 경우, 처리마다 반복수가 n_i인 경우의 자료구조를 알아보자.

(1) 자료 구조(data structure)와 가정(assumption)

처리(treatment)	1	2	$\cdots$	k
	Y_{11}	Y_{21}	$\cdots$	Y_{k1}
	Y_{12}	Y_{22}	$\cdots$	Y_{k2}
	$\vdots$	$\vdots$		$\vdots$
	Y_{1n_1}	Y_{2n_2}	$\cdots$	Y_{kn_k}
처리합(treatment total)	$Y_{1.}$	$Y_{2.}$	$\cdots$	$Y_{k.}$
처리평균(treatment mean)	$\overline{Y}_{1.}$	$\overline{Y}_{2.}$	$\cdots$	$\overline{Y}_{k.}$

여기서 $$Y_{i.} = \sum_{j=1}^{n_i} Y_{ij},\quad Y_{..} = \sum_{i=1}^{k}\sum_{j=1}^{n_i} Y_{ij},\quad \overline{Y_{i.}} = \frac{1}{n_i}\sum_{j=1}^{n_i} Y_{ij}$$

가정 :

$$Y_{11}, Y_{12}, \ldots, Y_{1n_1} \sim iid\ N(\mu_1, \sigma^2)$$
$$\vdots$$
$$Y_{k1}, Y_{k2}, \ldots, Y_{kn_k} \sim iid\ N(\mu_k, \sigma^2)$$

k개의 그룹에서 나온 표본들은 서로 독립이다.

(2) 통계적 모형(고정효과모형)

다음과 같은 선형모형으로 표현할 수 있다.

$$Y_{ij} = \mu + \tau_i + \epsilon_{ij}, \qquad i = 1,2,\cdots,k, \qquad j = 1,2,\cdots,n_{i,}$$

여기서

$N = \sum_{i=1}^{k} n_i$ 는 데이터 총수

μ : 모집단의 전체평균(overall mean)

τ_i : i번째 처리 효과(treatment effect)

ϵ_{ij} : i번째 처리의 j번째 측정값에 따르는 오차항(random error)

$\epsilon_{ij} \sim iid \quad N(0,\ \sigma^2)$

$\sum_{i=1}^{k} \tau_i = 0$.

(3) 분산분석

총변동을 요인에 의한 변동으로 분해하여 제곱합을 구하면 총제곱합은 요인에 의한 제곱합으로 분해된다.

$$\begin{aligned}\sum_i \sum_j (Y_{ij} - \overline{Y}..)^2 &= \sum_i \sum_j [(Y_{ij} - \overline{Y}_i.) + (\overline{Y}_i. - \overline{Y}..)]^2 \\ &= \sum_i n_i (\overline{Y}_i. - \overline{Y}..)^2 + \sum_i \sum_j (Y_{ij} - \overline{Y}_i.)^2\end{aligned}$$

즉

$$TSS \quad = \quad SSt \quad + \quad SSe$$

전체제곱합 = 처리변동에 의한 제곱합 +오차제곱합.

(4) 분산분석표 (one-way ANOVA table)

요인(source)	자유도 (df)	제곱합 (SS)	평균제곱합 (MS)	F-통계량	기각값
treatment(처리)	$k-1$	SSt	$MSt = \frac{SSt}{k-1}$	$F_t = \frac{MSt}{MSe}$	$F_{k-1,N-k}(\alpha)$
error (오차)	$N-k$	SSe	$MSe = \frac{SSe}{N-k}$		
Total (총합)	$N-1$	TSS			

(5) 제곱합 계산

보정항 : $CF = Y^2_{\cdot\cdot} / N$ (correction factor)

전체제곱합: $TSS = \sum_i \sum_j (Y_{ij} - \overline{Y_{\cdot\cdot}})^2 = \sum_i \sum_j Y_{ij}^2 - CF$ (total sum of squares)

처리제곱합: $SSt = \sum_i \sum_j (\overline{Y_{i\cdot}} - \overline{Y_{\cdot\cdot}})^2 = \sum_i Y^2_{i\cdot} / n_i - CF$ (sum of squares due to treatment)

오차제곱합: $SSe = \sum_i \sum_j (Y_{ij} - \overline{Y_{i\cdot}})^2 = TSS - SSt$ (sum of squares due to error)

평균처리제곱합 : $MSt = \dfrac{SSt}{k-1}$ (Mean Squares of treatment)

평균오차제곱합 : $MSe = \dfrac{SSe}{N-k}$ (Mean Squares of error)

(6) 처리 효과에 대한 가설검정

H_0 : $\tau_1 = \tau_2 = \cdots \tau_k = 0$ (처리 효과 없다.)

H_1 : 적어도 한 개의 τ_i는 0이 아니다.(처리 효과 있다. 즉 처리간 차이 있다.)

검정통계량

$$F_t = \frac{MSt}{MSe}$$

는 귀무가설하에서 $F_{k-1, N-k}$ 분포를 따른다. 위 가설에 대한 검정법은 유의수준 α에서 $F_t \geq F_{k-1, N-k}(\alpha)$이면 귀무가설 H_0를 기각한다.

처리간의 차이가 유의할 경우, 어떻게 세분화되는지 알고자 하며 다중비교(multiple comparison) 방법으로 처리들에 대한 그룹을 구할 수 있다. LSD(least significant difference), Tukey의 HSD(honestrly significant difference) 등의 방법을 통해 처리간의 그룹을 찾을 수 있다.

R에서는 aov() 또는 oneway.test() 함수를 이용해 분산분석을 할 수 있다.

InsectSprays 데이터를 이용하여 spray 종류에 따라 count 평균이 같다고 할 수 있는지 분산분석을 하고자 한다.

```
> data(InsectSprays)
> aov.spray1= aov(count ~ spray, data=InsectSprays)
> aov.spray1
Call:
   aov(formula = count ~ spray, data = InsectSprays)
```

```
Terms:
                   spray Residuals
Sum of Squares  2668.833  1015.167
Deg. of Freedom        5        66
Residual standard error: 3.921902
Estimated effects may be unbalanced
```

또는

```
> aov.spray2= aov(InsectSprays$count ~ InsectSprays$spray)
```

와 같이 쓴다.

```
> par(mfrow=c(2,2))
> plot(aov.spray1)      # <그림 10.1>
```

분산분석 결과를 담은 변수를 plot() 하면 적합시킨 분산분석모형 점검과 관련한 4개의 그래프 즉 적합값과 잔차 그래프, 정규성 검토를 위한 Q-Q 그림, 적합값과 $\sqrt{\text{표준화 잔차}}$ 그래프 그리고 요인값에 대한 표준화 잔차 그래프가 출력된다.

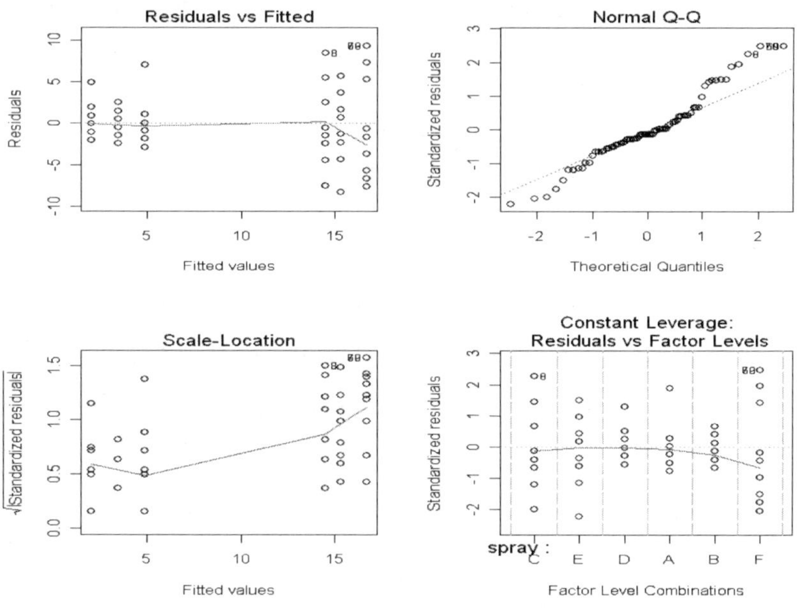

그림 10.1 plot(aov결과)

예 10.1 세 종류의 건전지 수명에 차이가 있는지 알아보고자 한다. 각 회사에서 5개씩 건전지를 선택하여 수명실험으로 다음의 데이터를 얻었고 이들은 정규분포를 따른다고 할 수 있다고 한다.

제품	A	B	C
	100	76	108
	96	80	100
	98	84	101
	96	84	98
	92	78	96

```
##  oneway ANOVA  ##

 a<-c(100,  96,98, 96, 92)
 b<-c(76, 80,84, 84,78)
 c<-c(108, 100, 101, 98, 96)
 life= data.frame(a,b,c)
 b.life=stack(life)
 par(mfrow=c(1,2))
   boxplot(values~ind, data=b.life)     # <그림 10.2> 상자그림
   stripchart(life)                     # <그림 10.2> 줄그림
 oneway.test(values ~ ind, data=b.life, var.equal=T)
```

```
> oneway.test(values ~ ind, data=b.life, var.equal=T)
        One-way analysis of means

data:  values and ind

F = 40.1934, num df = 2, denom df = 12, p-value = 4.802e-06
```

분산분석 결과 F-통계량은 40.1934이고 $p-$값$=4.802\times10^{-6}<0.05$ 이므로 H_0를 기각한다. 유의수준 5%에서 제품간의 건전지 수명 차이가 유의하다.

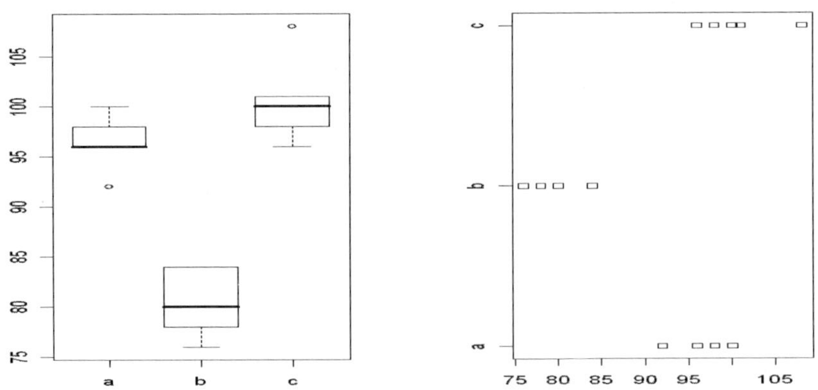

그림 10.2 그룹별 상자그림과 줄그림

예 10.2 [예 10.1] 문제에 대해 aov()를 이용한 분산분석과 TukeyHSD(), pairwise.t.test()를 이용한 다중비교를 하고자 한다.

```
type=c("a","a","a","a","a","b","b","b","b","b","c","c","c","c","c")
y=c(100,96,98, 96, 92,76, 80,84, 84,78, 108, 100, 101, 98, 96)
ty=as.factor(type)
life.aov=aov(y~ ty)
   summary(life.aov)
life.tukey= TukeyHSD(life.aov, "ty", ordered = TRUE)
life.tukey
plot(life.tukey)   # <그림 10.3>
```

```
> life.aov=aov(y~ ty)
> summary(life.aov)
            Df  Sum Sq Mean Sq F value    Pr(>F)
ty           2 1136.13  568.07  40.193 4.802e-06 ***
Residuals   12  169.60   14.13
---
Signif. codes:  0 '***' 0.001 '**' 0.01 '*' 0.05 '.' 0.1 '
> life.tukey= TukeyHSD(life.aov, "ty", ordered = TRUE)
> life.tukey
  Tukey multiple comparisons of means
    95% family-wise confidence level
    factor levels have been ordered
Fit: aov(formula = y ~ ty)
$ty
    diff       lwr      upr     p adj
a-b 16.0  9.65669 22.34331 0.0000580
c-b 20.2 13.85669 26.54331 0.0000056
c-a  4.2 -2.14331 10.54331 0.2220442
```

c-a 차이에 대한 $p-$값$=0.2220442>0.05$으로 유의수준 $\alpha=0.05$에서 유의하지 않으므로 (c,a)와 (b) 두 그룹으로 나눌 수 있다.

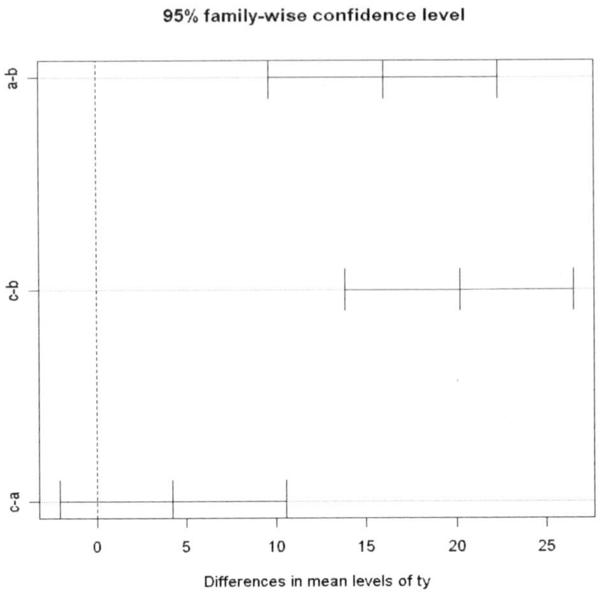

그림 10.3 그룹 차에 대한 95% 신뢰구간

pairwise.t.test()로 LSD(least significant difference)를 이용한 다중비교를 할 수 있다.

```
> pairwise.t.test(y,ty, p.adjust="none", pool.sd=TRUE)
        Pairwise comparisons using t tests with pooled SD
data:  y and ty
  a       b
b 2.1e-05 -
c 0.10    2.0e-06
P value adjustment method: none
```

a-c 차이에 대한 $p-$값$=0.10>0.05$으로 유의수준 $\alpha=0.05$ 에서 차이가 유의하지 않으므로 (a,c)와 (b) 두 그룹으로 나눌 수 있다.

10.2 이원배치 분산분석

처리요인이 두 개인 경우, 처리마다 반복수가 n 인 경우의 자료구조는 다음과 같다.

(1) 이원 배치 자료 구조

요인 A \ 요인 B	1	2	$\cdots$	j	$\cdots$	b
1	Y_{111} Y_{112} $\vdots$ Y_{11n}	Y_{121} Y_{122} $\vdots$ Y_{12n}	$\cdots$	$\cdots$	$\cdots$	Y_{1b1} Y_{1b2} $\vdots$ Y_{1bn}
$\vdots$	$\vdots$	$\vdots$				$\vdots$
i	$\vdots$	$\vdots$	$\cdots$	Y_{ij1} Y_{ij2} $\vdots$ Y_{ijn}	$\cdots$	$\vdots$
$\vdots$	$\vdots$	$\vdots$				$\vdots$
a	Y_{a11} Y_{a12} $\vdots$ Y_{a1n}	Y_{a21} Y_{a22} $\vdots$ Y_{a2n}	$\cdots$	$\cdots$	$\cdots$	Y_{ab1} Y_{ab2} $\vdots$ Y_{abn}

(2) 통계적 모형 (고정 효과 모형)

$$Y_{ijk} = \mu + \alpha_i + \beta_j + \alpha\beta_{ij} + \epsilon_{ijk}$$

$$i = 1, \cdots, a$$
$$j = 1, \cdots, b$$
$$k = 1, \cdots, n \text{ 반복}$$

여기서

μ : 전체 평균

α_i : A의 i^{th} 수준 효과

β_j : B의 j^{th} 수준 효과

$\alpha\beta_{ij}$: A와 B의 상호작용

ϵ_{ijk} : 오차항 $\sim iid\ N(0, \sigma^2)$

$$\sum_i \alpha_i = 0, \quad \sum_j \beta_j = 0, \quad \sum_i \alpha\beta_{ij} = \sum_j \alpha\beta_{ij} = 0 \ .$$

(3) 분산분석

총변동을 요인에 의한 변동으로 분해하여 제곱합을 구하면 총제곱합은 요인에 의한 제곱합으로 분해된다.

$$TSS = SS_A + SS_B + SS_{AB} + SSe$$

즉

전체제곱합 = A 요인 제곱합 + B 요인 제곱합 + AB 상호작용 제곱합 + 오차제곱합.

(4) 분산분석표 ($N = abn$)

요인 (source)	자유도 (df)	제곱합 (SS)	평균제곱합 (MS)	F-통계량	기각값
요인 A	$a-1$	SS_A	$MS_A = \frac{SS_A}{(a-1)}$	$F_A = \frac{MS_A}{MSe}$	$F_{a-1,ab(n-1)}(\alpha)$
요인 B	$b-1$	SS_B	$MS_B = \frac{SS_B}{(b-1)}$	$F_B = \frac{MS_B}{MSe}$	$F_{b-1,ab(n-1)}(\alpha)$
A*B 상호작용	$(a-1)(b-1)$	SS_{AB}	$MS_{AB} = \frac{SS_{AB}}{(a-1)(b-1)}$	$F_{AB} = \frac{MS_{AB}}{MSe}$	$F_{(a-1)(b-1),ab(n-1)}(\alpha)$
오차	$ab(n-1)$	SSe	MSe		
총합	$N-1$	TSS			

(5) 제곱합 계산

$$TSS = SS_{total} = \sum_i \sum_j \sum_k (Y_{ijk} - \overline{Y...})^2 = \sum_i \sum_j \sum_k Y_{ijk}^2 - CF \ , \quad CF = \frac{Y_{...}^2}{abn}$$

$$SS_A = \sum_i \sum_j \sum_k (\overline{Y_{i..}} - \overline{Y...})^2 = \sum_{i=1}^{a} \frac{Y_{i..}^2}{bn} - CF$$

$$SS_B = \sum_i \sum_j \sum_k (\overline{Y_{.j.}} - \overline{Y..})^2 = \sum_{j=1}^{b} \frac{Y_{.j.}^2}{an} - CF$$

SS

$SS_{AB} = SS$

$SSe = TSS - SS$

여기서

$$\overline{Y...} = \frac{1}{N} \sum_i \sum_j \sum_k Y_{ijk}, \qquad N = abn$$

$$\overline{Y_{i..}} = \frac{1}{bn} \sum_j \sum_k Y_{ijk}, \qquad \overline{Y_{.j.}} = \frac{1}{an} \sum_i \sum_k Y_{ijk}, \qquad \overline{Y_{ij.}} = \frac{1}{n} \sum_k Y_{ijk}.$$

(6) 요인 A 효과에 대한 가설검정

H_0 : $\alpha_1 = \cdots = \alpha_a = 0$ (요인 A 효과 없다)

H_1 : 적어도 한 개의 $\alpha_i \neq 0, \ i = 1, ..., a$

검정통계량

$$F_A = \frac{MS_A}{MSe}$$

는 H_0 하에서 $F_{a-1,\ ab(n-1)}$ 분포를 따른다. 만일 $F_A \geq F_{a-1, ab(n-1)}(\alpha)$ 이면 H_0를 기각한다.

(7) 요인 B 효과에 대한 가설검정

H_0 : $\beta_1 = \cdots = \beta_b = 0$, (요인 B 효과 없다)

H_1 : 적어도 한 개의 $\beta_j \neq 0$, $j = 1, \ldots, b$

검정통계량

$$F_B = \frac{MS_B}{MSe}$$

는 H_0 하에서 $F_{b-1,\ ab(n-1)}$ 분포를 따른다. 만일 $F_B \geq F_{b-1, ab(n-1)}(\alpha)$ 이면 H_0를 기각한다.

(8) AB 상호작용효과에 대한 가설검정

H_0 : $\alpha\beta_{11} = \cdots = \alpha\beta_{ab} = 0$ (상호작용 효과 없다)

H_1 : 적어도 한 개의 $\alpha\beta_{ij} \neq 0$, $i = 1, \ldots, a$, $j = 1, \ldots, b$

검정통계량

$$F_{AB} = \frac{MS_{AB}}{MSe}$$

은 H_0 하에서 $F_{(a-1)(b-1),\ ab(n-1)}$분포를 따른다.

만일 $F_{AB} \geq F_{(a-1)(b-1),\ ab(n-1)}(\alpha)$이면 H_0를 기각한다.

예 10.3 다음은 디자인 종류와 광고 요인별로 매출액을 조사한 데이터이다.

광고 \ 디자인	A	B	C
광고했을 경우(1)	23	15	18
광고하지않을 경우(0)	16	9	11

이요인 분산분석을 하고자 한다. (반복수가 1이므로 상호작용효과는 추정할 수 없다.)

```
design=c("a","b","c", "a","b","c")
ad=c(1,1,1, 0,0,0)
y=c(23,15,18, 16,9,11)
design=as.factor(design)
ad=as.factor(ad)
```

```
a=aov(y ~ design + ad)
a
summary(a)          # ANOVA table
```

```
> a
Call:
   aov(formula = y ~ design + ad)
Terms:
                   design       ad Residuals
Sum of Squares   58.33333 66.66667   0.33333
Deg. of Freedom         2        1         2
Residual standard error: 0.4082483
Estimated effects may be unbalanced

> summary(a)        # ANOVA table
            Df Sum Sq Mean Sq F value   Pr(>F)
design       2 58.333  29.167     175 0.005682 **
ad           1 66.667  66.667     400 0.002491 **
Residuals    2  0.333   0.167
Signif. codes:  0 '***' 0.001 '**' 0.01 '*' 0.05 '.' 0.1 ' '
```

디자인 효과에 대한 F-통계량은 175이고 $p-$값 $= 0.005682 < 0.05$이므로 유의수준 5%에서 H_0를 기각한다. 매출액에 대해 디자인 효과는 유의하다. 광고 효과에 대한 F-통계량 값은 400이고 $p-$값 $= 0.002491 < 0.05$으로 유의수준 5%에서 H_0를 기각한다. 그러므로 매출액에 대한 디자인 효과는 유의하다.

예 10.4 화학공정에서 중요한 요인 2개는 온도와 압력이다. 이 두 가지 요인에 대한 2 반복 실험으로 다음의 반응값을 얻었다. 요인 효과에 대한 통계적 분석을 하고자 한다.

	압력		
온도	200	220	240
저온	90.4 90.2	90.7 90.1	90.2 90.4
고온	92.2 93.7	91.6 91.8	90.5 92.8

```
pressure=c(200,220,240, 200,220,240, 200,220,240, 200,220,240 )
temp=c("low","low","low","low","low","low",
     "high","high","high","high","high","high")
y=c(90.4, 90.7, 90.2,  90.2, 90.1, 90.4,  92.2, 91.6, 90.5,
    93.7, 91.8, 92.8)
temp=as.factor(temp)
pressure=as.factor(pressure)
par(mfrow=c(2,2))          # <그림 10.4> 요인별 그림
plot(y~ temp)
plot(y ~ pressure)
stripchart(y~temp, vertical=T, xlab="temperature");
stripchart(y~pressure,vertical=T, xlab="pressure" )

par(mfrow=c(1,2))          # <그림 10.5> 상호작용그림
interaction.plot(temp, pressure, y, bty="l",
                 main="interaction plot")
interaction.plot(pressure, temp, y, bty="l")

aov_pt= aov(y ~ temp + pressure + temp:pressure)
aov_pt
summary(aov_pt)            # ANOVA table
```

```
> aov_pt
Call:
   aov(formula = y ~ temp + pressure + temp:pressure)
Terms:
                    temp pressure temp:pressure Residuals
Sum of Squares  9.363333 1.011667      1.171667  4.010000
Deg. of Freedom        1        2             2         6

Residual standard error: 0.8175166
Estimated effects may be unbalanced

> summary(aov_pt)       # ANOVA table
              Df Sum Sq Mean Sq F value   Pr(>F)
temp           1 9.3633  9.3633 14.0100 0.009589 **
pressure       2 1.0117  0.5058  0.7569 0.509201
temp:pressure  2 1.1717  0.5858  0.8766 0.463473
Residuals      6 4.0100  0.6683
Signif. codes:  0 '***' 0.001 '**' 0.01 '*' 0.05 '.' 0.1 ' ' 1
```

온도(temp) 효과에 대한 F−통계량은 14.0100 이고 $p-$값 $= .009589 < 0.05$으로

유의수준 5%에서 H_0를 기각한다. 즉 온도 효과는 유의하다.

압력(pressure) 효과에 대한 F-통계량은 0.7569이고 $p-$값$=0.5092>0.05$으로 유의수준 5%에서 H_0를 기각하지 못한다. 즉 압력 효과는 유의하지 않다.

온도와 압력의 상호작용효과에 대한 F-통계량은 0.8766이고 $p-$값$=0.463473>0.05$으로 유의수준 5%에서 H_0를 기각하지 못하므로 온도와 압력의 상호작용효과는 유의하지 않다.

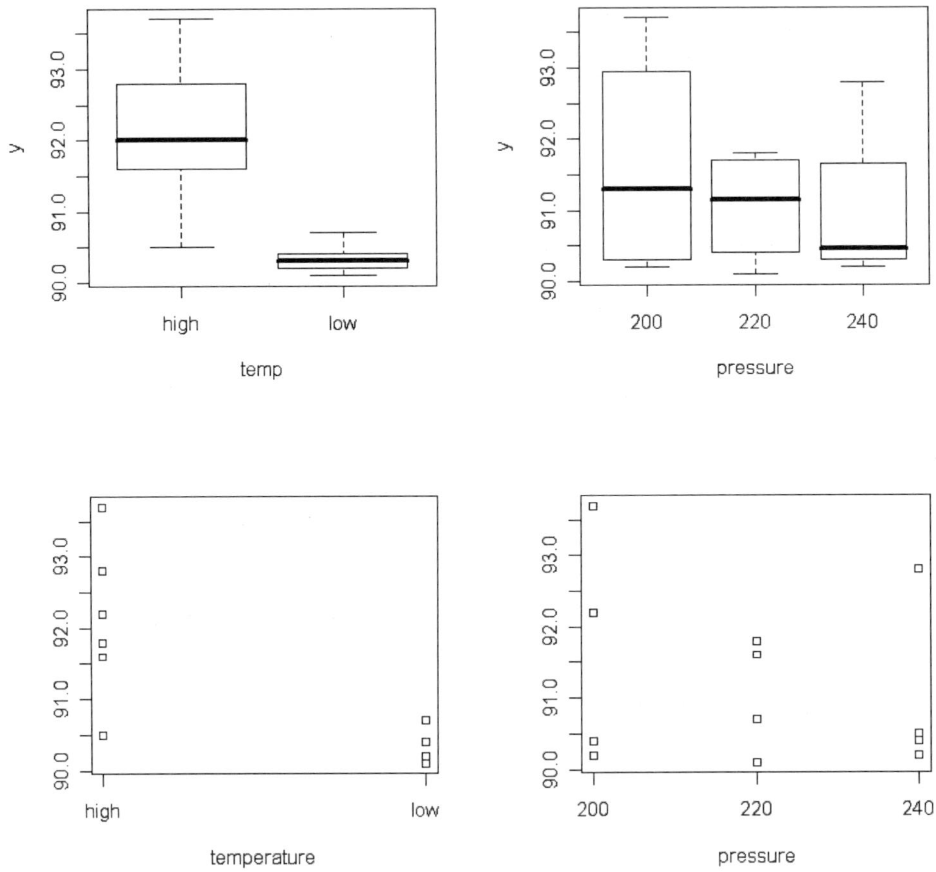

그림 10.4 요인별 boxplot과 stripchart

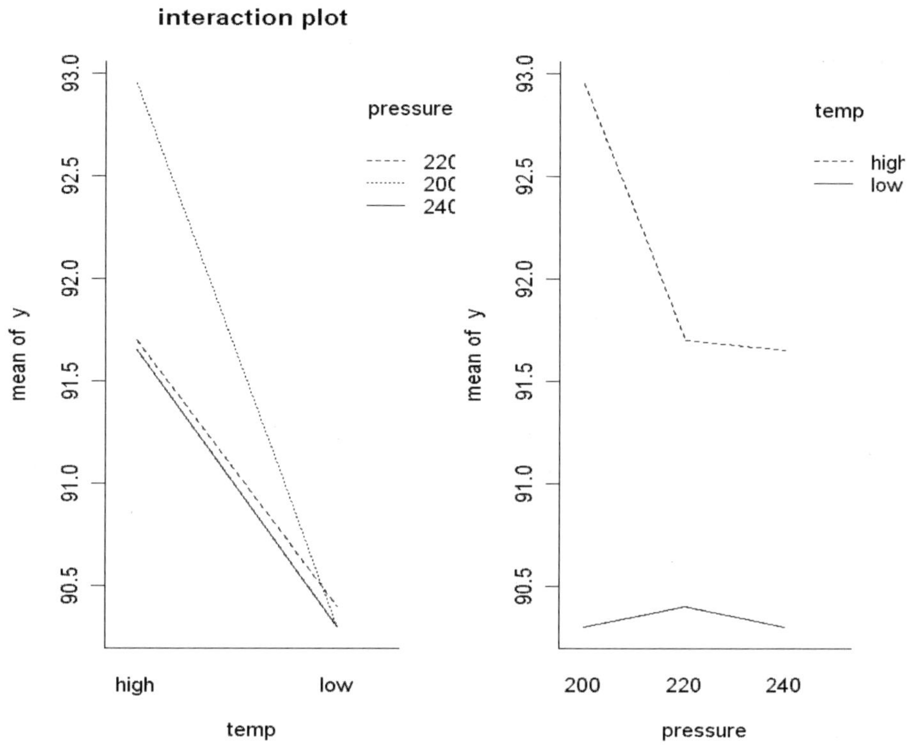

그림 10.5 상호작용그림

요인별 분포를 <그림 10.4>에서 볼 수 있으며 <그림 10.5>에서는 `interaction.plot()`을 이용한 상호작용을 볼 수 있다.

연습문제

01 세 개의 회사에서 생산된 전구 수명에 차이가 있는지 알아보고자 한다.
각 회사에서 6개씩 전구를 선택하여 수명실험을 하여 다음의 데이터를 얻었고 이들은 정규분포를 따른다고 할 수 있다고 한다.

제품	A	B	C
	100	76	108
	96	80	100
	98	84	101
	96	84	103
	92	78	104
	100	80	110

(a) 세 회사 제품의 전구 수명간에 차이가 있는지 알아보고자 한다. 적절한 통계적 가설을 세우시오.

(b) 실험설계에 맞는 통계적 모형을 쓰시오.

(c) (a)의 가설에 대해 유의수준 $\alpha = 0.05$로 검정하시오.

02 관심있는 5가지 배양법에 따라 클로버 잎새의 질소 성분 함량을 측정한 자료이다. 랜덤하게 각 배양접시에 클로버의 씨앗을 배치하였고 측정값들은 각각 정규분포를 따른다고 할 수 있다. 5가지 배양법 간에 차이가 있는지 유의수준 $\alpha = 0.05$에서 F-검정과 다중비교를 하시오.

배양법	A	B	C	D	E
	10	8	10	20	18
	12	9	12	18	20
	12	10	14	17	22
	10	12	12	19	23

03 한 정부기관에서 산업폐수를 정화하는 필터 4종류 A, B, C, D를 비교하는 분산분석을 하시오. 완전 랜덤화 설계로 각 필터에 대해 폐수를 여과시켜 여과능력에 대한 측정값을 얻었다. 측정값은 동일 분산을 가지며 정규분포를 만족한다고 가정한다. 4가지 필터 종류에 따라 여과능력에 차이가 있는지 분산분석하시오.

필터종류			
A	B	C	D
26	19	28	29
23	20	28	29
27	20	29	27
	17		34

04 A, B, C 세 종류의 모기약의 살충효과를 나타내는 데이터를 얻었다. 종류에 따라 살충효과가 다르다고 할 수 있는지 유의수준 $\alpha = 0.05$ 에서 F-검정과 다중비교를 하시오.

A	B	C
7.3	9.1	10
8.5	10.2	9.5
6.3	11.2	9.7
7.9	10.8	10.2
7.5	12.8	9.4
8.2		

05 어떤 연구자는 3종류의 세탁세제의 효과를 비교하고자 처리를 랜덤하게 배치하여 실험했다. 박테리아 성장 지연반응으로 다음의 데이터를 얻었다. 측정값들은 정규분포를 따르고 그룹간 등분산을 가정할 수 있다. 세제 종류에 따른 차이가 있는지 유의수준 $\alpha = 0.05$에서 F-검정과 다중비교를 하시오.

세제 종류		
A	B	C
20	12	13
22	14	16
24	16	19

06 자동차 기술자가 엔진 오일(engine oil)로부터 불순물을 제거하는 능력을 비교하기 위해 4가지 종류의 여과지(filter) A, B, C, D를 사용하였다. 4종류의 실험장치로 처리, 측정되어 제거된 불순물의 양으로 측정값을 얻었다. 측정값들은 정규분포를 따른다고 할 수 있다. 여과지 종류에 따른 차이가 있는지 분산분석하시오.

A	B	C	D
28	31	30	27
28	29	30	26
29	30	31	26
27	30	31	27

07 접착제의 강도가 접착제 사용할 때의 압력과 온도에 영향을 받는다고 생각되어 이요인 실험을 하여 주어진 압력과 온도 하에서 2개씩의 데이터 다음과 같이 얻었다. 데이터는 정규분포를 따른다고 한다.

압력	온도(℃)	
	50	100
100	9	13
120	12	18
150	14	20

(a) 온도(x 축)에 따른 압력별 접착제 강도에 대한 그래프를 그리시오.

(b) 분산분석표를 만드시오.

(c) 온도에 따른 차이가 있는지 검정하기 위한 통계적 가설을 쓰고, 유의수준 0.05로 검정하고 결론을 쓰시오.

(d) 압력에 따른 차이가 있는지 검정하기 위한 통계적 가설을 쓰고, 유의수준 0.05로 검정하고 결론을 쓰시오.

08 접착제의 강도가 접착제 사용할 때의 압력과 온도에 영향을 받는다고 생각되어 이요인 실험을 하여 주어진 압력과 온도 하에서 2개씩의 데이터를 다음과 같이 얻었다. 데이터는 정규분포를 따른다고 한다.

압력	온도(℃)	
	50	100
100	9 11	11 13
120	12 14	14 18
150	14 16	14 20

(a) 온도(x 축)에 따른 압력별 접착제 강도에 대한 그래프를 그리시오.

(b) 분산분석표를 만드시오.

(c) 온도에 따른 차이가 있는지 검정하기 위한 통계적 가설을 쓰고, 유의수준 0.05로 검정하고 결론을 쓰시오.

(d) 압력에 따른 차이가 있는지 검정하기 위한 통계적 가설을 쓰고, 유의수준 0.05로 검정하고 결론을 쓰시오.

(e) 온도와 압력에 따른 상호작용이 있는지 통계적 가설을 쓰고, 유의수준 0.05로 검정하고 결론을 쓰시오.

09 어느 곤충학자가 온도(A)와 액체의 점성(B)이 꿀벌의 에너지 소비에 미치는 영향을 규명하기 위해 꿀벌의 액체 흡입률에 관한 실험을 수행한 결과 다음의 데이터를 얻었다. 데이터는 정규분포를 따른다고 한다.

점성(%)	온도(℃) 20	30	40
20	3.9 3.7	6.5 6.1	7.7 8.7
40	4.2 4.4	9.8 9.2	14.3 13.7
60	6.9 7.3	12.7 13.1	16.8 17.2

(a) 온도(x 축)에 따른 점성별 에너지 소비량에 대한 그래프를 그리시오.

(b) 분산분석표를 만드시오.

(c) 온도에 따른 에너지 소비량 차이가 있는지 검정하기 위한 통계적 가설을 쓰고, 유의수준 0.05로 검정하고 결론을 쓰시오.

(d) 점성에 따른 에너지 소비량 차이가 있는지 검정하기 위한 통계적 가설을 쓰고, 유의수준 0.05로 검정하고 결론을 쓰시오.

(e) 온도와 점성에 따른 상호작용이 있는지 통계적 가설을 쓰고, 유의수준 0.05로 검정하고 결론을 쓰시오.

10 절단 속도(A)와 기계의 각도(B)에 따른 금속절단기의 수명에 대해 조사한 데이터이다. 데이터는 정규분포를 따른다고 한다.

절단 속도(A)	기계의 각도(B) 15	20	25
120	39 37	45 49	47 48
140	42 44	48 46	45 46
160	42 46	50 46	45 46
180	48 50	52 54	50 53

(a) 절단 속도(A)에 따른 에너지 소비량에 대한 상자그림을 그리시오.

(b) 기계의 각도(B)에 따른 에너지 소비량에 대한 상자그림을 그리시오.

(c) 분산분석표를 만드시오.

(d) 절단 속도(A)에 따른 에너지 소비량 차이가 있는지 검정하기 위한 통계적 가설을 쓰고, 유의수준 0.05로 검정하고 결론을 쓰시오.

(e) 기계의 각도(B)에 따른 에너지 소비량 차이가 있는지 검정하기 위한 통계적 가설을 쓰고, 유의수준 0.05로 검정하고 결론을 쓰시오.

(f) 절단 속도와 기계의 각도에 따른 상호작용이 있는지 통계적 가설을 쓰고, 유의수준 0.05로 검정하고 결론을 쓰시오.

CHAPTER

11

사용자 정의 함수 만들기

다른 통계 패키지에 비해 R의 큰 장점 중의 하나는 프로그래밍 언어의 기능이다. 다른 프로그래밍에서의 매크로(macro)와 같이 R에서 사용자 함수를 정의하여 만들 수 있다. 사용자 정의 함수를 한 번 수행시킨 후에는 R 시스템내 저장된 위치는 다르지만, 함수 사용면에서 내장 함수와 구별되지 않는다. 사용자 함수를 정의하는 형식은 다음과 같다.

```
function-name = function(arguments)
{
   function body
   return( output arguments)
}
```

예 11.1 "Hello Kitty!" 가 출력되는 함수를 만들어 보자.

```
#####    Editing functions    #####

hello=function(){ cat("Hello Kitty! \n", "We are doing programming. \n")
}
```

hello() 함수를 한 번 수행시킨 후 다음과 같이 만든 함수를 부르면 원하는 결과가 출력된다.

```
> hello()
Hello Kitty!
 We are doing programming.
```

예 11.2 나눗셈 함수 divide()를 정의하고 a=c(36,77,111)와 b=3에 divide() 함수를 적용하여 답을 얻고자 한다.

```
divide = function(x,y) {
  return(x/y)
}
```

divide() 함수를 한 번 수행시킨 후에는 적절한 인수(argument)를 대입한다.

```
> a=c(36,77,111)
> b=3
> divide(a,b)
[1] 12.00000 25.66667 37.00000
> divide(1,5)
```

```
[1] 0.2
> divide(1:5,2)
[1] 0.5 1.0 1.5 2.0 2.5
```

예 11.3 R의 내장함수를 사용하지 않고, 일변량 데이터에 대해 평균, 분산, 표준편차가 출력되는 함수를 만들어 보자.

```
# Descriptive statistics  function #
 my.summary<-function(x){
    n=length(x)
    temp=0 ; temp1=0
    for ( i in 1: n){
        temp= temp+ x[i]
        temp1= temp1+ x[i]^2
    }
    m=temp/n
    var= ( temp1-n*m^2 )/(n-1)
    sd=sqrt(var)
 return(list(m,var,sd) )
 }
```

my.summary() 함수를 한 번 수행시키면 R 시스템에 임시적으로 my.summary 함수가 생성된다. 그런 다음 분석하고자 하는 데이터를 x에 저장하고 my.summary(x)로 함수를 부르면 결과가 출력된다.

```
> x=c(1,2,3,4,5)
> my.summary(x)
[[1]]
[1] 3
[[2]]
[1] 2.5
[[3]]
[1] 1.581139
```

my.summary(x)를 수행하면 결과 리스트로 세 개의 값을 출력하므로 필요한 경우 각 변수에 결과값을 다음과 같이 저장할 수 있다.

```
> mean_x=my.summary(x)[[1]]
> var_x=my.summary(x)[[2]]
> sd_x=my.summary(x)[[3]]
```

예 11.4 일변량 연속형 데이터에 대해 분포에 대한 정보를 주는 그래프로서 히스토그램, 줄기-잎-그림, 상자그림, 산점도가 출력되는 함수를 만들어 보자.

```
## Graphs for distributions    ##
 dist.graph<-function(x){
    par(mfrow=c(2,2))
    hist(x)
    stem(x)
    boxplot(x)
    plot(x)
 }
```

dist.graph() 함수를 한 번 수행시킨 후, 분석하고자 하는 데이터를 x에 저장하고 dist.graph(x)로 함수를 부르면 결과가 출력된다.

```
> x=c(1.2, 3.5, 2.2, 6.4,3.1, 4.5, 5.2, 2.6)
> dist.graph(x)
```

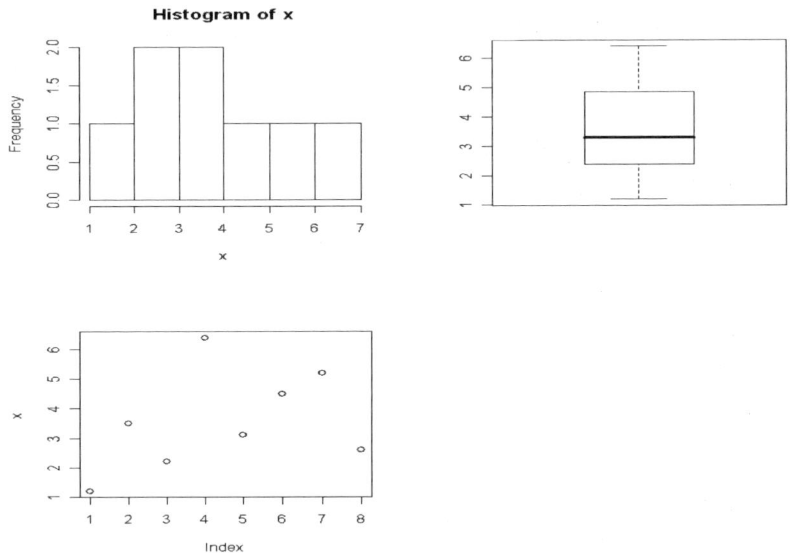

그림 11.1 dist.graph() 결과

예 11.5 다음과 같이 난수를 발생하는 함수를 만들고자 한다.

dist=1이면 정규분포에서 랜덤 데이터가 발생한다.

dist=2이면 지수분포에서 랜덤 데이터가 발생한다.

dist=3이면 포아송분포에서 랜덤 데이터가 발생한다.

```
#   Random data generation
 data.gen<-function(n, dist){
   if(dist==1) x=rnorm(n, 0,1)
   if(dist==2) x=rexp(n, 2)
   if(dist==3) x=rpois(n, 5)
 return(x)
 }
```

data.gen() 함수를 한 번 수행시킨 후, 정규분포로부터의 난수 데이터를 y에 저장하고자하면 다음과 같이 쓴다.

```
> y= data.gen(10, 1)
> y
 [1]  0.36971510  0.75775450 -1.20818636 -0.67836178  0.87372940 -1.02281026
 [7]  0.06763701 -0.24393103 -1.41382108  0.54096901
```

예 11.6 다음과 같이 난수를 발생하는 함수를 만들고자 한다.

dist=1이면 normal (0,1) 분포에서 랜덤 데이터 발생

dist=2이면 자유도가 5인 t-분포에서 랜덤 데이터 발생

발생된 n개 데이터에 대해 평균과 분산을 출력하는 함수를 만들고자 한다.

```
##   Random data generating function    ##
 data.gen<-function(dist,n){
 if( dist==1){ mu1<-0
               sigma<-1
               temp<- rnorm(n, mu1, sigma)
              }
 if( dist==2){ tdf<- 5
              temp<- rt(n,df=tdf)
              }
 temp.m<-mean(temp)
 temp.v<-var(temp)
 return(list(temp, temp.m, temp.v))
 }
```

data.gen() 함수를 한 번 수행시킨 후, 정규분포로부터의 난수 데이터를 z에 저장하고자 하면 다음과 같이 쓸 수 있다.

```
> z = data.gen(1, 10)
> d = z[[1]]
> dm = z[[2]]
> dv = z[[3]]
```

예 11.7 2001년 한국의 산업별 생산성지표를 조사해서 얻은 다음 표의 이변량 자료

X_1 = 총자본투자효율(%)　　X_2 = 노동소득 분배율(%) 에 대해

(a) 표본평균벡터 $\overline{\boldsymbol{X}}=\begin{pmatrix}\overline{X_1}\\ \overline{X_2}\end{pmatrix}$와 표본공분산행렬 $\boldsymbol{S}=\begin{pmatrix}s_{11} & s_{12}\\ s_{12} & s_{22}\end{pmatrix}$ 를 구하시오.

여기서 s_{11}은 X_1의 표본분산, s_{22}는 X_2의 표본분산이며 s_{12}는 X_1과 X_2의 표본공분산이다.

(b) 이변량 정규성을 만족하는지 카이제곱그림을 그리도록 chisq.plot() 함수를 만드시오.

표 11.1 2001년 한국 산업별 생산성지표

산업종류	X_1	X_2
어업	28.2	61.3
광업	21.3	65.3
제조업	19	51.5
전기가스증기업	15.6	14
건설업	24.5	82.1
도매및소매업	17.1	51.7
숙박업	13	51.5
운수업	30	44.8
통신업	28.1	23.8
부동산및임대업	18.3	49.8

풀이

(a) $\overline{\boldsymbol{X}}=\begin{pmatrix}21.51\\ 49.58\end{pmatrix}$, $\boldsymbol{S}=\begin{pmatrix}34.74 & 15.66\\ 15.66 & 378.6\end{pmatrix}$

(b) 카이제곱그림

1단계. d_i^2을 구하고 순서를 매긴다.

$$d_i^2=(\boldsymbol{X}_i-\overline{\boldsymbol{X}})'\boldsymbol{S}^{-1}(\boldsymbol{X}_i-\overline{\boldsymbol{X}}),\qquad i=1,2,\ldots,n$$

$$d_{(1)}^2\le d_{(2)}^2\le\cdots\le d_{(n)}^2$$

2단계. $\{q_{(i)},\ d_{(i)}^2\}$ 점을 그린다. 이론적으로 $\boldsymbol{X}$가 이변량 정규분포를 따를 때, 즉 d_i^2이 카이제곱분포를 따를 때의 사분위수 $q_{(i)}$를 구해 $d_{(i)}^2$과 비교하여 다변량 정규성을 검토한다.

표 11.2 마할라노비스 거리제곱 순서통계량과 카이제곱분포 사분위수

순서 i	관측벡터의 마할라노비스 거리 제곱에 대한 순서 통계량 $d_{(i)}^2$	경험 누적 확률 $\frac{i-0.5}{n}$	카이제곱분포의 사분위수 $q_{(i)}$
1		0.05	0.103
2		0.15	0.325
3		0.25	0.575
4		0.35	0.862
5		0.45	1.196
6		0.55	1.597
7		0.65	2.100
8		0.75	2.773
9		0.85	3.794
10		0.95	5.991

```
chisq.plot<-function(x){
    n=dim(x)[[1]]       # number of observations
    vp=dim(x)[[2]]      # number of variables
    xbar=c(mean(x1), mean(x2))
    a1= c( var(x1), cov(x1,x2))
    a2= c(cov(x1,x2), var(x2))
    s=rbind(a1,a2)      # covariance matrix

 library(MASS)
 si=ginv(s)             # inverse matrix
 d<-rep(0,10)
 for( i in 1: 10){
    d[i]=  ( x[i, ]  - xbar ) %*% si %*% (x[i, ] -xbar)
 }
 dd=sort(d)
 tt=seq(1,n)
 t= (tt-0.5)/n
 q=qchisq(t, vp)
 plot(q,dd, pch="*", main="Chisqplot for multivariate normality")
 abline(0,1)
 return(list(xbar, s))
}
```

다음과 같이 chisq.plot(x)을 사용하면 평균벡터, 공분산행렬, 카이제곱그림을 얻는다.

```
> x1=c( 28.2, 21.3, 19, 15.6, 24.5, 17.1, 13, 30, 28.1, 18.3 )
> x2=c(61.3, 65.3, 51.5, 14, 82.1, 51.7, 51.5, 44.8, 23.8, 49.8)
> x=cbind(x1,x2)
> chisq.plot(x)
[[1]]
[1] 21.51 49.58
[[2]]
        [,1]      [,2]
a1 34.73878  15.65911
a2 15.65911 378.59289
```

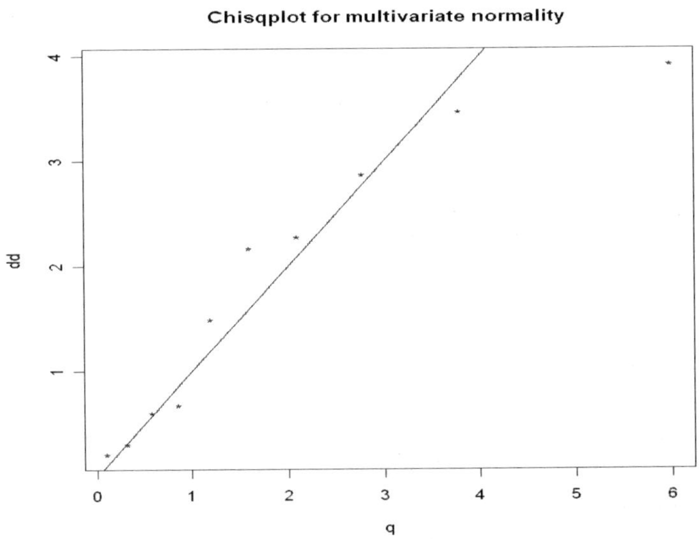

그림 11.2 사용자 정의 함수 chisq.plot()을 이용한 카이제곱 그림

연습문제

01 (1) $H_0 : \mu = \mu_0$에 대해 $H_1 : \mu \neq \mu_0$

(2) $H_0 : \mu \leq \mu_0$에 대해 $H_1 : \mu > \mu_0$

(3) $H_0 : \mu \geq \mu_0$에 대해 $H_1 : \mu < \mu_0$

에 대한 t-검정을 하는 사용자 정의 함수를 만들고자 한다.

$$t = \frac{\overline{X} - \mu_0}{sd/\sqrt{n}}$$

여기서 sd는 표준편차이다. t-통계량, p-값을 구하는 함수를 만들어 원하는 결과를 return 하도록 하시오.

프로그램 예

```
my_t_test=function(x,mu0,side,alpha){
   n=length(x)
   dfn=n-1
   muhat=mean(x)
   shat=sd(x)
   t=(muhat- mu0)/( shat/sqrt(n) )

  if(side==1){  p_value=2*( 1-pt( abs(t), df=dfn) )  }
  if(side==2){  p_value=1- pt( t, df=dfn)   }
  if(side==3){  p_value= pt( t, df=dfn)   }

  cl_upper=muhat+ qt(1-alpha/2, df=n-1 )*( shat/sqrt(n) )
  cl_lower=muhat- qt(1-alpha/2, df=n-1 )*( shat/sqrt(n) )
 return( list(t, p_value, cl_lower, cl_upper) )
}
```

```
########### function call and result  ################################
y=c(1, 2.3, 3.5, 4.3, 2.1, 2.2, 3.1)
a=my_t_test(y, 2, 1, 0.05)
cat( "   t stat    pvalue      ci_lower      ci_upppe " , "\n")
cat(  a[[1]] , a[[2]], a[[3]], a[[4]] ,  "\n")
```

02 문제 1에서 만들어 놓은 사용자 정의 함수 my_t_test()를 이용하여, 다음의 기계 수리시간 데이터에 대하여 통계적 검정을 하고자 한다.

159 280 101 121 224 222 379 179 250 170

(a) 평균 수리시간이 225시간이라고 할 수 있는지 t-검정통계량을 구하시오.
(b) (a) 통계량의 p-값을 구하고 유의수준 5%에서 검정하시오.
(c) 평균 수리시간에 대한 90%, 95% 신뢰구간을 구하시오.

03 두 확률변수 (X, Y)의 상관계수

$$\text{상관계수} \quad \rho = \frac{Cov(X,\ Y)}{\sqrt{Var(X)}\sqrt{Var(Y)}}$$

로 정의된다. 확률표본 $\{(X_i, Y_i)\}_{i=1}^{n}$에 대해 ρ의 추정량으로 Pearson의 표본상관계수(sample correlation coefficient)

$$r = \frac{\sum_{i=1}^{n}(X_i - \overline{X})(Y_i - \overline{Y})}{\sqrt{\sum_{i=1}^{n}(X_i - \overline{X})^2}\sqrt{\sum_{i=1}^{n}(Y_i - \overline{Y})^2}}$$

를 구하는 function을 만들고 결과를 cor(x,y) 결과와 비교하시오. 여기서 $\overline{X}$, $\overline{Y}$는 각각 X_i들의 평균, Y_i들의 평균이다.

```
my.cor<-function(x,y){

return(r)
}
```

04 dist=1이면 정규분포에서 n개 랜덤 데이터 발생, dist=2이면 지수분포에서 n개 랜덤 데이터 발생하도록 하며, 각 분포에서 발생된 데이터에 대해 평균, 표준편차, 분산, 범위, 최댓값, 최솟값, 10%, 20%, 25%, 50%, 75%, 80%, 90% 분위수를 구하는 my_summary() 함수를 만드시오. 그리고 각 분포에서 난수 50개를 발생시키고 my_summary()를 이용하여 결과를 얻으시오.

05 Newton의 방법으로 $f(x) = x^2 - \sin x$가 0이 되는 x값을 구하고자 한다. 다음의 식을 반복적으로 이용하여 구하시오.

$$x_{n+1} = x_n - \frac{x_n^2 - \sin x_n}{2x_n - \cos x_n}$$

(x_{n+1}과 x_n의 차가 0.0001보다 작으면 계산을 멈추고 해로 구할 수 있다.)

힌트

```
x=1 ; delta=1
while( delta >0.0001){
   old.x=x
   x=x-(x^2 -sin(x) )/(2*x-cos(x))
  delta=abs(x-old.x)
}
print(x)
```

06 확률분포의 대표적 특성으로 평균(mean), 분산(variance), 왜도(skewness), 첨도(kurtosis)를 들 수 있다. 데이터 벡터를 읽어들여 다음과 같은 평균, 분산, 왜도, 첨도를 return 하도록 함수를 만드시오.

(a) sum(), mean() 함수는 이용하여 my.moment() 함수를 만드시오.

(b) sum(), mean() 함수를 이용하지 않고 for 루핑을 이용하여 my.moment.for() 함수를 만드시오.

(c) 02번 문제의 기계 수리시간 데이터에 대해 만든 함수 my.moment()와 my.moment.for()를 이용하여 각 통계량 값을 출력하고 비교하시오.

- 평균(중심경향) : $m_1 = \frac{1}{n}\sum_{i=1}^{n} x_i = \overline{x}$
- 분산(퍼짐경향) : $s^2 = \frac{1}{n-1}\sum_{i=1}^{n}(x_i - \overline{x})^2$

• 왜도(기울어진 경향) : $$g_1 = \frac{\frac{1}{n}\sum_{i=1}^{n}(x_i - \overline{x})^3}{\left[\frac{1}{n}\sum_{i=1}^{n}(x_i - \overline{x})^2\right]^{3/2}}$$

• 첨도(뾰족한 경향) : $$g_2 = \frac{\frac{1}{n}\sum_{i=1}^{n}(x_i - \overline{x})^4}{\left[\frac{1}{n}\sum_{i=1}^{n}(x_i - \overline{x})^2\right]^{2}} - 3$$

07 데이터를 생성하기 위해 다음과 같은 dgp() 함수를 만들었다. dgp()는 어떠한 형태의 데이터를 생성하는지 설명하고 myd 에 저장된 데이터를 plot() 함수를 이용하여 그려 보시오.

```
dgp <- function(nobs , timing , delta=c(0,0) , coef = c(0, 0), sd)
{
err <- rnorm(nobs, mean=0, sd = sd)   # ; print(mean(err))
x <- seq(1,nobs)/nobs
y <- ifelse(  (1:nobs)/nobs <= timing,
               coef[1] + coef[2] * x + err,
               (coef[1] + delta[1]) + (coef[2] + delta[2]) * x + err)
return(data.frame(y = y, x = x))
}
myd= dgp(100,  0.5,  c(0,3),  c(1,1),  0.5)
```

CHAPTER

12

데이터 핸들링

12.1 Tidyverse 패키지

12.2 dplyr 패키지

데이터를 읽고 저장하고 가공하는 등 분석 전에 데이터 처리에 관한 작업이 매우 필요하다. 데이터 분석 중 가장 긴 시간을 할애하는 작업은 데이터 전처리(data preprocessing, data wrangling) 단계라고 할 수 있다. Hadely Weckam(2019)이 개발한 데이터 전처리 및 시각화를 tidyverse, dplyr 패키지를 사용해 데이터 핸들링(data handling) 작업을 하고자 한다. 특히 데이터 다루는데 편리한 dplyr 패키지를 이용하는 방법에 관해 설명하고자 한다.

12.1 Tidyverse 패키지

Tidy+Universe 합성어로 "tidy data"의 기본 설계와 문법을 제공한다. tidyverse의 핵심 아이디어는 데이터를 처리하고 시각화하는 과정을 간결한 방식으로 수행할 수 있도록 하는 것이다. tidyverse는 dplyr, ggplot2 등 tidy 패키지 생태계에 속하는 핵심 패키지들을 한 번에 설치와 관리해 주는 패키지다. 파이프 연산자 %>%를 통해 코드를 간결화하고 가독성을 최대화한다.

tidyverse가 포함하는 몇 가지 주요 패키지와 기능은 다음과 같다:

- ggplot2: 데이터 시각화
- dplyr: 데이터 프레임을 조작하고 가공하는 데 사용
- tidyr: 데이터를 tidy data 형식으로 변환
- purrr: 함수형 프로그래밍 패러다임을 지원하며, 리스트와 벡터 데이터에 대한 작업 지원
- readr: 다양한 데이터 포맷(CSV, TSV, Excel 등)을 읽고 데이터프레임 형식
- tibble: 데이터프레임을 개선한 형태로, 데이터 분석에 효율적임
- stringr: 문자열 처리
- forcats: 범주형 데이터를 다루는 데 특화된 함수와 도구를 제공

12.2 dplyr 패키지

데이터를 다루기에 빠르고 편리하여 '데이터에 대한 문법'으로 불리는 dplyr 패키지 활용에 관해 설명한다. 각 단계는 단어라 불리는 함수에 의해 수행된다. 데이터를 다루는 데 기본이 되는 5가지 함수(filter, select, arrange, mutate, summarise)를 적절히 조합해 사용하면 원하는 형태로 데이터를 변환하고 정리할 수 있다. 또한 이런 과정들을 연결하여 코딩할 수 있다. 그러므로 중간에 임시 변수를 만들지 않고도 작업할 수 있다.

select() 함수로 해당 열을 선택하고 filter() 함수로 필요한 행을 추출하며 group_by 함수로 데이터를 그룹화하고 mutate() 함수로 행을 바꾸거나 추가한다.

이중 콜론 연산자(double colon operator) ::를 사용하여 패키지와 그 패키지에 내장함 수를 명시하기도 한다. 예를 들어 dplyr::summarize로 쓴다.

plyr 패키지가 split-apply-combine 논리로 만들어져 있는데, plyr 패키지를 사용하면 데이터셋에 대해 나누고 적용하고 결합(split-apply-combine)하는 작업을 수행하기 편리하다. dplyr 패키지에서는 이런 과정을 이해하기 쉽고 투명하게 진행할 수 있어서 매우 편리하다.

12.2.1 파이프 연산자

여러 함수를 연결(chain)하는 역할을 하며 파이프 연산자 %>%를 사용하면 임시 변수를 정의할 필요가 없어진다. 함수 chain() 혹은 간단히 %>%를 이용함으로써 각 조작을 연결해서 한 번에 수행할 수 있다. 즉, 최종 결과를 얻기 위해 임시로 데이터프레임을 만들지 않아도 되는 편리한 기능이다.

12.2.2 tbl

데이터프레임을 tibble 형태로 변형하여 작업을 하고자 한다. 관측값이 많으면 tbl_df() 형태로 변환하여 사용하면 모든 데이터를 화면에 출력하는 실수를 방지할 수 있다.

예 12.1 cabbage 데이터에 대해 tibble 객체 만들고 함수를 적용하고자 한다.

<코드 12.1> cabbage 데이터에 대해 tbl

```
library(dplyr)
library(MASS)
library(ggplot2)
data(cabbages)
attach(cabbages)
head(cabbages)
class(cabbages)
str(cabbages) #structure

# 한 번에 한 단계씩
cabbages_df = as_tibble(cabbages)  # tbl object
cabbages_df
filter(cabbages_df, Cult=="c39")  # Cult=="c39" cases only
arrange(cabbages_df, Cult)   # Cult 종류별로 정렬
```

```
cabbage2<-mutate(cabbages_df, vitc.rate=VitC/HeadWt) # add vitc.rate in
cabbages_df
head(cabbage2)

# chain 함수로 연결하여 계산
cabbages_df = as_tibble(cabbages)  # tbl object

cab2=cabbages_df %>%
   group_by(Cult) %>%
   filter(Cult=="c39")  %>%
   mutate(vitc.rate=VitC/HeadWt )
head(cab2)
```

str() 함수는 복잡한 데이터의 구조를 한눈에 보여준다.

```
> str(cabbages) #structure
'data.frame':   60 obs. of  4 variables:
 $ Cult   : Factor w/ 2 levels "c39","c52": 1 1 1 1 1 1 1 1 1 1 ...
 $ Date   : Factor w/ 3 levels "d16","d20","d21": 1 1 1 1 1 1 1 1 1 1 ...
 $ HeadWt: num  2.5 2.2 3.1 4.3 2.5 4.3 3.8 4.3 1.7 3.1 ...
 $ VitC   : int  51 55 45 42 53 50 50 52 56 49 ...
```

tbl 객체는 스크린에 프린트될 경우 일부분만 보여준다.

```
> cabbages_df
# A tibble: 60 × 4
   Cult  Date  HeadWt  VitC
   <fct> <fct>  <dbl> <int>
 1 c39   d16      2.5    51
 2 c39   d16      2.2    55
 3 c39   d16      3.1    45
 4 c39   d16      4.3    42
 5 c39   d16      2.5    53
  ⋮
```

cabbages_df에서 Cult 변수로 그룹화한 후 Cult=="c39"인 경우만 선택한 후 vitc.rate 변수를 생성하여 추가한다. 결과적인 데이터프레임을 cab2에 저장한다. %>%를 이용해 조건을 적용하며 연결되어 데이터를 생성한다.

```
> head(cab2)
# A tibble: 6 × 5
# Groups:   Cult [1]
  Cult  Date  HeadWt  VitC vitc.rate
  <fct> <fct>  <dbl> <int>     <dbl>
1 c39   d16      2.5    51     20.4
2 c39   d16      2.2    55     25
3 c39   d16      3.1    45     14.5
4 c39   d16      4.3    42      9.77
5 c39   d16      2.5    53     21.2
6 c39   d16      4.3    50     11.6
```

12.2.3 select 함수

select(데이터 객체, 원하는 열) 또는 데이터객체 %>% select()를 이용하여 원하는 변수열을 선택할 수 있다.

예 12.2 cabbages 데이터에 대해 필요한 열을 선택하고자 한다.

<코드 12.2> cabbages 데이터에 대해 select 함수 적용: 열 선택

```
# Cult 열과 HeadWt 열 선택
dplyr::select(cabbages,Cult,HeadWt)
cabbages %>% dplyr::select(c('Cult', 'HeadWt'))
cabbages[, c('Cult', 'HeadWt')]
```

cabbages 데이터에서 세 가지 방법으로 Cult 열과 HeadWt 열 추출한다.

예 12.3 cabbages 데이터에 대해 몇 개 열을 제외하고 선택하고자 한다.

<코드 12.3> cabbages 데이터에 대해 select 함수 적용: 열 제외

```
# Cult 열과 HeadWt 열 제거
dplyr:: select(cabbages, -Cult, -HeadWt)
cabbages %>% dplyr::select(c(Cult, HeadWt))
```

cabbages 데이터에서 두 가지 방법으로 Cult 열과 HeadWt 열을 제외한다.

12.2.4 filter 함수

filter() 함수를 이용해 변수가 특정한 값을 갖는 행을 추출한다.

예 12.4 cabbages 데이터에 대해 조건에 맞는 경우를 추출하고자 한다.

<코드 12.4> cabbages 데이터에 대해 filter 함수 적용

```
cabbages %>% filter(Cult=='c52')
cabbages[(cabbages$Cult=='c52'), ]
cabbages %>% filter(Date %in% c('d16', 'd20') ) # Date='d16' or 'd20'
cabbages %>% filter(HeadWt >=2.5, Cult=='c52')
cabbages %>% filter(HeadWt >=2.5 & VitC<45)  #and
cabbages %>% filter(HeadWt >=5 | VitC<45)    #or
```

filter() 함수를 이용해 cabbages 데이터셋에서 Cult 값이 'c52'인 경우만 추출한다.

```
> cabbages %>% filter(Cult=='c52')
  Cult Date HeadWt VitC
1  c52  d16    2.0   58
2  c52  d16    2.4   55
3  c52  d16    1.9   67
 ⋮
```

cabbages 데이터셋에서 Cult 값이 'c52'인 경우만 추출한다.

```
> cabbages[(cabbages$Cult=='c52'), ]
   Cult Date HeadWt VitC
31  c52  d16    2.0   58
32  c52  d16    2.4   55
33  c52  d16    1.9   67
 ⋮
```

filter() 함수에서 %in% 연산자를 이용해 cabbages 데이터셋에서 Date 값이 'd16' 또는 'd20'인 경우만 추출한다.

```
> cabbages %>% filter(Date %in% c('d16', 'd20') ) # Date='d16' or 'd20'
  Cult Date HeadWt VitC
```

```
1   c39  d16    2.5   51
2   c39  d16    2.2   55
  ⋮
```

HeadWt ≥ 3, Cult 값이 'c52'인 경우만 선택한다.

```
> cabbages %>% filter(HeadWt >=3, Cult=='c52')
  Cult Date HeadWt VitC
1  c52  d16    3.2   68
2  c52  d20    4.0   52
3  c52  d20    3.1   57
4  c52  d20    4.2   58
5  c52  d20    3.7   47
6  c52  d20    3.0   56
7  c52  d20    3.8   54
```

HeadWt ≥ 3 그리고 VitC < 45인 경우만 선택한다.

```
> cabbages %>% filter(HeadWt >=3 & VitC<45)  #and
  Cult Date HeadWt VitC
1  c39  d16    4.3   42
2  c39  d20    3.5   42
```

HeadWt ≥ 5 또는 VitC > 70인 경우를 선택한다.

```
> cabbages %>% filter(HeadWt >=5 | VitC>70)    #or
  Cult Date HeadWt VitC
1  c52  d16    2.2   72
2  c52  d20    2.2   72
3  c52  d21    1.5   78
4  c52  d21    1.4   75
5  c52  d21    1.3   84
6  c52  d21    1.7   71
7  c52  d21    1.6   72
8  c52  d21    1.6   72
```

12.2.5 group_by 함수와 summarize 함수

group_by() 함수를 이용해 데이터셋에서 선택한 변수로 그룹화하고 summarize() 함수로 통계량을 출력한다.

<코드 12.5> cabbages 데이터에 대해 group_by와 summarize 함수 적용

```
cabbages %>% group_by(Cult) %>% summarize(hm=mean(HeadWt))
cabbages %>% group_by(Cult) %>% summarize(hm=mean(HeadWt), cm=mean(VitC))
cabbages %>% group_by(Cult) %>% summarize(dcount=n())
```

group_by() 함수를 이용해 cabbages 데이터셋에서 Cult 변수로 그룹화하고 그룹별로 HeadWt 평균을 구한다. summarize() 함수로 통계량을 출력한다.

```
> cabbages %>% group_by(Cult,HeadWt) %>% summarize(hm=mean(HeadWt))
# A tibble: 2 × 2
  Cult      hm
  <fct> <dbl>
1 c39    2.91
2 c52    2.28
```

group_by() 함수를 이용해 cabbages 데이터셋에서 Cult 변수로 그룹화하고 그룹별로 HeadWt 평균과 VitC 평균을 구한다.

```
> cabbages %>% group_by(Cult) %>% summarize(hm=mean(HeadWt), cm=mean(VitC))
# A tibble: 2 × 3
  Cult      hm    cm
  <fct> <dbl> <dbl>
1 c39    2.91  51.5
2 c52    2.28  64.4
```

group_by() 함수를 이용해 cabbages 데이터셋에서 Cult 변수로 그룹화하고 그룹별로 도수를 구한다.

```
> cabbages %>% group_by(Cult) %>% summarize(dcount=n())
# A tibble: 2 × 2
  Cult  dcount
```

```
    <fct>  <int>
  1 c39       30
  2 c52       30
```

12.2.6 mutate 함수

mutate() 함수 적용하여 변수를 생성하여 추가한다.

<코드 12.6> cabbages 데이터에 대해 mutate 함수 적용하여 변수 추가

```
ca<-cabbages %>% dplyr::select(Cult,HeadWt) %>%
    mutate(better=ifelse(HeadWt>4, 'A','B'))
head(ca)
```

```
> head(ca)
  Cult HeadWt better
1  c39    2.5      B
2  c39    2.2      B
3  c39    3.1      B
4  c39    4.3      A
 ⋮
```

12.2.7 arrange 함수

'파이프'라는 이름의 특수연산자 표기는 |>이다. 이 연산자는 왼쪽에 있는 것을 오른쪽에 있는 함수에 전달한다. 파이프를 읽는 방법은 '그다음'을 사용하면 된다. 파이프를 사용하면 코드 가독성이 훨씬 좋아진다.

arrange() 함수를 적용하여 변수를 추가한다.

<코드 12.7> cabbages 데이터에 대해 arrange 함수 적용

```
cabbages |>
    arrange(desc(HeadWt))
cabbages |>
    arrange(HeadWt, VitC)
cabbages |>
    filter(Cult== ' c52 ' & HeadWt>50 )  |>
    arrange(HeadWt, VitC)
```

HeadWt 내림차순으로 정리한다.

```
> cabbages |>
+     arrange(desc(HeadWt))
   Cult Date HeadWt VitC
1   c39  d16    4.3   42
2   c39  d16    4.3   50
 ⋮
```

HeadWt 오름차순으로 정리하고 HeadWt 값이 동일한 경우는 VitC 오름차순으로 정리한다.

```
> cabbages |>
+     arrange(HeadWt, VitC)
   Cult Date HeadWt VitC
1   c52  d21    1.0   68
2   c52  d21    1.3   84
3   c52  d21    1.4   62
 ⋮
```

Cult 값이 'c52'이고 HeadWt>3인 경우(행)만 선택하여 HeadWt 오름차순으로 정리하고 HeadWt 값이 동일한 경우는 VitC 오름차순으로 정리한다.

```
> cabbages |>
+     filter(Cult=='c52' & HeadWt>3 )  |>
+     arrange(HeadWt, VitC)
  Cult Date HeadWt VitC
1  c52  d20    3.1   57
2  c52  d16    3.2   68
3  c52  d20    3.7   47
4  c52  d20    3.8   54
5  c52  d20    4.0   52
6  c52  d20    4.2   58
```

연습문제

01 ggplot2 패키지에 내장된 diamonds 데이터를 불러온다.

```
data(diamonds, package= " ggplot2 " )
head(diamonds)
```

```
> data(diamonds, package="ggplot2")
> head(diamonds)
  carat       cut color clarity depth table price    x    y    z
1  0.23     Ideal     E     SI2  61.5    55   326 3.95 3.98 2.43
2  0.21   Premium     E     SI1  59.8    61   326 3.89 3.84 2.31
3  0.23      Good     E     VS1  56.9    65   327 4.05 4.07 2.31
```

(a) diamonds 데이터프레임의 차원을 구하시오.

(b) as_tibble() 함수를 적용하여 dia_df를 만드시오.

(c) filter() 함수를 적용하여 cut = "Ideal"인 경우만 선택하시오.

(d) filter() 함수를 적용하여 cut = "Ideal" 또는 cut = "Premium"인 경우만 선택하시오.

(f) arrange() 함수를 적용하여 price 내림차순 정렬하시오.

(g) total=x+y+z 변수를 추가로 생성하시오.

02 hflights 패키지에 포함된 hflights 데이터셋에 대해 코드를 수행하시오. hflights 데이터는 미국 휴스턴에서 출발하는 모든 비행기의 2011년 이착륙 기록이 수록된 것으로 227,496건의 이착륙 기록에 대해 21개 항목을 수집한 데이터이다.

```
> library(dplyr)
> library(hflights)
> data(hflights)
> hflights[1, ]
```

```
     Year Month DayofMonth DayOfWeek DepTime ArrTime UniqueCarrier FlightNum
5424 2011     1          1         6    1400    1500            AA       428
     TailNum ActualElapsedTime AirTime ArrDelay DepDelay Origin Dest Distance
5424  N576AA                60      40      -10        0    IAH  DFW      224
     TaxiIn TaxiOut Cancelled CancellationCode Diverted
5424      7      13         0                         0
```

(a) hflights 데이터프레임의 차원을 구하시오.
(b) as_tibble() 함수를 적용하여 hflights_df를 만드시오.
(c) filter() 함수를 적용하여 Month = 1, DayofMonth = 1인 경우만 선택하시오.
(d) filter() 함수를 적용하여 Month = 11 또는 Month = 12인 경우만 선택하시오.
(e) arrange() 함수를 적용하여 1월부터 12월 순으로 정렬하시오.
(f) arrange() 함수를 적용하여 12월부터 1월 순으로 내림차순 정렬하시오.
(g) DayOfWeek를 제외한 나머지 열을 추출하시오.
(h) Origin 별로 그룹화하시오.
(i) delay변수를 선택하되 Cancelled=1인 경우만 선택하시오.
(j) chain 함수 %>%를 이용하여 다음을 구하시오.
hflights_df 데이터프레임을
(j1) Year, Month, DayofMonth의 수준별로 그룹화,
(j2) Year부터 DayofMonth, ArrDelay, DepDealy 열을 선택,
(j3) 평균 연착시간(ArrDelay)과 평균 출발지연시간(DepDelay)을 구하고,
(j4) 평균 연착시간 또는 평균 출발지연시간이 40분 이상인 데이터를 추출하시오.

[참고]

```
hflights_df %>%
   group_by(Year, Month, DayofMonth) %>%
   summarise(arr = mean(ArrDelay, na.rm = TRUE),
   dep = mean(DepDelay, na.rm = TRUE)) %>%
   filter(arr > 40 | dep > 40)
```

참고문헌

김재희 (2008) SAS를 이용한 다변량 통계분석, 2판, 교우사.

김재희 (2011) R 다변량 통계분석, 교우사.

김재희 (2020) R로 시작하는 코딩과 데이터 분석, 교우사.

김태수 (2008) R 활용 통계학, 자유아카데미.

박동련 (2006) R에 의한 통계 그래픽스, 자유아카데미.

성내경 (1997) 실험설계와 분석, 자유아카데미.

송문섭 (2015) 비모수통계학, 자유아카데미

양경숙, 김미경 (2007) R 입문 및 기초 프로그래밍, 자유아카데미.

유충현, 이상호, 김정일 (2005) R 그래픽스, 자유아카데미.

허명회 (2007) R을 활용한 탐색적 자료분석, 자유아카데미.

Hollander, M. and Wolfe, D. (1999) Nonparametric Statistical Methods, Wiley, New York.

Krause, A and Olson, M. (2002) The Basics of S-Plus, Springer, New York.

Maindonald, J. and Braun, J. (2003) Data Analysis and Graphics Using R : An Example-based Approach, Cambridge University Press, London.

Verzani, John (2005) Using R for Introductory Statistics, Chapman & Hall, New York.

on-line 참고문헌

Faraway, J. J. (2002) Practical Regression and Anova using R, http://cran.r-project.org/doc/contrib/Faraway-PRA.pdf

Lecoutre, E. (2003) R graph gallery http://www.stat.ucl.ac.be/ISpersonnel/lecoutre/stats/fichiers/_gallery.pdf

Paradis, E. (2005) R for Beginners, http://cran.r-project.org/doc/contrib/Paradis-rdebuts_en.pdf

Venables, W.N. , Smith, D. M. and the R Development Core Team (2006) An Introduction to R, http://cran.r-project.org/doc/manuals/R-intro.pdf

Verzani, J. (2002) SimpleR-Using R for Introductory Statistics http://cran.r-project.org/doc/contrib/Verzani-SimpleR.pdf

R Development Core Team (2006) R Data Import/Export http://cran.r-project.org/doc/manuals/R-data.pdf

R Development Core Team (2006) R Language Definition http://cran.r-project.org/doc/manuals/R-lang.pdf

R/Rpad Reference Card
http://www.rpad.org/Rpad/Rpad-refcard.pdf
Wickham et al., (2019). Welcome to the Tidyverse. Journal of Open Source Software, 4(43), 1686. https://doi.org/10.21105/joss.01686

저자 소개

김재희(金哉希, Jaehee Kim)
서울대학교 계산통계학과 학사
서울대학교 통계학 석사
미국 Texas A&M University 통계학 박사
미국 Texas A&M University, Department of Statistics 방문교수
미국 Columbia University, Department of Biostatistics 방문교수
현) 덕성여자대학교 정보통계학과 교수

R을 이용한
통계 프로그래밍 기초 -제3판-

저 자 김재희
발 행 인 김지영
발 행 처 자유아카데미
주 소 경기도 파주시 회동길 37-42
파주출판도시
전 화 031-955-1321
팩 스 031-955-1322
홈페이지 www.freeaca.com
전자우편 main@freeaca.com (대표)
editor@freeaca.com (편집)
crm@freeaca.com (영업)
등 록 제406-2003-017호, 1980. 7. 12
제3판1쇄 2025년 2월 28일 발행
정 가 25,000원

저자와의
협의하에
인지생략

ISBN 979-11-5808-688-6 93310